高等职业教育“十四五”规划教材
陕西省“十四五”职业教育规划教材

智能煤矿机械设备电气控制技术

主　编　董青青　解丹婷
副主编　杨星晨　韩晓明　马　伟

应急管理出版社
·北　京·

内 容 提 要

本书为高等职业教育“十四五”规划教材和陕西省“十四五”职业教育规划教材。全书根据职业教育培养目标，结合职业教育学生的特点编写而成。全书采用项目引领，任务驱动的编写模式，分为九个项目，包括连采工作面 12CM－15 型连续采煤机、LY2000 型连续运输系统电气控制技术，久益 LS 系列采煤机、煤矿带式输送机电气控制技术，矿井提升机电气控制技术，矿用空气压缩机、矿用局部通风机、煤矿井下排水设备电气控制技术，最后附有采煤机、液压支架仿真模型实训项目，供有实训条件的人员参考学习。本书在分析相应设备电气控制过程的同时，涉及机械设备电控系统的操作维护、故障排查等内容，拓展学生思路，培养学生的综合思维能力和工程应用能力。为方便学习，本书植入二维码微课视频和动画，配有电子课件。

本书可作为高等职业技术院校机电一体化、矿山机电等相关专业煤矿机械设备电气控制技术课程的教材，也可作为煤矿电气技术人员的参考书和培训教材。

前　　言

党的二十大报告指出："统筹职业教育、高等教育、继续教育协同创新，推进职普融通、产教融合、科教融汇，优化职业教育类型定位。"和"加快建设国家战略人才力量，努力培养造就更多大师、战略科学家、一流科技领军人才和创新团队、青年科技人才、卓越工程师、大国工匠、高级技能人才。"为加快煤炭行业专业技能型人才建设，满足煤矿生产一线人才需求，培养具有与本专业岗位群相适应的高素质技能型人才，我们在对教材《煤矿机械设备电气技术》进行修订的基础上，编写了《智能煤矿机械设备电气控制技术》一书。

智能煤矿机械设备电气控制技术，尤其是计算机控制技术在煤矿机械中的普及应用，大大提升了煤炭生产过程的自动化水平，减少了人员投入，降低了设备检修率，提高了生产效率，为煤矿生产高产高效运营奠定了重要的技术基础。煤矿一线技术人员大部分来自高职院校，一本适用的教材对于人才培养起着举足轻重的作用。本书根据高职高专人才培养目标，并结合高职学生情况和课程改革，本着"教、学、做"一体化的原则编写而成。

本书内容参考国家能源集团神东煤炭总公司安全高效矿井先进煤矿机械设备电气控制技术案例，在内容的选取上结合煤矿机械电气控制技术的综合性、复杂性以及相关设备的工作情境，具有很强的实用性和针对性。每个项目在分析相应设备电气控制原理的同时，拓展了机械设备电气系统的操作维护、故障排查等内容，既可以满足学生学习之需，还可以作为企业员工培训资料。

修订教材在原教材的基础上增加了课程思政内容，植入二维码微课视频和动画，增加了实训项目，全面提升教材的普适性。另外，该课程依托矿山机电专业省级教学资源库，在智慧职教平台搭建《煤矿机械电气控制》课程，丰富的数字化资源立体化展示教材内容，在校学生、百万扩招学生、社会学习者、企业培训人员可通过注册学习，满足多维度培养人才的需求。

本书由陕西能源职业技术学院教师董青青、解丹婷任主编；陕西能源职业技术学院杨星晨、韩晓明，陕西小保当矿业有限公司马伟任副主编；国家能源集团神东锦界煤矿付科让、榆林神华能源有限责任公司青龙寺煤矿分公司闫慧参与本书的编写，全书由董青青负责统稿。

在本书的编写过程中，吸收和借鉴了同类教材和书籍的精华，在此谨对各位原作者表示衷心的感谢。同时对国家能源集团神东煤炭总公司、陕西小保当矿业有限公司等相关领导、专家以及有关技术人员的大力支持和帮助表示衷心的感谢。

由于编者水平有限，书中难免有不妥之处，恳请读者批评指正。

编　者

2024 年 12 月

目　录

项目一　12CM－15 型连续采煤机电气控制技术

知识目标

1. 掌握连续采煤工作面的设备配置。
2. 掌握 12CM－15 型连续采煤机电气系统组成、工作原理及电气保护。
3. 了解 12CM－15 型连续采煤机电控系统操作维护与故障诊断。

技能目标

1. 能够根据连续采煤机电气控制图分析其工作原理和电气保护系统功能。
2. 了解连续采煤机电控系统操作及常见故障诊断与排查的方法。

素养目标

1. 培养学生的社会主义核心价值观、职业伦理道德和行为标准，做到心中有敬畏行有所止。通过生产事故案例的教训，警示性的问题等反思分析，提高学生的辨识能力、责任意识。

2. 培养学生遵守企业规章制度和工艺规范的意识，进行电气操作时严格遵守安全规程和操作规程，增强安全意识和职业责任感。

3. 培养学生团队协作能力。在工作学习中具备良好的心理素质，建立和谐的人际关系，提高人际交往的能力。

任务一　连续采煤工作面设备

煤炭生产的核心是采掘工作面。实现采掘工作面机械化、自动化是煤炭产业追求和探索的方向和目标。世界上先进的采煤国家，如美国、澳大利亚等，为了提高采煤工作面的产量和工效，在矿井长壁工作面上进行了一系列卓有成效的改革，从而形成了生产能力大、自动化程度高、安全可靠、开机率达 95% 以上、工作面单产和工效成倍提高的新一代高产高效综采设备。为了保证综采工作面的正常接续，煤矿对工作面运输巷和回风巷掘进提出了掘进速度达到 60 ~ 100 m/d 的速度要求。这样的速度原有断面掘进机是很难达到的。因此，掘进机械的改革成了安全高效机械化综合采煤发展的重要因素。于是，一方面除了对部分断面掘进机加以改进，增加装机功率（截割电机功率由 100 kW 增加至 200 kW），提高掘进进度外，还开发了新的掘锚联合机组。在澳大利亚博斯杰斯普特鲁煤矿 3.2 m×5.2 m 煤巷中（顶板稳定，每掘进 2 m 打 2 根锚杆），平均班进35 m 以上，是部分断面掘进机的 3 ~4 倍，创造了掘进 105 m 的世界纪录。另一方面，由于安全高效工作面产量大，需要的通风量也大，因此运输巷和回风巷采取了双巷制或三巷制，连续采煤机的应用提供了条件。

一、连续采煤技术设备

连续采煤技术装备有工作面运输设备、支护设备、辅助作业设备。这些设备与主机组成了一套既适合房柱式开采又适合煤巷多头掘进的新型采掘设备。

1. 运输设备

1）半连续运输设备

在中厚煤层中，主要采用运煤车、给料破碎机和可伸缩带式输送机组成的半连续运输系统。在半连续运输系统中，运煤车是一种在采掘工作面内短距离运送煤炭的车辆，每台连续采煤机后面，一般配备2~3台运煤车，按提供动力的方式不同，运煤车主要有3种型式：一是电缆式运煤车，这是使用历史最久的一种运输车辆，又称为梭车或自行矿车；二是蓄电池式运煤车，这是20世纪70年代以来新发展起来的推卸式运煤车，车斗内装有用液压缸推动的推板，所以卸载快，效率高；三是柴油机式运煤车，这种运煤车以防爆低污染柴油机为动力，增强了车的机动性，但给巷道内的空气带来了污染，需加强通风管理。

在这种半连续运输系统中，运煤车和可伸缩带式输送机之间设置一个中间环节，用以破碎和转载。一般采用自行式给料破碎机完成上述功能，受料斗可容1梭车的煤炭，其给煤处理能力为270~480 t/h。在中厚煤层中使用矿用可伸缩带式输送机，其运输能力根据主机生产能力和运煤车的能力确定。但在薄煤层中，必须使用特制的特低型带式输送机。

2）连续运输系统

为了解决运煤车换车时造成的生产间断问题，可采用由几台自移式刮板输送机或带式输送机组成的连续运输系统。这些自移式运输机紧跟在连续采煤机后面，承接卸载的煤炭，并直接转运到可伸缩带式输送机上。这种连续运输系统在薄煤层中使用很普遍。

连续运输系统及设备正在不断地改进和提高，增强各转运环节的机动性和灵活性，以适应多头巷道掘进工艺的需要。这种连续运输系统已在中厚煤层中使用，并获得良好的效果。

2. 支护设备

在掘进巷道（或煤房）时，全部采用锚杆支护，使用自行式锚杆钻机或手持式锚杆钻机完成钻孔和安装锚杆两道工序；在回收煤柱时，则采用履带行走式液压支架或单体支柱，将采煤工作面与采空区隔开，为连续采煤机提供了一个安全的作业空间。

在房柱式开采的整个过程中，使用的支护设备和支护材料有三种：一是履带自移式液压支架；二是单体支柱；三是锚杆。使用的锚杆钻机有3种型式：一是胶轮（或履带）自行式锚杆钻机，这是主要的机型，其特点是钻眼速度快，安装的锚杆质量高，锚杆预紧力大，有效地提高了顶板自身的强度和稳定性。这种锚杆钻机均采用全液压传动，这样使得总体结构比较简单，操作十分方便，并可实现离机自动控制。二是手持式锚杆钻机，当巷道遇有断层或其他地质构造时，顶板一旦暴露必须立即进行锚杆支护，这种情况下可采用手持式单体锚杆钻机进行钻眼和安装锚杆。当通过地质构造带后，按正常的作业流程，仍使用自行式锚杆钻机。三是机载式锚杆钻机，锚杆钻机分别安装在连续采煤机的两侧，一般不能调整钻眼方向及位置，只能随着连续采煤机的推进，在后面每排安装二根锚杆，以临时支护顶板，待连续采煤机撤出之后，仍用自行式锚杆钻机安装其余的锚杆。新式的机载锚杆钻机，设置在连续采煤机截割滚筒的后部，截煤与钻眼、安装锚杆可同时作业，组成掘锚联合机组。

3. 辅助作业设备

连续采煤技术装备中还有辅助作业设备，比如自行式胶轮铲车、挖沟机等。

自行式胶轮铲车的功用是物料搬运、运人、清理巷道。铲车是长距离的运输车辆，在薄煤层中一般使用以蓄电池作电源的铲车；在中厚煤层中既可使用以防爆低污染柴油机作动力的铲车，也可使用蓄电池式铲车。

为了排除巷道的积水，在巷道一侧可设置水沟，可用人工方法挖掘水沟，但效率太低。利用履带自行式挖沟机，在连续采煤机退出掘进工作后，履带自行式挖沟机即可进入工作面，在巷道一侧切割出具有一定尺寸的水沟。

中厚煤层使用的连续采煤机成套设备包括：连续采煤机 1 台，一般装机功率为 400 ~ 553 kW，电压等级我国为 1140 V，美国为 950 V；电缆式梭车 2 ~ 3 台，每台装机功率为 45 ~ 110 kW，有的采用直流电源，有的采用交流电源；锚杆钻机 1 台，装机功率一般为 20 ~ 60 kW；给料破碎机 1 台，装机功率一般为 100 ~ 130 kW。

此外，还可设置挖沟机、履带自移式液压支架等辅助设备。全工作面的总装机功率约为 600 ~ 1000 kVA。一般每个工作面配置 1 ~ 2 台容量为 500 ~ 1000 kVA 的移动变电站，并配以相应的控制开关设备。移动变电站设置在距工作面 200 m 以内通风良好的联络巷中，随工作面的掘进而移动。当使用蓄电池式运煤车和蓄电池式铲车时，应在采区附近设置专门的充电硐室，并有单独的进、回风系统。

二、连续采煤设备电控系统

连续采煤设备电控系统，包括连续采煤机电气控制系统、工作面运输设备电气控制系统、工作面支护设备电气控制系统、工作面给料破碎机电气控制系统和工作面连续运煤设备电气控制系统。

连续采煤机电气控制系统，目前在我国机械化程度最高的神东煤炭公司，主要使用 3 种机型，即 12CM15 - 10D 型、12CM18 - 10D 型以及 12CM - 27 型。该电气控制系统主要针对所使用的 8 台电机、4 个电控箱、1 个用于冷却及喷雾控制的电磁阀、3 个开关（油温油位、流量压力、启停）、多个紧急按钮、照明灯等电磁机构实施控制，同时实现对电机、设备、系统以及安全等方面的电气保护。

连续采煤机工作面运输设备电气控制系统主要包括梭车电气控制系统、运煤车电气控制系统、铲车电气系统 3 部分。

连续采煤支护主要采用锚杆支护，为连续采煤机及配套的运输车辆、铲车等各种大型行走设备提供宽阔的道路。

给料破碎机是高产高效连续采煤工作面的重要配套设备之一，它与连续采煤机、锚杆钻机、运煤车及带式输送机配套使用，实现落煤、装煤、支护、破碎及运煤的机械化流水线作业。给料破碎机的作用是将运煤车卸到给料破碎机的原煤中的大块煤破碎，并均匀地将煤输送到带式输送机，以满足带式输送机的运输能力及对块度运输的要求，完成运输作业。

目前，我国神东公司主要采用 LY1500/86510 和 LY2000 型两种连续运输系统，具有使用趋势的是 LY2000 型连续运输系统。

任务二　12CM－15 型连续采煤机电气组成及动力电路分析

12CM－15 型连续采煤机（图 1－1），是美国久益公司生产的滚筒式连续采煤机，总装机容量为 553 kW。系统供电电压设计为交流 1050 V，在矿井实际生产当中，结合我国矿井供电系统的电压等级，实际生产的输入电压为交流 440 V。其电气控制系统设计合理，工作性能可靠，其电器控制系统主要有以下几个特点：

（1）以 PLC 可编程序控制器为控制核心，提高了控制系统的可靠性。

（2）牵引采用直流电牵引，牵引以 Dual 6 SCR System Ⅱ（双 6SCR 可控硅整流器控制系统）及以微处理机为基础的触发控制单元为控制核心，提供连续采煤机调动速度段及截割速度段直流电动机所必需的电压和频率，便于调节最大割煤速度和调动速度。

（3）保护齐全，运行可靠。

图 1－1　连续采煤机实物图

一、12CM－15 型连续采煤机电气组成

12CM－15 型连续采煤机主要由 5 个电控箱、8 台电机以及其他外部电气元件构成，具体参数见表 1－1 和表 1－2。

表 1－1　12CM－15 型连续采煤机电气组成参数表

名　　称	安 装 位 置
牵引电控箱	位于连续采煤机左后部，箱体底部有水冷却通道。箱内含有牵引、油泵、风机主回路及控制回路，电气系统的控制中心 PLC（可编程序控制器），照明，漏电及其他保护等
截割电控箱	位于连续采煤机左前部，箱内主要含有截割和装运电机主回路辅助回路等
主控制箱	位于司机驾驶室内，箱内主要含有各个电机的操作开关及仪表指示、24 V 电源、WD 继电器、油温油位继电器等

表 1-1（续）

名　　称	安　装　位　置
主断路器箱	位于司机驾驶室下方，箱内主要含有动力电缆进线装置、主断路器、行走安全脚踏开关等
JNA 控制箱	位于连续采煤机右中部，箱内主要含有一个 JNA 控制器、ESR 急停继电器等
VDU 显示器	位于司机驾驶室前方，用于显示机器运行状况以及故障信息等
油温油位开关	位于连续采煤机右侧液压油箱内，用来检测液压油油位和温度
水流压力开关	位于截割部，用来检测水压、流量，以保障各电机的冷却及降尘
电磁阀组	位于司机驾驶室内，遥控来操作各液压油缸的升降

表 1-2　12CM-15 型连续采煤机电机参数表

系列号		截割电机	运输电机	牵引电机	油泵电机	风机电机	总装机容量/kW
12CM-15	额定容量/kW	170	45	26	52	19	553
	额定电压/V	440	440	250	440	440	
	额定电流/A	44	36	120	38	14	

二、连续采煤机动力电路分析

12CM15-10D 连续采煤机的主回路也称动力回路，是连续采煤机动力电源及电动机动力电源电路部分。主回路中主要包含交流 440 V 三相电源插头、电源指示灯、机器主断路器、截割断路器、行走断路器、行走变压器、各电动机控制接触器、热继电器、SCR 可控硅整流器以及电流互感器、电流传感器等元器件。主回路的主要作用是对电动机执行通电和断电，同时对动力线路参数进行测量和检测，为电动机的控制、保护和操作安全等提供控制数据。主回路的主要电器元件及其作用见表 1-3。

表 1-3　主回路的主要电器元件及其作用

名　　称	主要参数及主要作用
电源插头	通过拖曳电缆及先导控制回路给煤机通 440 V 三相动力电源
电源指示灯	交流 40 V 显示煤机的通电状态
1CB	额定电压 440 V，额定电流 350 A，过电流整定 1200 A，机器主断路器，给采煤机通电，对采煤机供电系统实施过电流保护
2CB	额定电压 440 V，额定电流 350 A，过电流整定 1090 A，机器截割部及运输部断路器，给截割部及运输部通电，对截割部及运输部供电系统实施过电流保护
左截割电机接触器 A	额定电压 440 V，额定电流 350 A
右截割电机接触器 B	额定电压 440 V，额定电流 350 A
左截割电机三相电流互感器	额定变比 250∶5，与左截割电动机热继电器配合使用，对电动机实施过载保护
右截割电机三相电流互感器	额定变比 250∶5，与左截割电动机热继电器配合使用，对电动机实施过载保护
左截割电机热继电器	双金属片规格 F25，整定电流，2.49 A。对电动机实施过载保护
右截割电机热继电器	双金属片规格 F25，整定电流，2.49 A。对电动机实施过载保护
左截割电机电流互感器	额定变比 200∶5，通过电流表对电动机运行电流实施监测

表 1-3（续）

名　　称	主要参数及主要作用
右机割电机电流互感器	额定变比 200：5，通过电流表对电动机运行电流实施监测
aAM	左截割电动机电流表，额定量程 0～200 A
bAM	右截割电动机电流表，额定量程 0～200 A
截割反馈电流互感器	额定变比 200：5，对牵引部实施机割电流反馈，以降低割煤时的牵引速度
左截割电流传感器	工作电源为直流 24 V，输出信号为直流 0～10 V，通过 PLC 及 VDU 显示器，显示左截割电动机运行电流，并实施电动机堵转保护，PLC 程序保护电流为 350 A
右截割电流传感器	工作电源为直流 24 V，输出信号为直流 0～10 V，通过 PLC 及 VDU 显示器，显示右截割电动机运行电流，并实施电动机堵转保护，PLC 程序保护电流为 350 A
左截割三相电抗器	进行漏电闭锁检测及测试时，阻碍直流进入交流部分
右截割三相电抗器	进行漏电闭锁检测及测试时，阻碍直流进入交流部分
cF	运输机电动机正转接触器，额定电压 440 V，额定电流 160 A
cR	运输机电动机反转接触器，额定电压 440 V，额定电流 160 A
左运输电机热继电器	双金属片规格 FH78，整定范围 33.6～37.5 A
右运输电机热继电器	双金属片规格 FH78，整定范围 33.6～37.5 A
左运输电机电流互感器	额定变比 50：5，通过左运输机电机电流表对电机运行电流进行监测
右运输机电流互感器	额定变比 50：5，通过右运输机电机电流表对电机运行电流进行监测
cAM	左运输机电机电流表
hAM	右运输机电机电流表
左运输电机电流传感器	工作电源为直流 24 V，输出信号为直流 0～10 V，通过 PLC 及 VDU 显示器，显示左运输机电动机运行电流，并实施电动机堵转保护，PLC 程序保护电流为 100 A
右运输电机电流传感器	工作电源为直流 24 V，输出信号为直流 0～10 V，通过 PLC 及 VDU 显示器，显示右运输机电动机运行电流，并实施电动机堵转保护，PLC 程序保护电流为 100 A
运输电机三电抗器	进行漏电闭锁检测及测试时，阻碍直流进入交流部分
G	风机电动机接触器，额定电压 440 V，额定电流 25 A
风机电机热继电器	双金属片规格 FH70，整定范围 15.6～17.1 A
风机电机电流传感器	工作电源为直流 24 V，输出信号为直流 0～10 V，通过 PLC 及 VDU 显示器，显示风机电动机运行电流
风机电机三相电抗器	进行漏电闭锁检测及测试时，阻碍直流进入交流部分
液压泵电机接触器 D	额定电压 440 V，额定电流 160 A
泵电机热继电器	双金属片规格 FH80，整定范围 41.6～46.3 A
泵电机三相电抗器	进行漏电闭锁检测及测试时，阻碍直流进入交流部分
牵引电源保险	额定电流 63 A
牵引电源变压器	原边为三角形接法，副边为星形接法，440 V/24 V，额定容量 70 kV·A
牵引断路器 3CB	额定电压 250 V，过电流整定 980 A，对煤机牵引部实施过电流保护
左牵引热继电器 EOL	双金属片规格 FH92，整定范围 129～138 A，双金属片规格 FH93，整定范围 139～148 A，对左牵引电动机实施过载保护

表1-3（续）

名　　称	主要参数及主要作用
右牵引热继电器 FOL	双金属片规格 FH92，整定范围 129~138 A，双金属片规格 FH93，整定范围 139~148 A，对右牵引电动机实施过载保护
左牵引电机可控硅 SCR	牵引电动机整流装置，给电动机提供响应的直流电压
右牵引电机可控硅 SCR	牵引电动机整流装置，给电动机提供响应的直流电压
左牵引电机电流传感器	工作电压为交流 40 V，通过 PLC 及 VDU 显示左牵引电动机 1、2、3 挡运行电压
左牵引电机电压传感器	工作电压为交流 40 V，通过 PLC 及 VDU 显示右牵引电动机 1、2、3 挡运行电压
右牵引电机电流传感器	工作电压为直流 24 V，通过 PLC 及 VDU 显示左牵引电动机 1、2、3 挡运行电流
右牵引电机电压传感器	工作电压为直流 24 V，通过 PLC 及 VDU 显示右牵引电动机 1、2、3 挡运行电流
控制变压器	原边交流 440 V，副边交流 40 V 和 24 V
控制保险	额定电流 10 A(440 V)，40 V/15 A
截割电动机	额定电压 440 V，额定功率 170 kW，额定电流 44 A，2 台，冷却方式为水冷，交流电动机
运输机电动机	额定电压 440 V，额定功率 45 kW，额定电流 36 A，2 台，冷却方式为水冷，交流电动机
牵引电动机	额定电压 250 V，额定功率 26 kW，额定电流 120 A，2 台，冷却方式为水冷，直流串励电动机
风机电动机	额定电压 440 V，额定功率 19 kW，额定电流 14 A，冷却方式为风冷，交流电动机
液压泵电动机	额定电压 440 V，额定功率 52 kW，额定电流 38 A，冷却方式为水冷，交流电动机

任务三　12CM-15 型连续采煤机控制电路

一、12CM-15 型连续采煤机 PLC 可编程序控制器

12CM-15 型连续采煤机采用美国通用公司生产的 PLC 可编程序控制器，作为采煤机电器控制系统的控制核心，用于机器控制和信息处理。其工作电源为交流 40 V，由一个主机架和一个扩展机架组成。在主机架上装有 1 个电源模块、1 个 CPU 模块、2 个模拟量输入模块、5 个直流 24 V 输入模块和 2 个直流 24 V 输出模块；在扩展机架上装有 1 个电源模块、4 个交流 40 V 输出模块和 1 个模拟量输入模块。

CPU 模块是 PLC 可编程序控制器的核心，CPU 单元包括微处理器、EPROM 存储器，它按照生产厂家预先编好的系统程序（也可称作操作系统）接收并存储用户程序和数据；在执行系统程序时，按照预先编的指令序列用扫描的方式接收现场输入装置的状态或数据，并存入用户存储器的输入状态表或数据寄存器中，诊断电源、PLC 内部各电路状态和用户编程中的语法错误；进入运行状态后，从存储器逐条读取用户程序，经过命令解释后按指令规定的任务产生相应的控制信号，完成各相控制指令的输出和输入信号的处理。

交流 40 V 输出模块，作为各接触器、继电器等设备的接口，每个模块有 8 路输出；直流 24 V 输入模块作为机器各个操作开关、各种保护信号的输入接口，每个模块具有 16 路输入；模拟量输入模块完成所需的 A/D 和 D/A 转换，对运行中的机器各电压、电流等

信号进行处理；直流 24 V 输出模块，其输出量通过电缆与机器显示单元 VDU 相连，完成对煤机各种信息的显示。PLC 地址如图 1－2 所示。

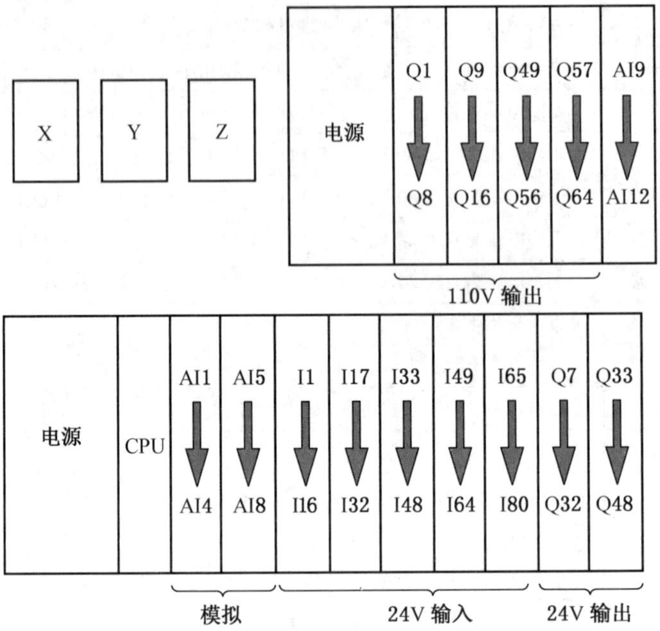

图 1－2　PLC 地址图

说明：PLC 上的 3 个插头，X 表示输入，Y 表示输出，Z 表示电源；上下 2 个电源模块可以互换；4 个 40 V 输出模块中，前面的 3 个可以互换，最后面的 1 个不可以换，是提供给行走系统的；下面的 2 个模拟量输入模块可以互换；5 个 24 V 输入模块可以互换；最后面的 2 个 24 V 输出模块也可以互换。

连续采煤机 PLC I/O 分配见表 1－4。

表 1－4　12CM－15 型连续采煤机 PLC I/O 分配表

PLC 数字输入			
输入	功　　能	输入	功　　能
I01	泵启动	I02	泵运行
I03	风机启动	I04	风机运行
I05	风机自动	I06	输送机正向起动
I07	输送机运行	I08	输送机正向运行
I09	截煤机启动	I10	截煤机运行
I11	手动	I12	输入
I13	维护	I14	复位

表 1-4（续）

输入	功　　能	输入	功　　能
I15	照明试验	I16	马达试验
I17	水流量	I18	水压
I19	ESR 故障（无线电系统）	I20	左侧输送机过载
I21	甲烷报警	I22	甲烷跳闸
I23	左侧输送机恒温器	I24	左侧正向第 1 速度
I25	左侧反向第 1 速度	I26	左侧第 2 速度
I27	左侧第 3 速度	I28	右侧正向第 1 速度
I29	右侧反向第 1 速度	I30	右侧第 2 速度
I31	右侧第 3 速度	I32	脚踏开关
I33	左侧辅助正向牵引	I34	左侧辅助反向牵引
I35	右侧辅助正向牵引	I36	右侧辅助反向牵引
I37	左侧牵引过载	I38	右侧牵引过载
I39	2CB 断路器	I40	3CB 断路器
I41	泵恒温器	I42	左侧截煤机恒温器
I43	右侧截煤机恒温器	I44	输送机恒温器
I45	风机恒温器	I46	左侧牵引恒温器
I47	右侧牵引恒温器	I48	钻机就位
I49	泵接触器辅助开关	I50	左侧截煤机接触器助开关
I51	右侧截煤机接触器	I52	风机接触器辅助开关
I53	输送机正向辅助开关	I54	输送机反向辅助开关
I55	泵过载	I56	右侧输送机过载
I57	风机过载	I58	左侧截煤机过载

PLC 数字输入

输入	功　　能	输入	功　　能
I59	右侧截煤机过载	I60	交流接地漏电
I61	照明接地漏电继电器	I62	左侧牵引接地漏电
I63	右侧牵引接地漏电	I64	左侧泵恒温器
I65	油位	I66	油温
I67	制动器压力	I68	水流量
I69	水压	I70	矿车联锁（钻机）
I71	矿车联锁（机器）	I72	监视器继电器
I73	花键方式接通，钻机方式接通	I74	气压低

表 1-4（续）

输入	功　　能	输入	功　　能
I75	桥式输送机运行	I76	桥式输送机启动
I77	桥式输送机反向	I78	左侧泵过载
I79	桥式输送机辅助	I80	桥式输送机过载

PLC 模拟输入

输入	功　　能	输入	功　　能
AI1	左侧截煤机电流	AI7	左侧牵引电流
AI2	右侧截煤机电流	AI8	右侧牵引电流
AI3	风机电流	AI9	左侧输送机/采集机头电流
AI4	右侧输送机/采集机头电流	AI10	悬臂角
AI5	左侧牵引电压	AI11	参考角
AI6	右侧牵引电压	AI12	备用

PLC 输出

输出	功　　能	输出	功　　能
Q01	泵接触器线圈	Q02	左侧截煤机接触器线圈
Q03	右侧截煤机接触器线圈	Q04	左侧截煤机接地漏电搜索
Q05	右侧截煤机接地漏电搜索	Q06	泵接地漏电搜索
Q07	风机接地漏电搜索	Q08	运输机机机头接地漏电搜索
Q09	风机接触器线圈	Q10	运输机机正向接触器线圈
Q11	运输机反向接触器线圈	Q12	制动器电磁线圈
Q13	水电磁阀	Q14	照明方向继电器
Q15	桥式输送机正向	Q16	桥式输送机反向
Q17	左侧牵引接地漏电继电器	Q18	右侧牵引接地漏电继电器
Q19	照明接地漏电继电器复位	Q20	照明接地漏电继电器试验
Q21	数据保持 – V. D. U.（视频显示器）	Q22	数据选择 2 – V. D. U.
Q23	数据选择 1 – V. D. U.	Q24	信息/数据 – V. D. U.
Q25	D1 – V. D. U.	Q26	D2 – V. D. U.
Q27	D3 – V. D. U.	Q28	D4 – V. D. U.

PLC 输出

输入	功　　能	输入	功　　能
Q29	D5 – V. D. U.	Q30	D6 – V. D. U.
Q31	D7 – V. D. U.	Q32	D8 – V. D. U.
Q33	D9 – V. D. U.	Q34	D10 – V. D. U.
Q35	D11 – V. D. U.	Q36	D12 – V. D. U.
Q37	D13 – V. D. U.	Q38	D14 – V. D. U.
Q39	D15 – V. D. U.	Q40	D16 – V. D. U.

表1-4（续）

输入	功　　能	输入	功　　能
Q41	监视器继电器	Q42	备用
Q43	备用	Q44	备用
Q45	备用	Q46	备用
Q47	备用监视器继电器	Q48	备用
Q49	泵接地漏电试验继电器	Q50	风机或悬臂输送机接地漏电试验继电器
Q51	输送机接地漏电试验继电器	Q52	左侧截煤机接地漏电试验继电器
Q53	右侧截煤机接地漏电试验继电器	Q54	左侧牵引接地漏电试验继电器
Q55	右侧牵引接地漏电试验继电器	Q56	备用
Q57	左侧正向到点火组件	Q58	左侧反向到点火组件
Q59	左侧第2速度到点火组件	Q60	左侧第3速度到点火组件
Q61	右侧正向到点火组件	Q62	右侧反向到点火组件
Q63	右侧第2速度到点火组件	Q64	右侧第3速度到点火组件

二、看门狗继电器（WD继电器）控制回路

1. 看门狗继电器控制回路组成及作用

12CM15-10D连续采煤机电器控制回路中，看门狗继电器（WD继电器）的作用是：在机器通电时，清除并复位PLC逻辑电路，并对PLC可编程序控制器内部控制电路及电源进行监测。其控制电路如图1-3所示。

当机器通电后，PLC可编程序控制器进行内部逻辑程序检测，正常时，当机器主控制开关在手动或遥控位置时，PLC可编程序控制器内部直流24 V逻辑接点Q41闭合，输出直流24 V负端ZB2。看门狗继电器开关位置状态如图1-4所示。

2. 看门狗继电器控制回路工作过程

当手动启动泵电机时，将泵电机启动开关扳到启动位（START位置），开关触点6号和5号接通，直流24 V+→泵开关4号、2号、6号、5号端子→PS继电器线圈→直流-24 VZB2，PS继电器得电。

直流+24ZB1→WD继电器线圈→PS继电器常开触点（当PS继电器得电后，闭合）→PLC可编程序控制器内部直流24 V逻辑接点Q41→直流-24 VZB2，看门狗WD继电器得电。

直流+24ZB1→WD继电器线圈→看门狗WD继电器自保点WD/2→看门狗WD继电器得电自保。同时，直流+24 VZB1→看门狗WD继电器WD/3接点X72→PLC返回信号。看门狗WD继电器WD/1接点闭合，接通402与ZA2，为各电动机接触启动做好准备。

遥控操作时，通过JNA电控箱内的ESR继电器进行控制WD继电器的通断。

三、先导控制回路

1. 先导控制回路组成

12CM15-10D连续采煤机的先导控制回路也叫远方控制电路，因为它控制的开关是安装在顺槽的上一级开关，对于顺槽开关来说，其控制电路属于远方控制。该电路是顺槽

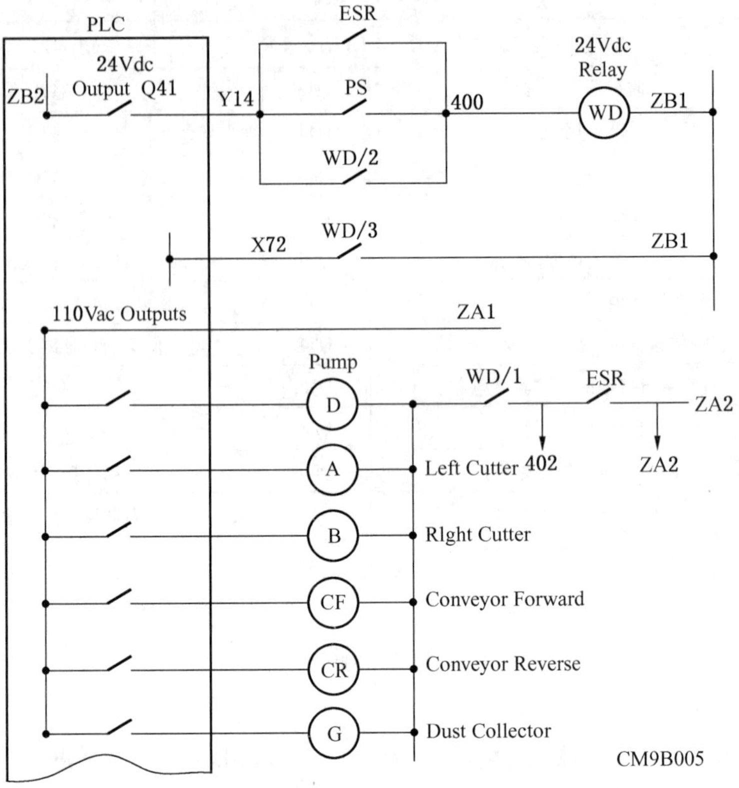

图 1－3　看门狗继电器控制回路

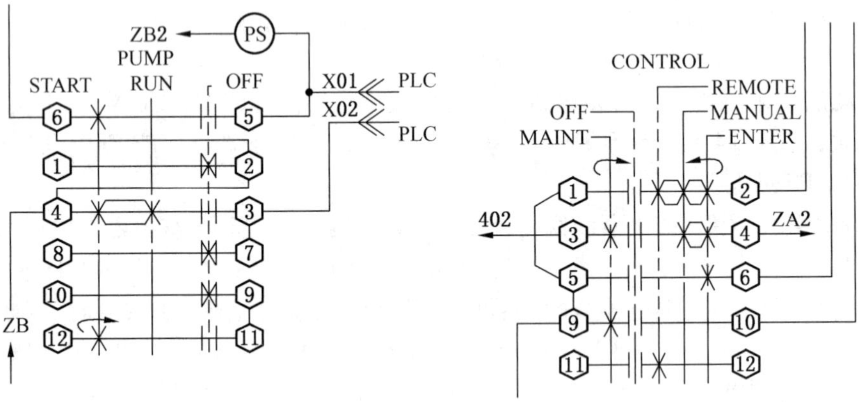

图 1－4　看门狗继电器开关位置状态回路

开关漏电监测的一部分，在采煤机电路中只包含了它的部分电路。它通过供电电缆的先导线与地线，将采煤机与带有漏电监测系统的顺槽开关连接在一起。控制电路如图 1－5 所示。

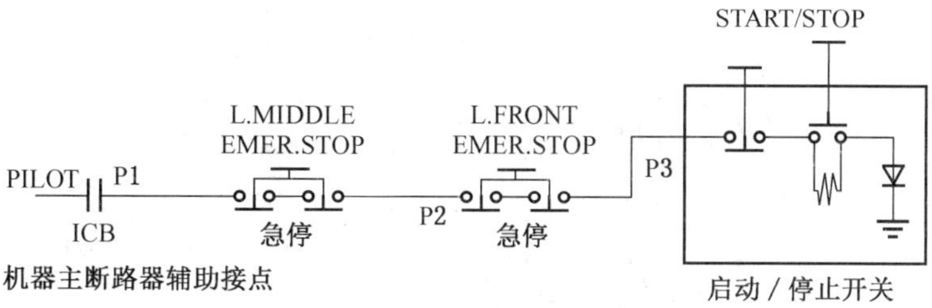

图1－5　先导控制回路

先导回路与机器主断路器的辅助接点相连，主断路合闸后，先导电压通过辅助接点到达 P1 线，然后通过两个急停开关到达远控装置的启动按钮。按下启动按钮时，先导回路通过二极管入地，先导回路形成通路，顺槽开关合闸，此时启动按钮可以释放。先导回路通过 30 Ω 电阻仍形成通路，回路中的电流下降，但仍可满足线圈维持电流大小的要求。

先导回路的失电有以下几种情况：

（1）远控开关中的停止按钮被按下；

（2）急停按钮被按下；

（3）电缆有漏电故障，顺槽开关跳闸。

2. 先导回路的功能

（1）使顺槽开关合闸，把电送到机器主断路器，使机器控制变压器、各接触器电源侧带电，为下一步各回路的控制提供电源。

（2）在采煤机工作中，如有紧急情况，可以通过急停开关，断开顺槽开关，使煤机断电。

（3）在采煤机运行时，煤机上的交流电动机的漏电闭锁保护失去作用，此时的漏电保护是通过先导回路和顺槽开关中的漏电保护环节实现的。

（4）先导回路中的自保电阻使线圈的功耗下降，并省去了一根芯线。

连续采煤机泵电动机 PLC 控制回路工作原理

四、泵电动机控制回路

1. 泵启动前准备

如可编程序控制器内部逻辑梯形图（图1－6）所示，在机器正常通电后，首先将机器主控制开关扳到 MANUAL（手动）位置，在机器主电源电压和控制电压正常的情况下，泵电动机启动前，可编程序控制器必须要验证以下几个项目，即泵电动机启动必须要满足以下几个条件：

（1）泵电动机及电机电缆绝缘良好，系统绝缘良好，没有漏电故障；

（2）交流漏电闭锁 EL3 单元要完好；

（3）泵电动机没有过载，热继电器保护装置完好；

（4）机器液压油位和油温正常，油温油位开关和油位油温继电器完好；

（5）泵电动机温度正常，温度开关完好；

（6）工作环境瓦斯浓度没有超限，机器瓦斯检测保护单元完好。

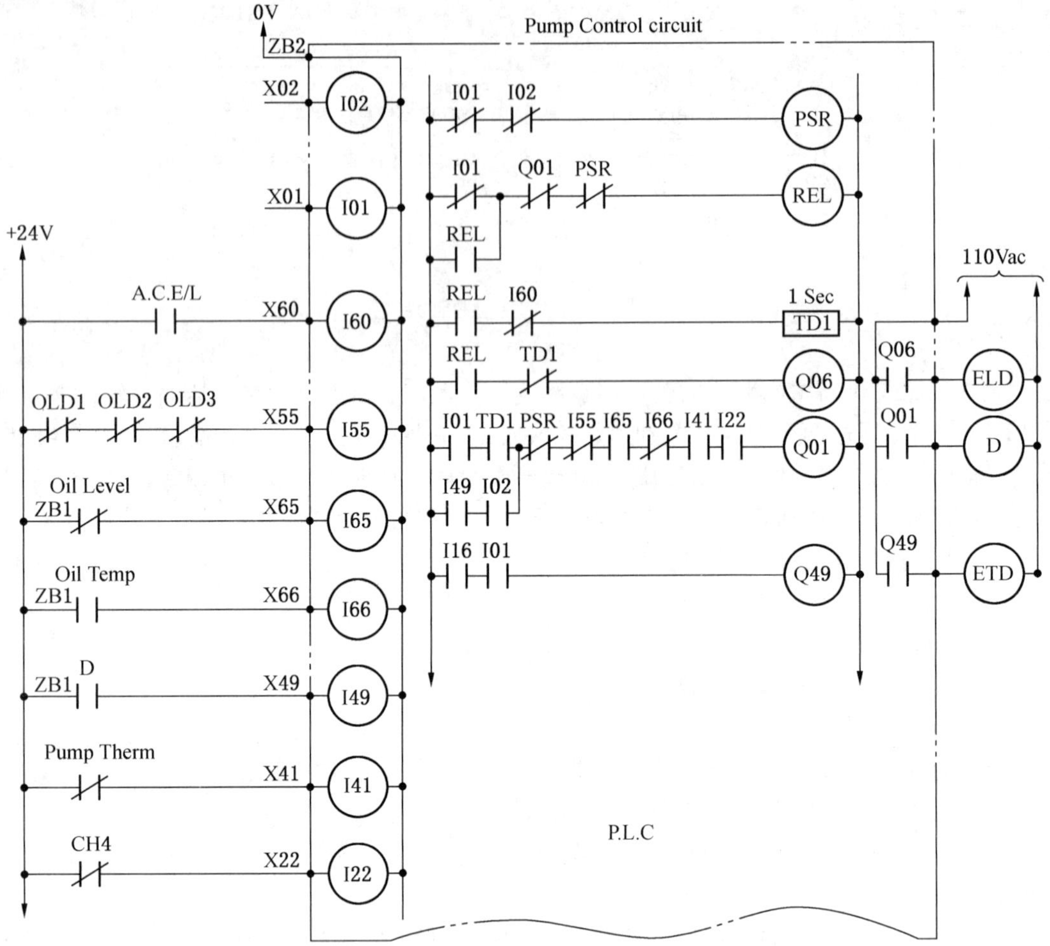

图 1-6　泵电机内部逻辑梯形图

2. 泵启动过程

1）泵启动

泵电动机没有启动前，即 PLC 可编程序控制器没有得到启动和运行信号 I01 和 I02 时，逻辑控制接点 I01 和 I02 处于闭合状态，其内部逻辑继电器 PSR 得电，串接在逻辑继电器 REL 回路中的 PSR 常闭点断开，断开 REL 继电器回路，使其不能工作，其梯形图如图 1-7 所示；当 PLC 可编程序控制器得到启动和运行信号 I01 和 I02 后，逻辑控制接点 I01 和 I02 处于断开状态，其内部逻辑继电器 PSR 断电，串接在逻辑继电器 REL 回路中的 PSR 常闭点闭合，I01 接点闭合，接通 REL 继电器回路，REL 继电器得电工作。梯形图如图 1-8 所示。

2）泵电动机运行前的接地测试

当 REL 继电器得电工作后，串接在时间继电器 TD1 和接地漏电闭锁继电器回路中的常开接点 REL 闭合，对电动机和其供电电缆绝缘进行 1 s 的接地测试；当泵电动机和其供电电缆绝缘没有接地故障时，串接在测试回路中的 TD1 接点延时 1 s 断开，如图 1－9 所示。

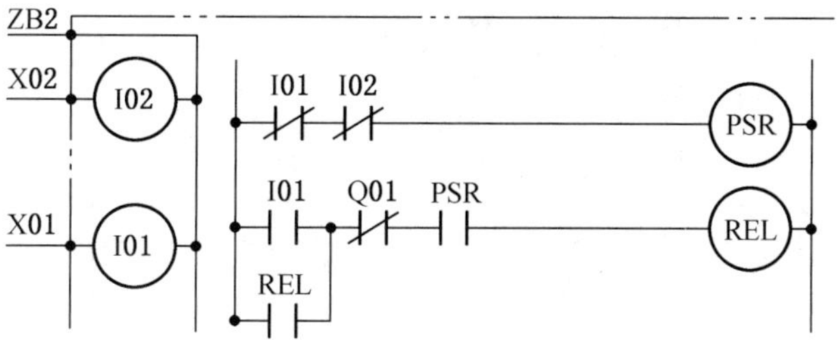

图 1－7　泵电动机启动前

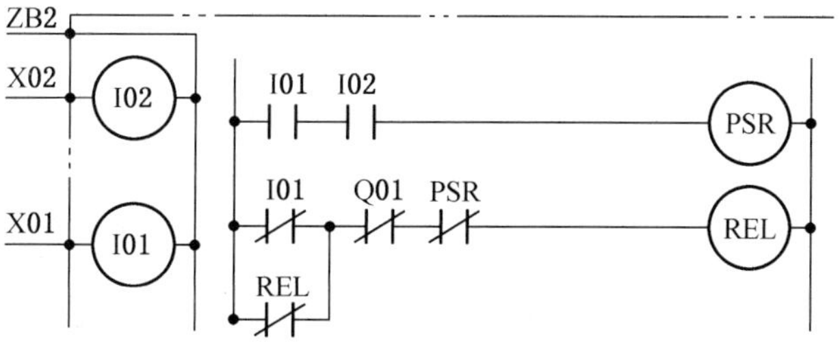

图 1－8　泵电动机启动

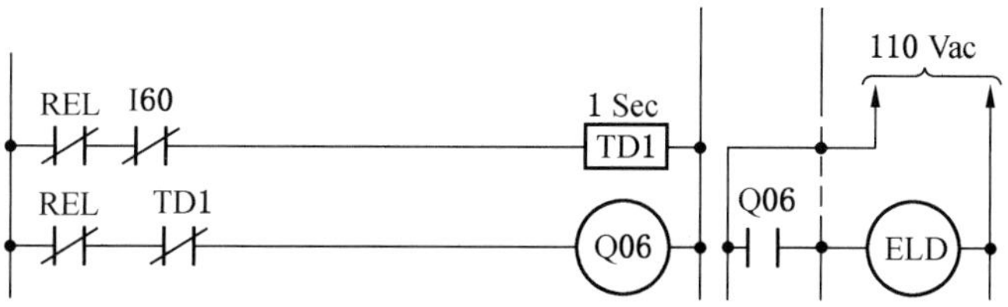

图 1－9　泵电动机启动前的接地测试梯形图

3）泵电动机的运行

启动前的接地测试工作完成后，没有发现接地故障时，VDU 显示器上将出现“Pump Ready”（泵启动就绪）信息，此时第二次将泵启动开关扳到启动位置，启动后，松开手，开关自动弹回到运行位置。如图 1－10 所示。

连续采煤机截割电机 PLC 控制回路工作原理

五、截割电动机控制电路

1. 截割电动机启动前准备

如可编程序控制器内部逻辑梯形图（图 1－11）所示，在机器正常通

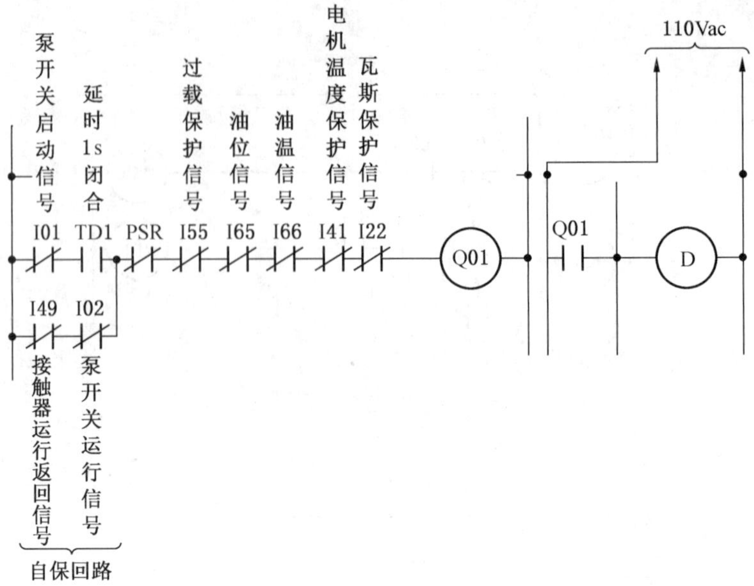

图 1-10　泵电机运行梯形图

电后，首先将机器主控制开关扳到 MANUAL（手动）位置，在机器主电源电压和控制电压正常的情况下，泵电动机启动后，启动截割电动机时，要同时将泵启动开关和截割启动开关扳到启动位置；在启动截割电动机前 PLC 可编程序控制器必须要验证以下几个项目，即截割电动机启动必须要满足的几个条件：

（1）泵电动机启动；

（2）截割断路器 2CB 合闸；

（3）左右截割电动机没有过载，热继电器保护装置完好；

（4）左右截割电动机温度正常，温度开关完好；

（5）水流量和水压力信号正常；

（6）左右截割电动机电流传感器信号正常；

（7）左右截割电动机及电机电缆绝缘要良好，系统绝缘要良好，没有漏电故障。

2. 截割电动机启动过程

1）截割电动机启动

左右截割电动机没有启动前，即 PLC 可编程序控制器没有得到启动和运行信号 I09 和 I10 时，逻辑控制接点 I09 和 I10 处于闭合状态，其内部逻辑继电器 CSR 得电，串接在逻辑继电器 REL 回路中的 CSR 常闭点断开，断开 REL 继电器回路，使其不能工作，如图 1-12 所示。左右截割电动机没有启动前，即 PLC 可编程序控制器没有得到启动和运行信号 I09 和 I102。

当 PLC 可编程序控制器得到启动和运行信号 I09 和 I10 后，逻辑控制接点 I09 和 I10 处于断开状态，其内部逻辑继电器 CSR 断电，串接在逻辑继电器 REL 回路中的 CSR 常闭点闭合，I09 接点闭合，接通 REL 继电器回路，REL 继电器得电工作。如图 1-13 所示。

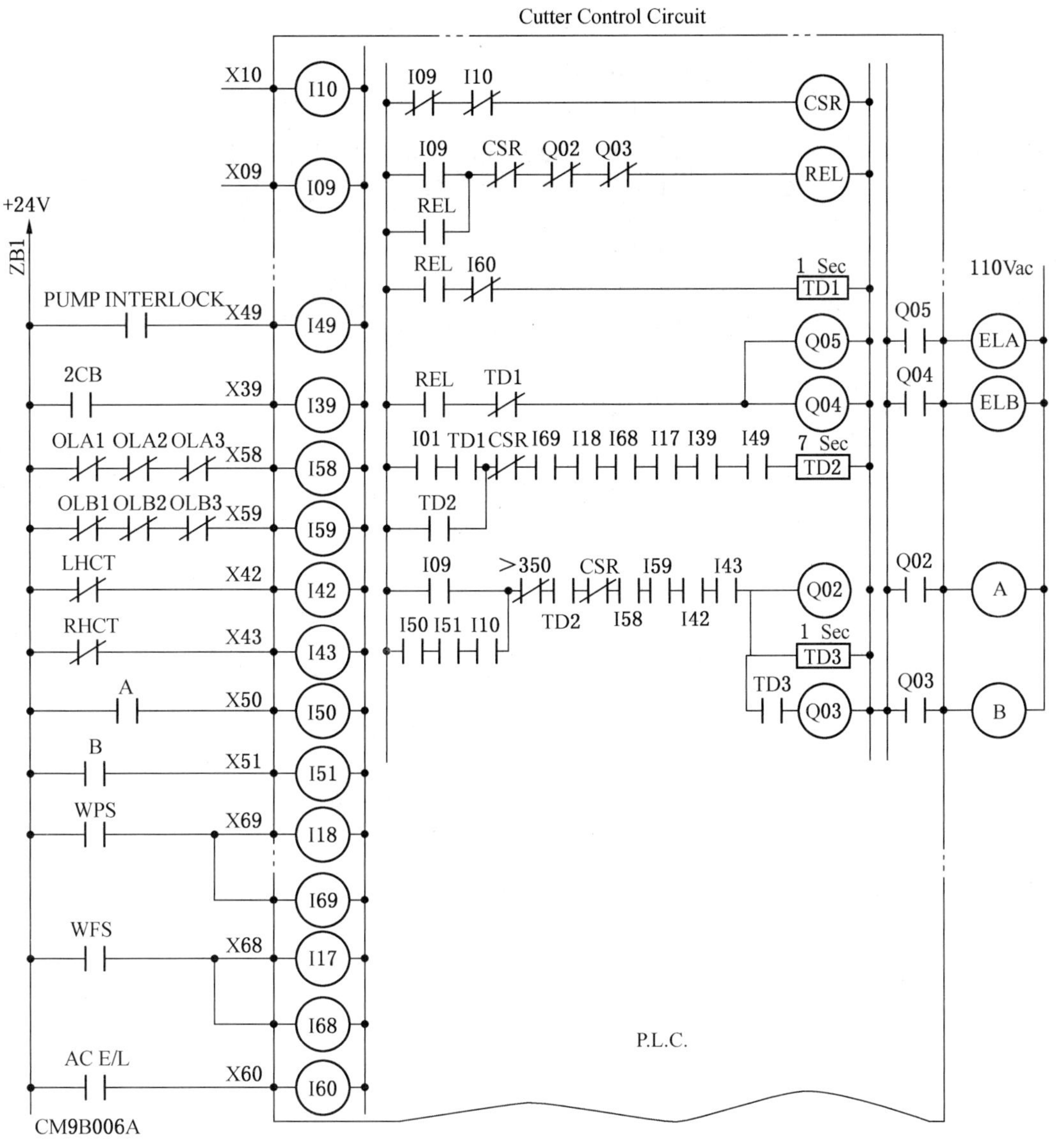

图 1-11　截割电机内部逻辑梯形图

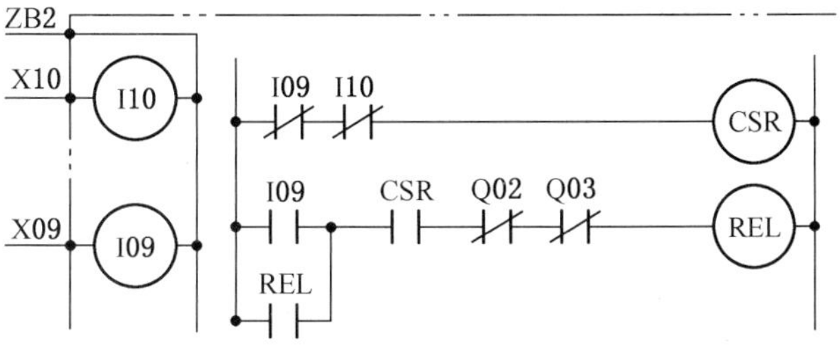

图 1-12　左右截割电动机启动前

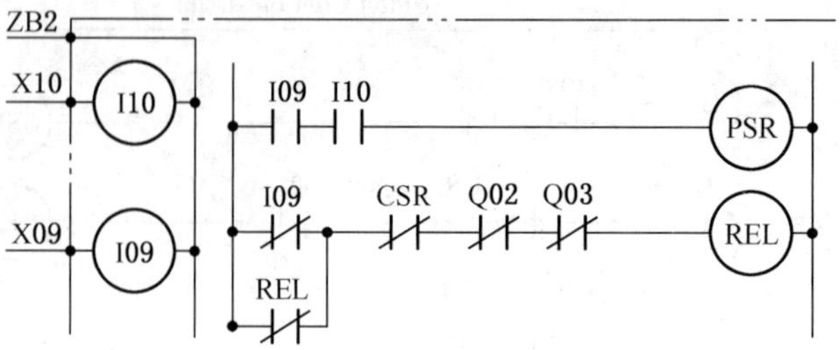

图 1-13 左右截割电动机启动

2）左右截割电动机启动前的接地测试

当 REL 继电器得电工作后，串接在时间继电器 TD1 和接地漏电闭锁继电器回路中的常开接点 REL 闭合，对电动机和其供电电缆绝缘进行 1 s 的接地漏电闭锁测试；当泵电动机和其供电电缆绝缘没有接地故障时，串接在测试回路中的 TD1 接点延时 1 s 断开，如图 1-14 所示。

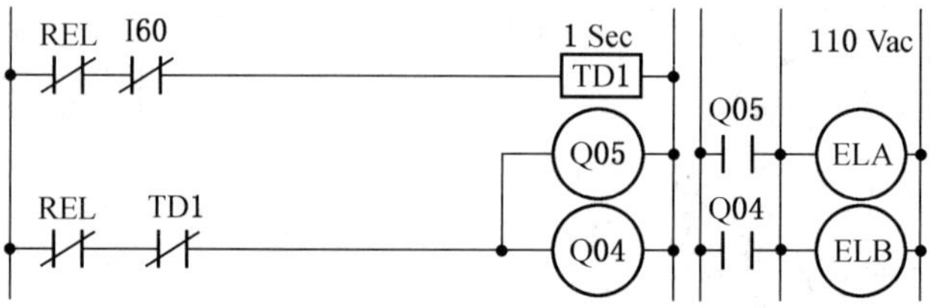

图 1-14 左右截割电动机启动前的接地测试梯形图

3）左右截割电动机启动前的水流水压力检测

在截割电动机启动前，首先要对机器进行通水，并在启动前进行 7 s 的通水检测，以保证机器在割煤时能形成足够的喷雾，降低粉尘，防止煤尘和瓦斯突发事件，如图 1-15 所示。

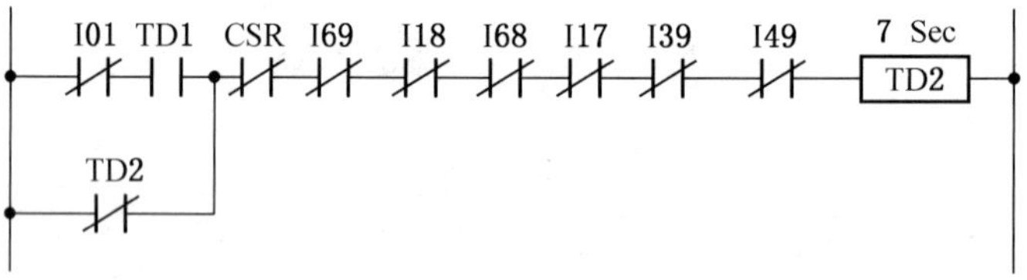

图 1-15 水流量及压力检测回路梯形图

4）左右截割电动机的运行

启动前的接地测试及水流量、压力检测工作完成后，没有发现故障时，VDU 显示器上将出现“Cutter Ready”（截割启动就绪）信息，此时，保持泵启动开关在启动位置，第二次将截割启动开关扳到启动位置，左右截割电动机启动后，松开手，让泵和截割启动开关自动弹回到运行位置，左右截割电动机的启动顺序为：先启动左截割电动机，延时 1 s 后，再启动右截割电动机，如图 1－16 所示。

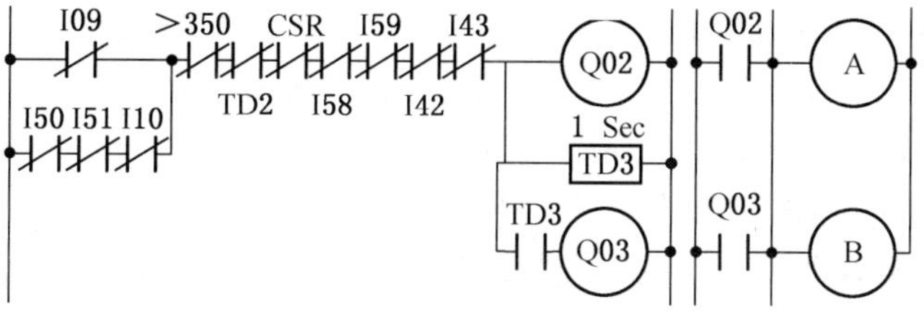

图 1－16　左右截割电机运行梯形图

六、运输机电动机控制电路

1. 运输机启动前准备

如可编程序控制器内部逻辑梯形图（图 1－17）所示，在机器正常通电后，首先将机器主控制开关扳到 MANUAL（手动）位置，在机器主电源电压和控制电压正常的情况下，

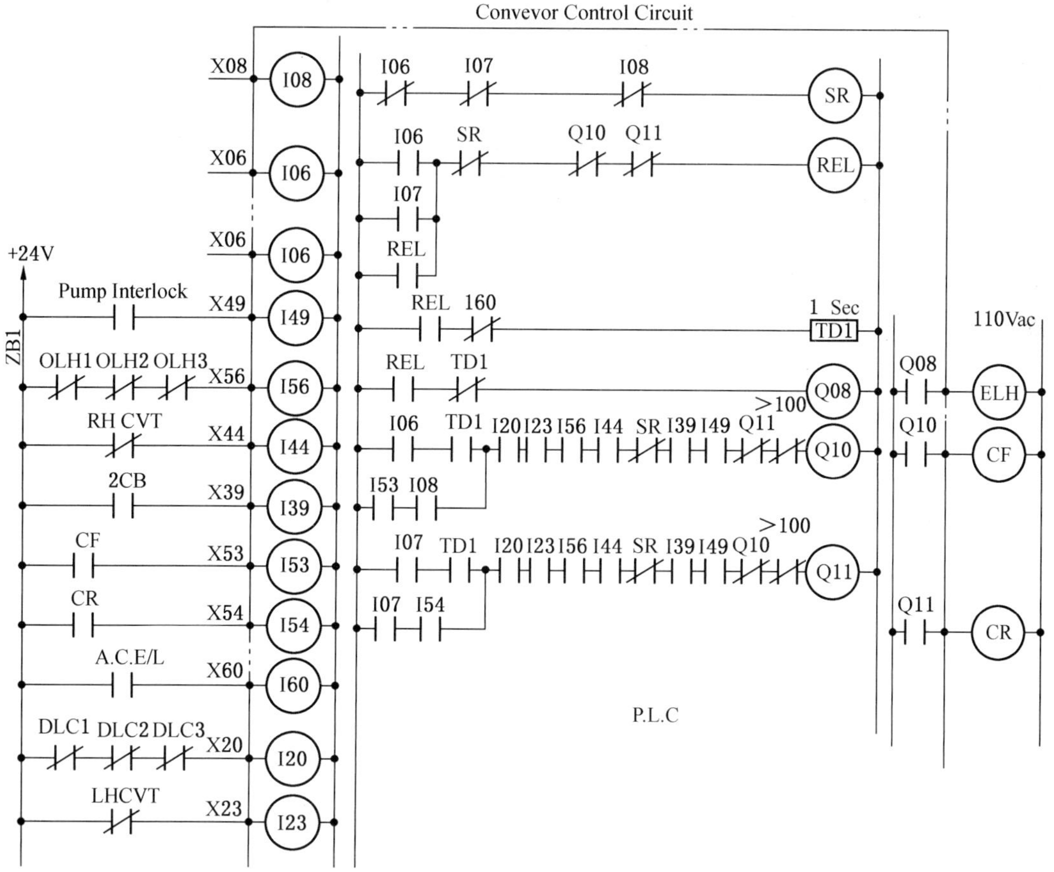

图 1－17　运输机电动机内部逻辑梯形图

泵电动机启动后，方可启动运输机。在启动运输机电动机前，PLC 可编程序控制器必须要验证以下几个项目，即运输机电动机启动必须要满足的几个条件：

（1）泵电动机启动；

（2）截割断路器 2CB 合闸；

（3）左右运输机电动机没有过载，热继电器保护装置完好；

（4）左右运输机电动机温度正常，温度开关完好；

（5）左右运输机电动机电流传感器信号正常；

（6）左右运输机电动机及电机电缆绝缘良好，系统绝缘良好，没有漏电故障。

2. 运输机启动过程

1）运输机启动

运输机电动机没有启动前，即 PLC 可编程序控制器没有得到正转启动信号 I06、正转运行信号 I08 和反转启动信号 I07 时，串接在 PLC 内部逻辑控制继电器 SR 回路中的逻辑控制接点 I06、I08 和 I07 处于闭合状态，逻辑继电器 SR 得电，同时串接在逻辑继电器 REL 回路中的 SR 常闭点断开，断开 REL 继电器回路，使其不能工作，梯形图如图 1－18 所示；当 PLC 可编程序控制器得到正转启动信号 I06 或反转启动信号 I07 后，串接在 PLC 内部逻辑控制继电器 SR 回路中的逻辑控制接点 I06 或 I07 处于断开状态，其内部逻辑继电器 SR 断电，串接在逻辑继电器 REL 回路中的 SR 常闭点闭合，I06 或 I07 接点闭合，接通 REL 继电器回路，REL 继电器得电工作。如图 1－19、图 1－20 所示。

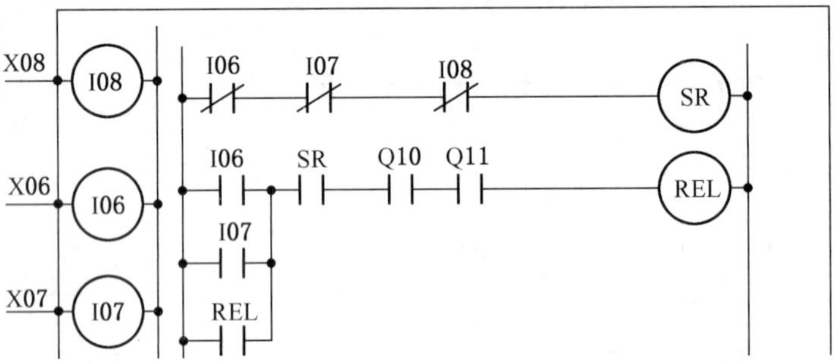

图 1－18　运输机电动机启动前

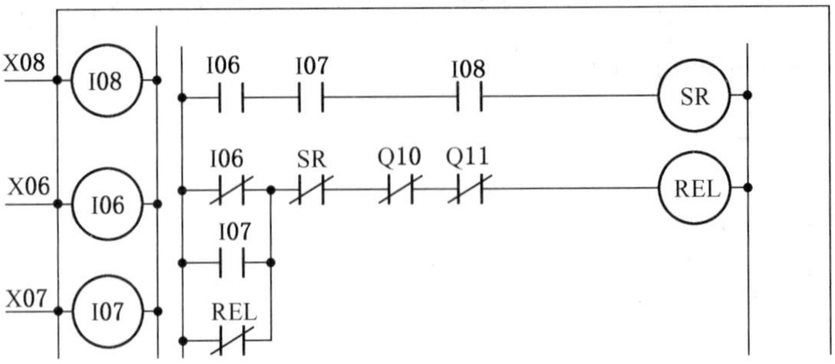

图 1－19　运输机电动机正转启动

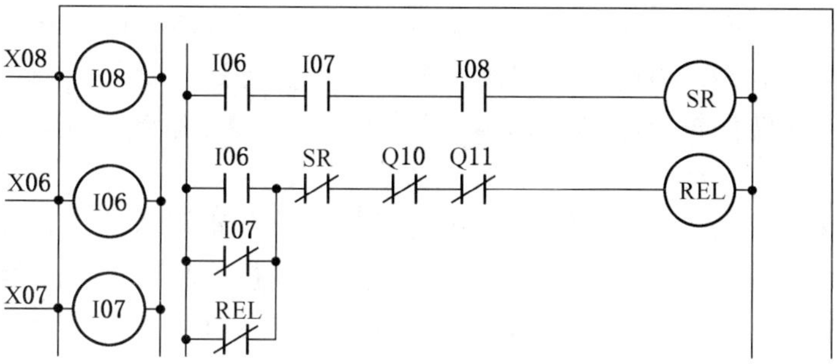

图 1－20　运输机电动机反转启动

2）运输机电动机启动前的接地测试

当 REL 继电器得电工作后，串接在时间继电器 TD1 和接地漏电闭锁继电器回路中的常开接点 REL 闭合，对电动机和其供电电缆绝缘进行 1 s 的接地漏电闭锁测试；当运输机电动机和其供电电缆绝缘没有接地故障时，串接在测试回路中的 TD1 接点延时 1 s 断开，如图 1－21 所示。

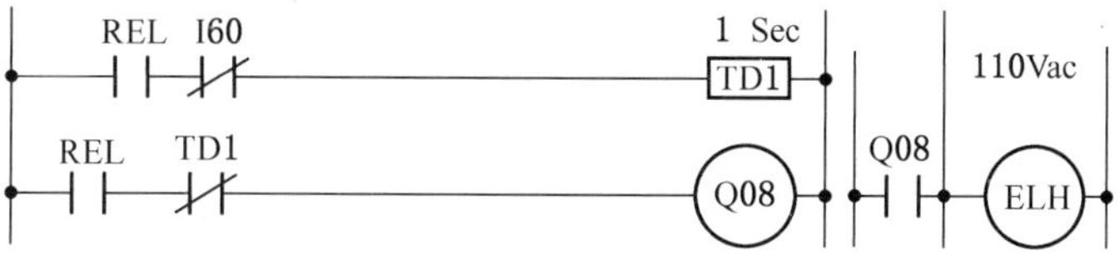

图 1－21　运输机电动机接地测试梯形图

3）左右运输机电动机的运行

（1）左右运输机电动机正转运行。

启动前的接地漏电闭锁测试检测工作完成后，没有发现故障时，VDU 显示器上将出现“Conveyor Ready”（运输机启动就绪）信息，此时，第二次将运输机正转启动开关扳到正转启动位置，左右运输机电动机同时启动后，松开手，运输机启动开关自动弹回到运行位置。如图 1－22 所示。

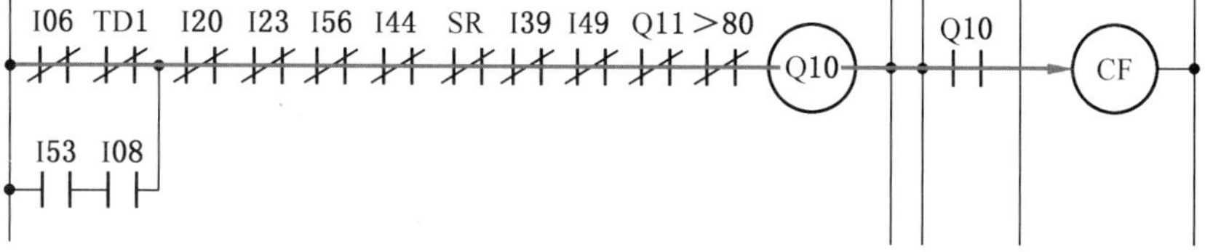

图 1－22　运输机电动机正转启动控制回路梯形图

正转启动信号 I06→时间继电器 TD1 常开接点（启动时闭合）→左运输电动机过载 I20→左运输电动机温度保护 I23→右运输机电动机过载 I56→右运输电动机温度保护 I44→逻辑控制继电器 SR 常闭点→截割断路器辅助接点 I39→泵运行返回信号 I49→反转输出闭锁 Q4→堵转保护＞80 A→运输机正转输出 Q10→运输机正转接触器，运输机正转启动。

运输机正转接触器 CF 运行返回 I53→运输机启动开关正转运行信号 I08→左运输电动机过载 I20→左运输电动机温度保护 I23→右运输机电动机过载 I56→右运输电动机温度保护 I44→逻辑控制继电器 SR 常闭点→截割断路器辅助接点 I39→泵运行返回信号 I49→反转输出闭锁 Q4→堵转保护＞80 A→运输机正转输出 Q10→运输机正转接触器，运输机正转运行。如图 1－23 所示。

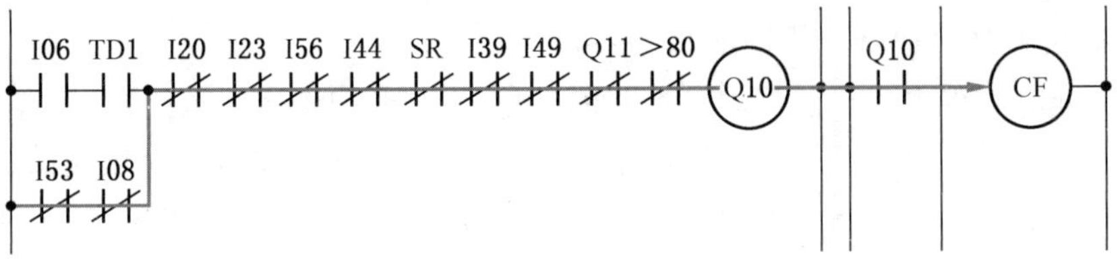

图 1－23　运输机电动机正转自保控制回路梯形图

（2）运输机反转运行。

泵电机启动后，将运输机反转开关扳到反转启动位，当电动机漏电检测完毕，没有出现漏电故障，屏幕显示运输机已准备好时，第二次将开关扳到启动位，启动电机。因为运输机反转不带自保，松开开关，开关自动回到运行位，回路中的开关启动信号接点 I07 断开，电动机停止运行。如图 1－24、图 1－25 所示。

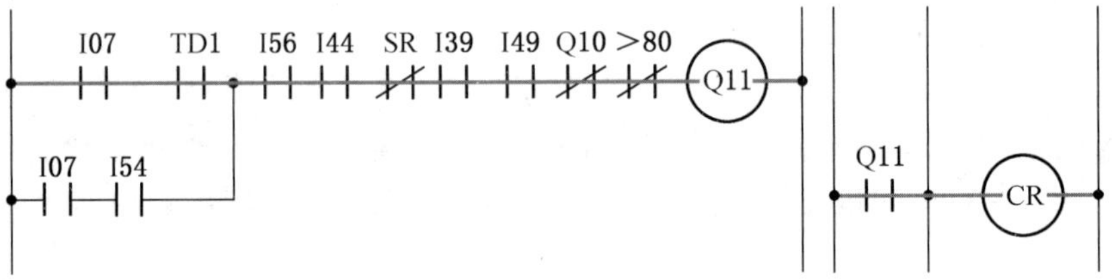

图 1－24　运输机电动机反转启动控制回路梯形图

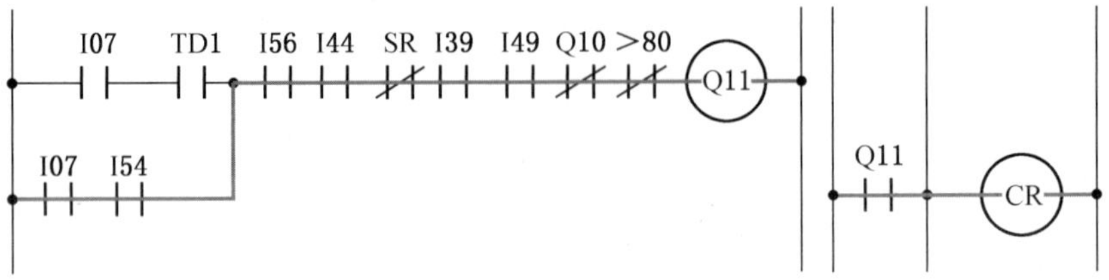

图 1－25　运输机电动机反转运行控制回路梯形图

七、风机电动机控制回路

1. 风机电动机启动前准备

12CM15－10D 系列连续采煤机除尘系统，风机的操作方式有手动和自动两种方式，相应的控制回路也分为手动操作控制回路和自动控制回路，可编程序控制器内部逻辑梯形图如图 1－26 所示。

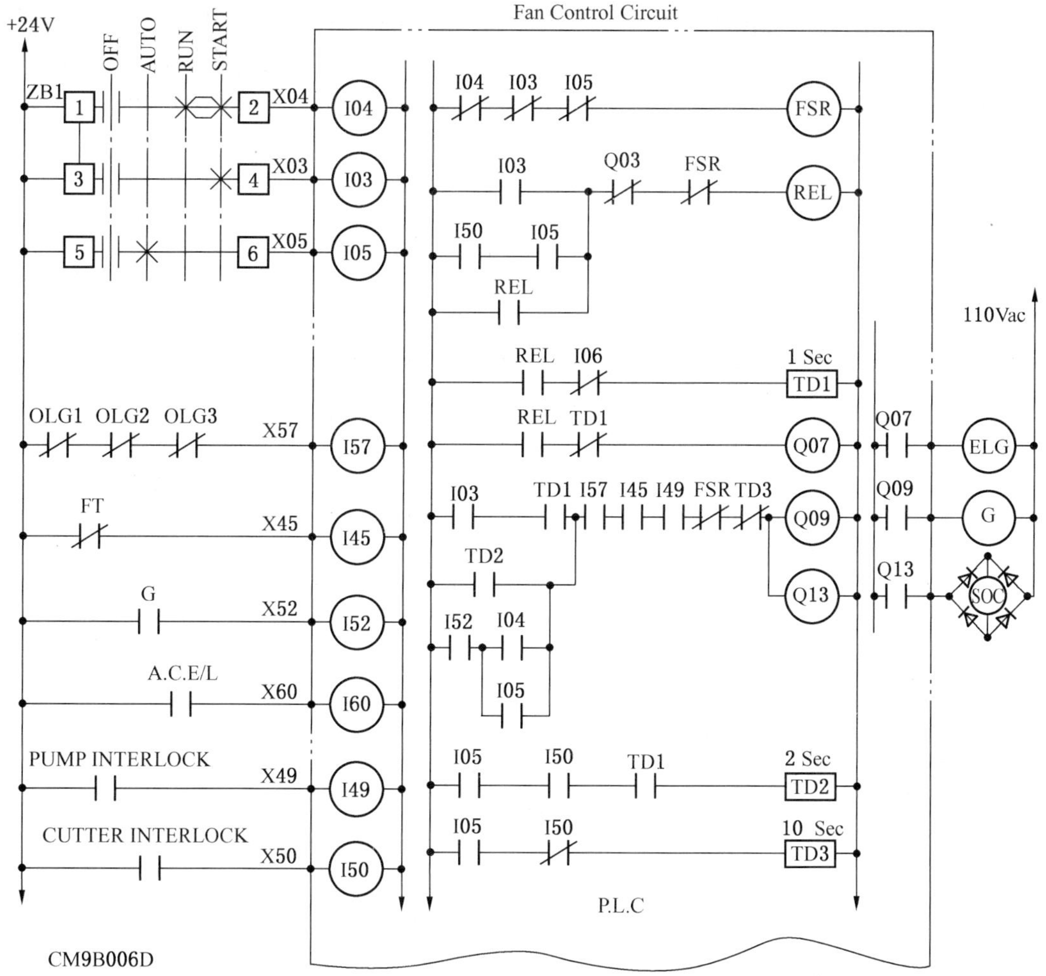

图 1－26　风机电动机内部逻辑梯形图

在机器正常通电后，首先将机器主控制开关扳到 MANUAL（手动）位置，在机器主电源电压和控制电压正常的情况下，泵电动机启动后，无论是在手动或自动状态下启动风机电动机前，PLC 可编程序控制器必须要验证以下几个项目，即风机电动机启动必须要满足的几个条件：

（1）泵电动机启动；

（2）风机电动机没有过载，热继电器保护装置完好；

（3）风机电动机温度正常，温度开关完好；

（4）风机电动机及电机电缆绝缘要良好，没有漏电故障。

2. 风机电机启动过程

1）风机手动启动

风机电动机没有启动前，即 PLC 可编程序控制器没有得到启动开关启动信号 I03、开关运行信号 I04 时，串接在 PLC 内部逻辑控制继电器 FSR 回路中的逻辑控制接点 I03、I04 处于闭合状态，逻辑继电器 FSR 得电，同时串接在逻辑继电器 REL 回路中的 FSR 常闭点断开，断开 REL 继电器回路，使其不能工作；当 PLC 可编程序控制器得到启动信号 I03 后，串接在 PLC 内部逻辑控制继电器 FSR 回路中的逻辑控制接点 I03 断开状态，其内部逻辑继电器 FSR 断电，串接在逻辑继电器 REL 回路中的 FSR 常闭点闭合，I03 接点闭合，接通 REL 继电器回路，REL 继电器得电工作。如图 1－27 所示。

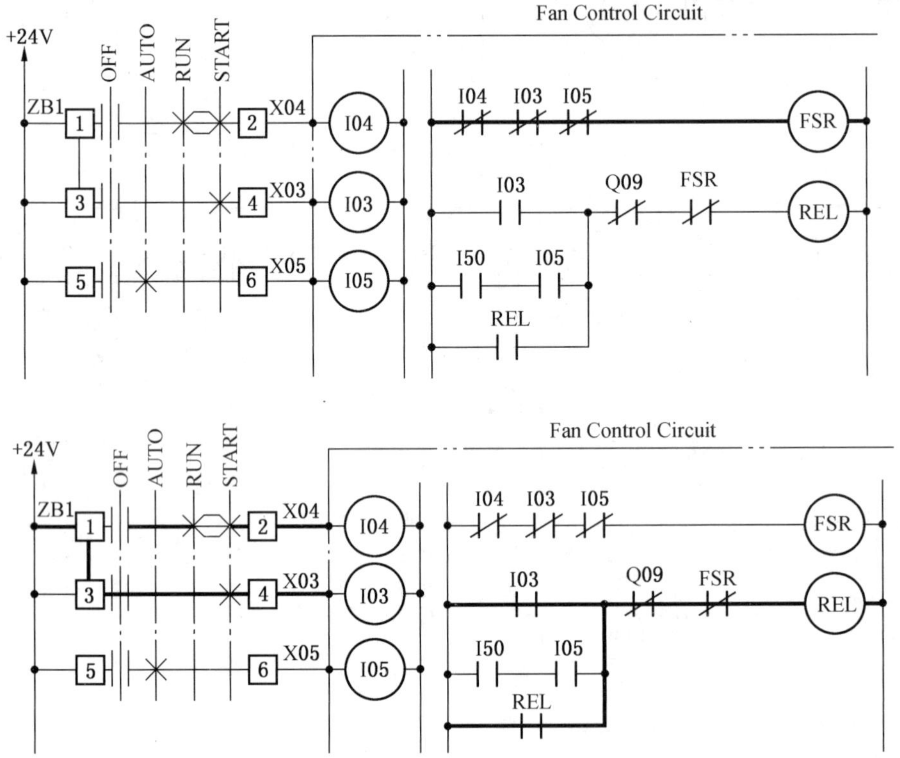

图 1－27　风机回路启动前后梯形图动态显示

2）风机电动机启动前的接地测试

当 REL 继电器得电工作后，串接在时间继电器 TD1 和接地漏电闭锁继电器回路中的常开接点 REL 闭合，对电动机和其供电电缆绝缘进行 1 s 的接地漏电闭锁测试；当风机电动机和其供电电缆绝缘没有接地故障时，串接在测试回路中的 TD1 接点延时 1 s 断开。如图 1－28 所示。

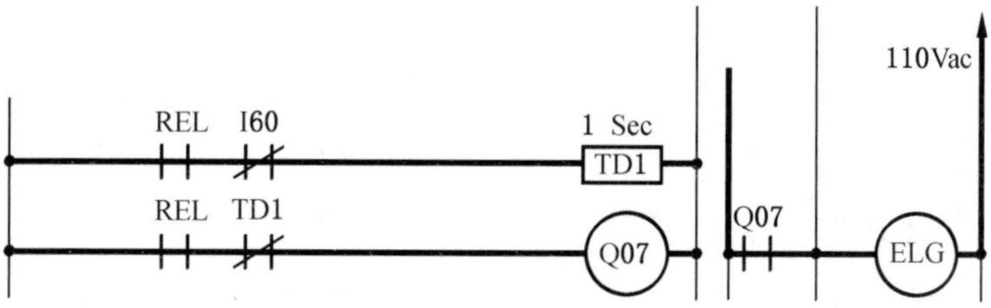

图 1－28　风机电动机启动前的接地测试梯形图

3）风机电动机的手动运行

启动前的接地漏电闭锁测试检测工作完成后，没有发现故障时，VDU 显示器上将出现“Fan Ready”（风机启动就绪）信息，此时，第二次将风机启动开关扳到启动位置，风机电动机启动后，松开手，风机启动开关自动弹回到运行位置。控制过程如图 1－29、图 1－30 所示。

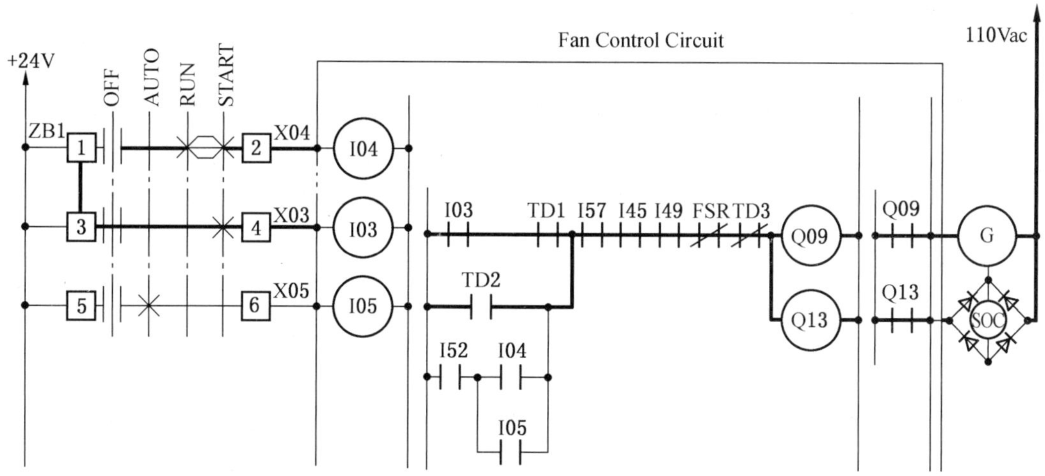

图 1－29　风机电动机启动回路梯形图

4）风机自动控制回路

将风机控制开关旋转到自动位置，分别启动泵电动机和截割电动机，当截割电动机正常启动运行后，风机电动机延时 2 s 启动；当截割电动机停止运行 10 s 后，风机电动机停止运行。

风机电动机没有启动前，即 PLC 可编程序控制器没有得到启动开关自动信号 I05 时，串接在 PLC 内部逻辑控制继电器 FSR 回路中的逻辑控制接点 I05 处于闭合状态，逻辑继电器 FSR 得电，同时串接在逻辑继电器 REL 回路中的 FSR 常闭点断开，断开 REL 继电器回路，使其不能工作；当 PLC 可编程序控制器得到启动信号 I05 后，串接在 PLC 内部逻辑控制继电器 FSR 回路中的逻辑控制接点 I05 断开，其内部逻辑继电器 FSR 断电，串接

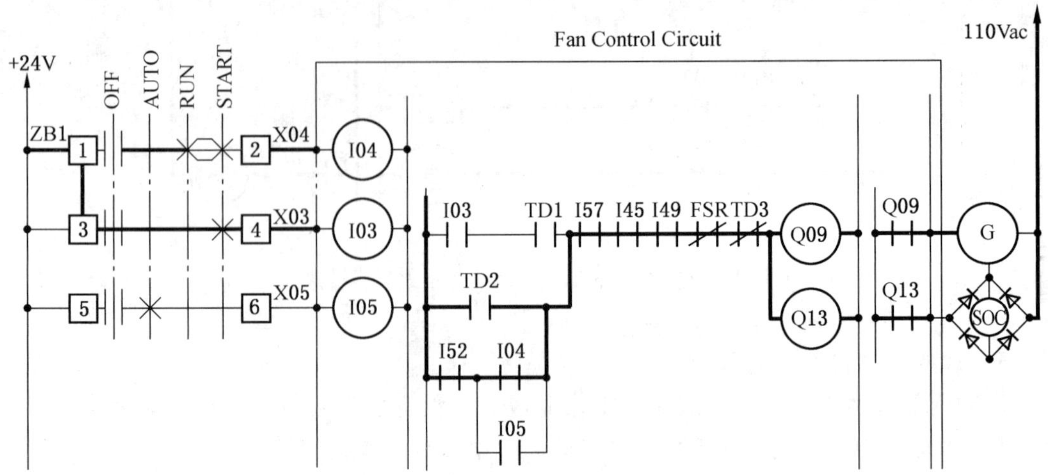

图 1-30　风机电动机手动启动自保运行回路

在逻辑继电器 REL 回路中的 FSR 常闭点闭合，I05 接点闭合，接通 REL 继电器回路，REL 继电器得电工作。

当 REL 继电器得电工作后，串接在时间继电器 TD1 和接地漏电闭锁继电器回路中的常开接点 REL 闭合，对电动机和其供电电缆绝缘进行 1 s 的接地漏电闭锁测试；当风机电动机和其供电电缆绝缘没有接地故障时，串接在测试回路中的 TD1 接点延时 1 s 断开。如图 1-31 所示。

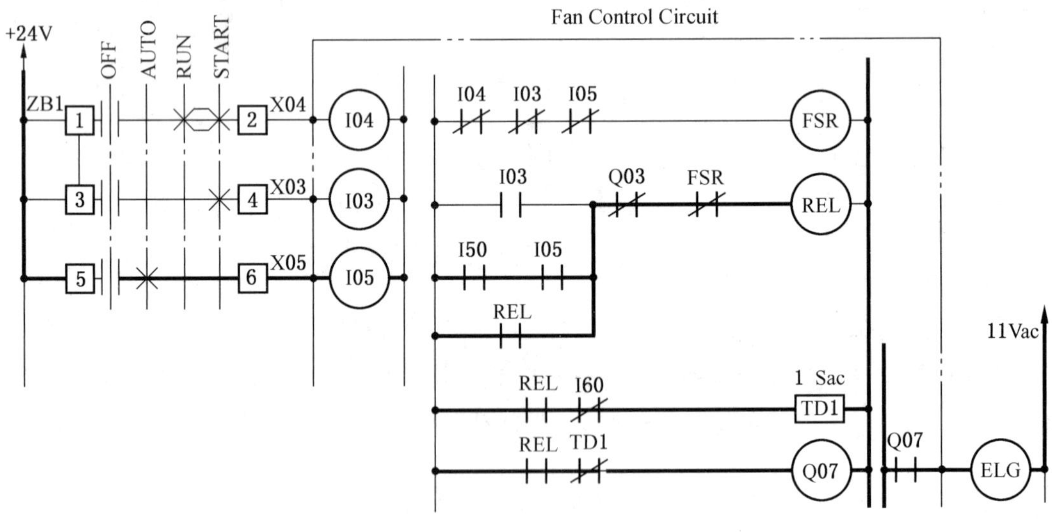

图 1-31　风机自动控制逻辑梯形图

启动前的接地漏电闭锁测试检测工作完成后，没有发现故障时，VDU 显示器将不再显示“Fan Ready”(风机启动就绪) 信息，此时，随着截割电动机的正常启动，2 s 后，风机电动机自动启动运行，当截割电动机运行时，风机电动机延时 10 s 停止运行。如图 1-32 所示。

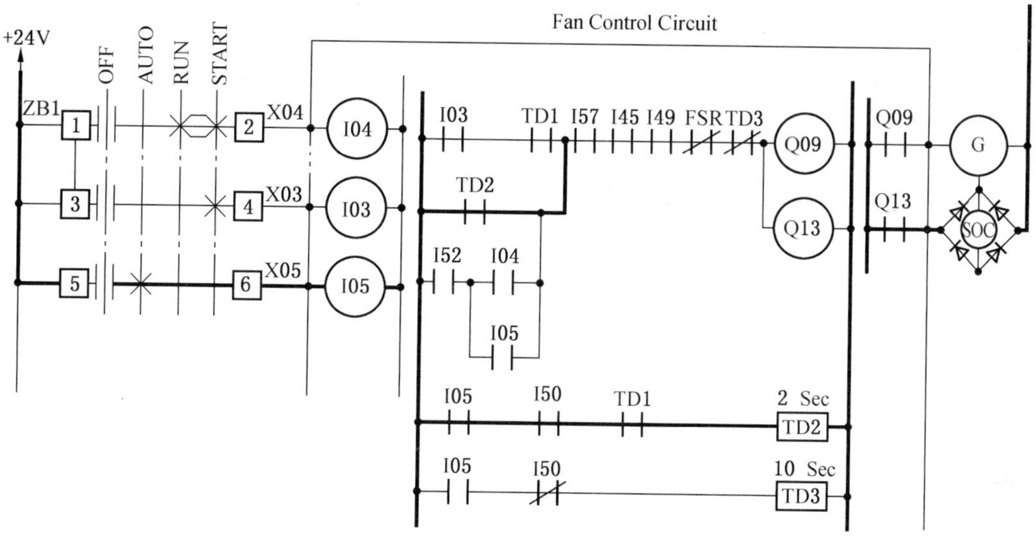

图 1-32 风机自动运行逻辑梯形图

八、牵引控制回路

1. 牵引回路工作原理

12CM-15 系列连续采煤机牵引控制系统采用了 6SCRⅡ系统，即晶闸管可控硅整流控制系统。控制系统采用两个相同的 SCR 可控硅晶闸管整流装置，左右牵引电机各一个，每个整流装置由 6 个 SCR 可控硅晶闸管组成三相全波整流电路，用一个微处理机触发控制单元对两个 SCR 可控硅晶闸管整流装置实施触发和反馈信号的控制，提供牵引行走时所必需的电压匹配、速度匹配和反馈匹配。

12CM-15 系列连续采煤机牵引速度，有低速、中速和高速 3 个挡，范围分为两个阶段，最大截割速度段和调动速度段。在调动速度段，采煤机无论是前进还是后退，因牵引阻力较小，采煤机均可以使用高速挡位行走；而在最大截割速度段，为了充分利用采煤机的强度资源，同时还要防止采煤机在割煤过程中因牵引速度过快，造成截割部阻力增大，损坏设备，降低煤机使用寿命，因此，牵引控制系统增加了截割部电流反馈，电流反馈的作用是：

（1）牵引部高速前进行走时，启动截割部，牵引速度自动转换成中速；

（2）截割部工作时，牵引前进只能以低速和中速行走；

（3）截割电流反馈并不影响牵引后退低速、中速、高速。

正是基于这个调速原则，微处理机触发控制单元通过外接可调电阻，对最大截割速度和调动速度进行调节。最大牵引速度电阻调节器见表 1-5。

表1-5　最大牵引速度电阻调节器

Function	Parameter	Selector Switch Knob Position											
Sump Adjustment	Resistance 72 to 2	1	2	3	4	5	6	7	8	9	10	11	12
		2. 48 k	2. 89 k	3. 01 k	3. 31 k	3. 65 k	3. 92 k	4. 00 k	4. 21 k	4. 32 k	4. 75 k	5. 00 k	5. 12 k
	Sensitivity	←Faster——Normal Sump——Slower→											

通过该电阻调节器，可以对牵引最大速度进行设定，电阻调节器给可控硅触发控制单元反馈0～5 V直流电压信号。最大截割速度电阻调节器见表1-6。

表1-6　最大截割速度电阻调节器

Function	Parameter	Selector Switch Knob Position											
Maximum Sump Speed	Resistance 73 to 2	1	2	3	4	5	6	7	8	9	10	11	12
		4. 73 k	4. 86 k	5. 00 k	5. 12 k	5. 35 k	5. 47 k	5. 61 k	5. 75 k	5. 91 k	6. 03 k	6. 20 k	6. 47 k
	+ to COM D. C. Output	65	85	95	105	115	130	140	150	160	170	180	180
		←Slower——Normal Sump——Faster→											

通过该电阻调节器，可以对最大截割牵引速度进行设定，电阻调节器给可控硅触发控制单元反馈0～5 V直流电压信号。牵引速度见表1-7。

表1-7　牵　引　速　度

Speed Selected	Speed Cutter Off	Cutter On	Feedback
1st FWD	4. 6 m/min	4. 6 m/min	0～4. 6 m/min
2nd FWD	9. 1 m/min	9. 1 m/min	0～9. 1 m/min
3rd FWD	18. 3 m/min	9. 1 m/min	0～9. 1 m/min
1st REV	4. 6 m/min	4. 6 m/min	
2nd REV	9. 1 m/min	9. 1 m/min	
3rd REV	18. 3 m/min	18. 3 m/min	

牵引部电源回路如图1-33所示。

牵引电动机采用的是直流串励电动机，直流串励电动机具有过载能力强，启动转矩大，牵引特性好的特点。根据直流电动机的机械特性：

$$N=(U-I_0R_0)/Ce\Phi$$

直流电动机的调速有三种方式：改变电枢电压、改变电枢回路总电阻和改变磁通。直流电动机的反转有改变电枢电流方向和励磁电流方向两种，一般采用晶闸管无触点开关和

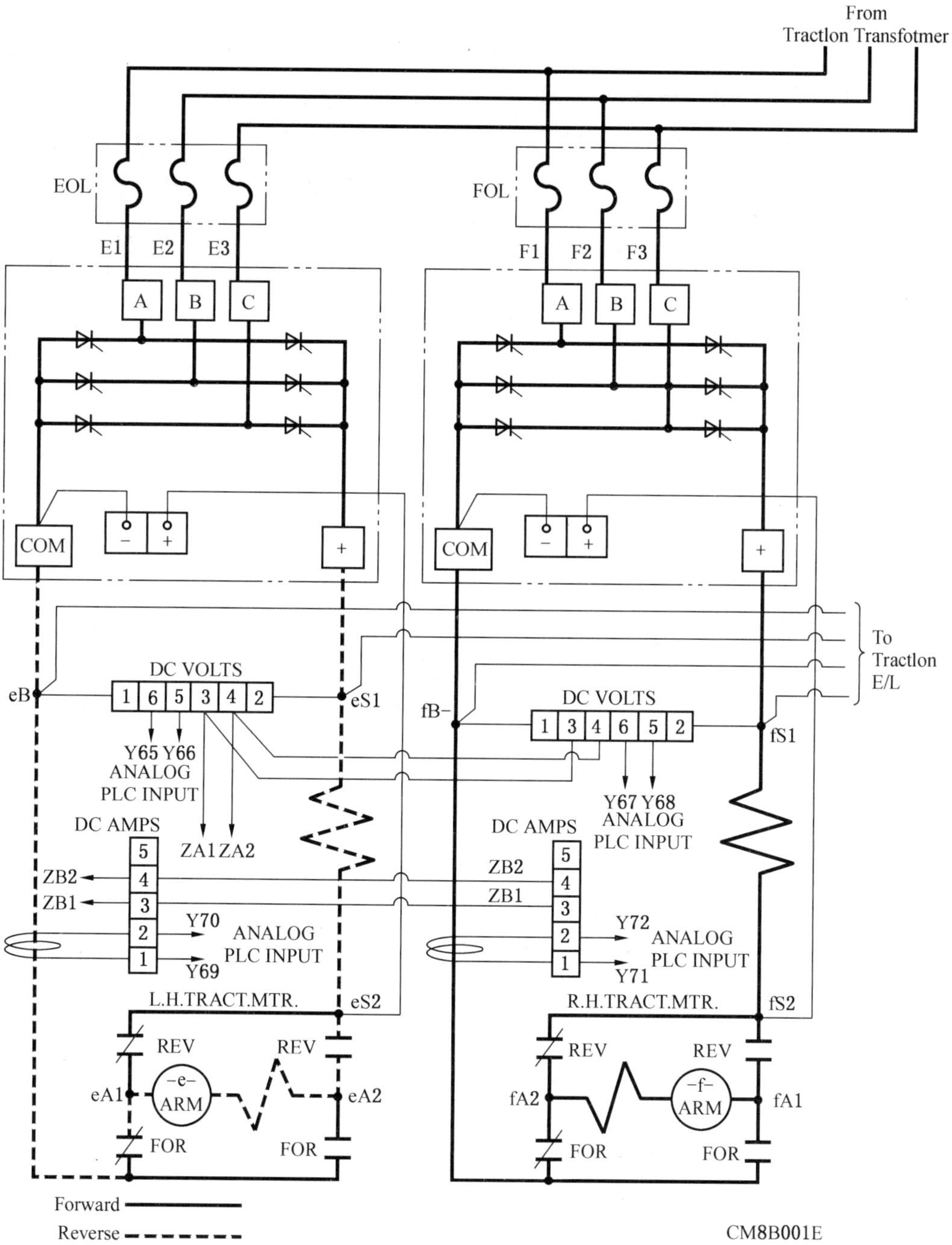

图 1－33　牵引部电源回路

接触器作为换相控制器。12CM10D－15 系列连续采煤机，牵引直流串励电动机调速采用的是改变电枢电压调速方式，用接触器作为换相控制器，牵引前进和后退低速、中速、高速三个挡位直流电压输出，见表 1－8。

表 1-8　牵引回路速度与电压对应表

Tram Lever Position	AC Inputs					AC Outputs		DC Output (Motor) **
	10/110	15/115	30/130 *	40/140	50/150	11/111	16/116	+ bus to COM bus
F1	×		×			×		90
F2	×		×	×		×		180
F3	×		×	×	×	×		310
R1		×	×				×	90
R2		×	×	×			×	180
R3		×	×	×	×		×	310 ***

2. 牵引电机启动前准备

当机器正常通电后，交流控制电源 ZA1 端经 2 A 保险向可控硅触发控制单元的 08 号端子提供 40 V 交流电源。泵电动机启动后，无论是在手动或自动状态下启动牵引运行前，PLC 可编程序控制器必须要验证以下几个项目，即牵引电动机启动运行必须要满足的几个条件：

（1）泵电动机启动；

（2）脚踏开关必须闭合；

（3）左右牵引电动机没有过载，热继电器保护装置完好；

（4）左右牵引电动机温度正常，温度开关完好；

（5）左右牵引电动机及电机电缆绝缘良好，没有漏电故障。

3. 牵引电机启动过程

1）牵引正向启动

（1）将左右牵引开关同时旋转到前进第一速度挡位，PLC 可编程序控制器在得到 I24 和 I28 左右牵引第一速度启动信号后，PLC 可编程序控制器输出点 Q57 和 Q61 对可控硅触发控制单元输出交流 40 V，同时可控硅触发控制单元 4 号和 41 号端子分别输出交流 40 V 电源，激励左侧正向（eFOR）和右侧正向（fFOR）接触器，并对可控硅整流装置输出触发信号，采煤机以低速前进。

（2）当牵引开关由第一挡位继续旋转到前进第二速度挡位时，在左右牵引开关第一速度 X24 和 X28 返回到 PLC 的同时，开关第二牵引速度信号 X26 和 X30 也返回到 PLC，PLC 可编程序控制器输出点 Q57 和 Q61 保持对可控硅触发控制单元输出交流 40 V，同时可控硅触发控制单元 4 号和 41 号端子分别输出交流 40 V 电源，继续激励左侧正向（eFOR）和右侧正向（fFOR）接触器，PLC 输出点 Q59 和 Q63 对可控硅触发控制单元发出第二速度牵引指令，可控硅触发控制单元也相应对可控硅整流装置发出第二速度触发指令，采煤机以中速前进。

（3）当牵引开关由前进第二挡位继续旋转到第三速度挡位时，左右牵引开关第一速度 X24、X28 和第二速度 X26、X30 继续保持对 PLC 返回，开关第三牵引速度信号 X27 和 X31 也返回到 PLC，PLC 可编程序控制器输出点 Q57 和 Q61 保持对可控硅触发控制单元输出交流 40 V，可控硅触发控制单元 4 号和 41 号端子分别输出交流 40 V 电源，继续激励左侧正向（eFOR）和右侧正向（fFOR）接触器，PLC 输出点 Q59 和 Q63 保持对可控硅触发控制单元第二速度牵引指令的同时，PLC 输出点 Q60 和 Q64 输出，向可控硅触发控制单元发出第三前进速度指令，可控硅触发控制单元也相应对可控硅整流装置发出第三速度触发指令，采煤机以高速前进。

2）牵引反向启动

（1）将左右牵引开关同时旋转到后退第一速度挡位，PLC 可编程序控制器在得到 I25 和 I29 左右牵引第一速度启动信号后，PLC 可编程序控制器输出点 Q58 和 Q62 对可控硅触发控制单元输出交流 40 V，同时可控硅触发控制单元 16 号和 46 号端子分别输出交流 40 V 电源，激励左侧反向（eREV）和右侧反向（fREV）接触器，并对可控硅整流装置输出触发信号，采煤机以低速后退。

（2）当牵引开关由第一挡位继续旋转到后退第二速度挡位时，在左右牵引开关第一速度 X25 和 X29 返回到 PLC 的同时，开关第二牵引速度信号 X26 和 X30 也返回到 PLC，PLC 可编程序控制器输出点 Q58 和 Q62 保持对可控硅触发控制单元输出交流 40 V，同时可控硅触发控制单元 16 号和 46 号端子分别输出交流 40 V 电源，继续激励左侧反向（eR-EV）和右侧反向（fREV）接触器，PLC 输出点 Q59 和 Q63 对可控硅触发控制单元发出第二速度牵引指令，可控硅触发控制单元也相应对可控硅整流装置发出第二速度触发指令，采煤机以中速后退。

（3）当牵引开关由后退第二挡位继续旋转到第三速度挡位时，左右牵引开关第一速度 X25、X29 和第二速度 X26、X30 继续保持对 PLC 返回，开关第三牵引速度信号 X27 和 X31 也返回到 PLC，PLC 可编程序控制器输出点 Q58 和 Q62 保持对可控硅触发控制单元输出交流 40 V，可控硅触发控制单元 16 号和 46 号端子分别输出交流 40 V 电源，继续激励左侧反向（eREV）和右侧反向（fREV）接触器，PLC 输出点 Q59 和 Q63 保持对可控硅触发控制单元第二速度牵引指令的同时，PLC 输出点 Q60 和 Q64 输出，向可控硅触发控制单元发出第三后退速度指令，可控硅触发控制单元也相应对可控硅整流装置发出第三速度触发指令，采煤机以高速后退。牵引电动机控制逻辑示意图如图 1－34 所示。

九、照明控制回路

12CM－15 系列连续采煤机照明控制回路如 1－35 图所示。当机器正常通电后，由机器主控制电源变压器给照明回路提供交流 24 V 电源，当照明回路没有接地漏电故障时，照明漏电控制单元的 5 号和 10 号端子接通，激励照明继电器 LELR 闭合，机器两个前灯亮，两个后灯红灯亮。当机器后退时，PLC 可编程序控制器 Y15 输出 40 V，激励后退照明继电器 LDR，两个后灯里面的大灯亮，红灯灭。

当照明回路有漏电故障时，照明漏电控制单元的 5 号和 10 号端子断开，断开照明回

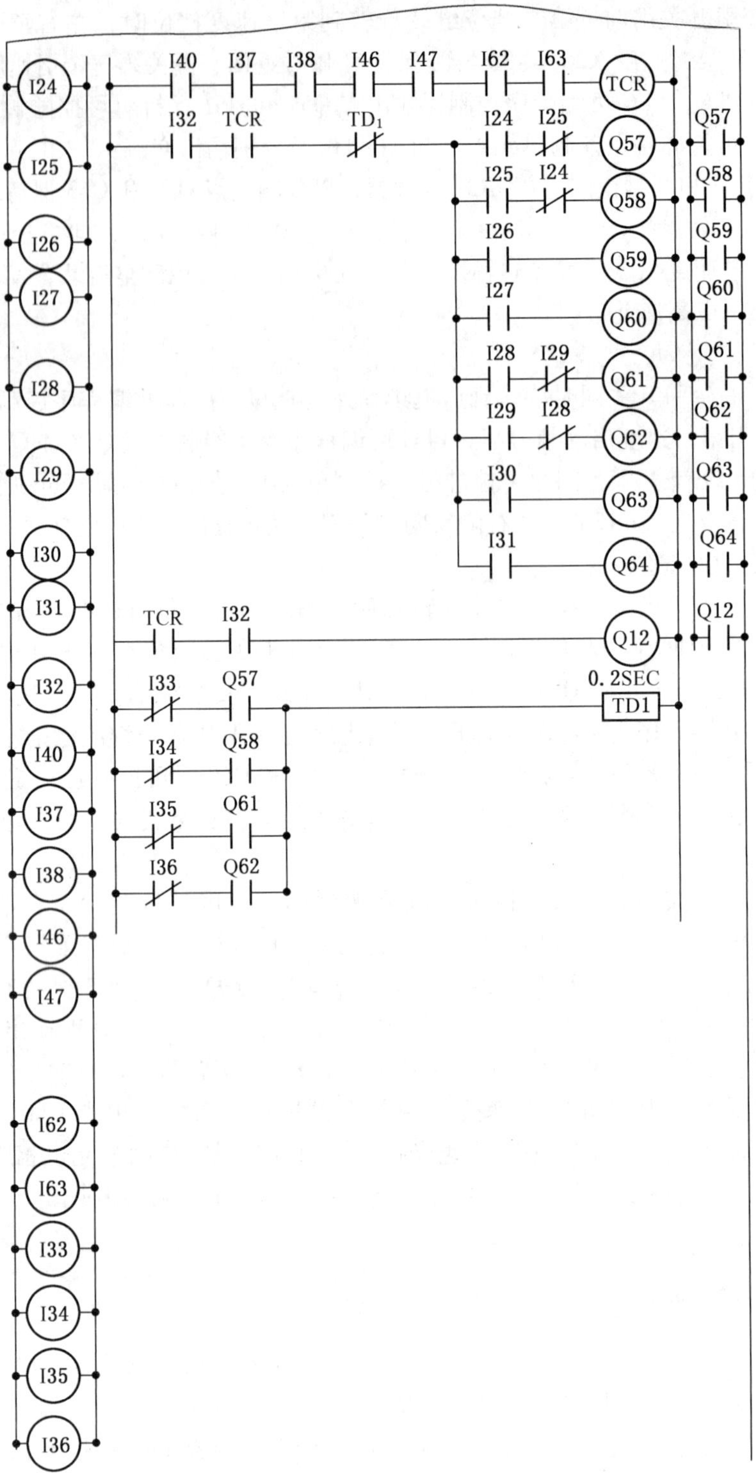

图 1－34　牵引电动机控制逻辑示意图

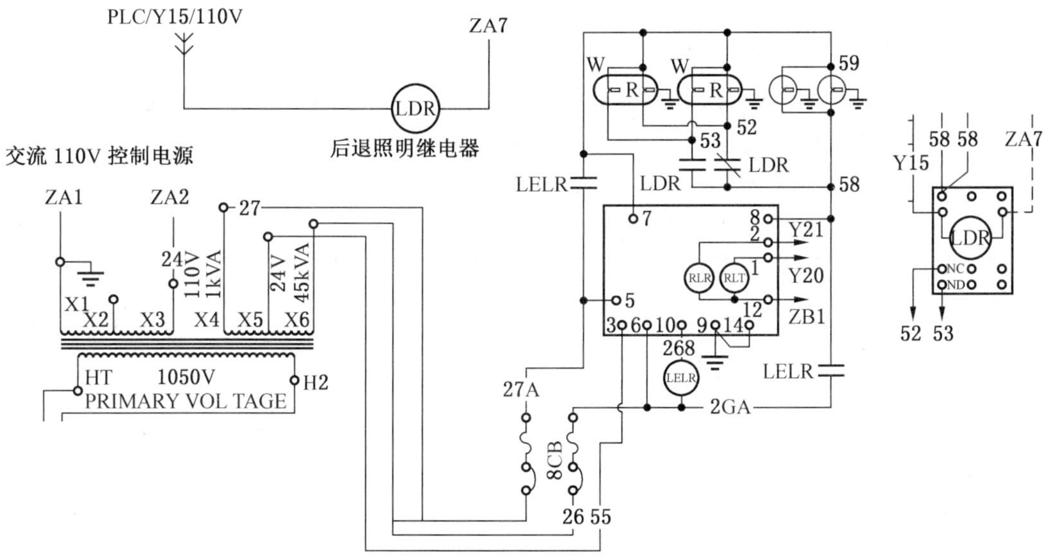

图 1-35　12CM-15 系列连续采煤机照明控制回路

路。

当进行照明漏电检测时，照明漏电控制单元的 5 号和 10 号端子断开，断开照明回路，复位后，照明正常。

任务四　12CM-15 型连续采煤机电气保护系统

一、过电流保护

电器设备的过电流保护，通常又被称作短路保护。它是指当电网供电线路或供电设备发生短路故障时，供电线路的电流突然增大。过电流保护就是利用这一特点构成的保护装置。常用的过电流保护方式有：定时限过电流保护、反时限过电流保护、无时限过电流速断保护、有时限过电流速断保护和 3 段式过电流保护等。

12CM-15 系列连续采煤机的过电流保护采用了无时限过电流速断保护的方式。

煤机电气系统以自动空气开关即自动空气断路器作为馈电开关，有机器主电源断路器 1CB、截割断路器 2CB 和牵引断路器 3CB。自动空气断路器具有良好的灭弧装置，断流能力很强。它不仅能够切断正常的负荷电流，也能够切断短路电流。自动空气断路器通常装有短路、欠电压及过负荷等保护装置，当被保护电路发生故障或不正常运行时可以自动跳闸。

JOY12CM15-10D 系列连续采煤机采用的空气断路器只装有短路保护装置，当发生故障时，故障电流超过断路器过电流整定值，通过断路器跳闸来实现煤机的过电流保护。煤机主断路器 1CB 过电流整定值为 1200 A，截割断路器 2CB 整定值为 1090 A，牵引断路器

3CB 的整定值为 980 A。

二、电动机过载保护

12CM15－10D 型连续采煤机的电动机过载保护，是通过热继电器实现的。

热继电器采用的是双金属片热继电器，保护整定值见表 1－9。

表1－9 热继电器保护整定值

OVERLOAD TABLE					
OYERLOAD	MTR H. P.	MTR KW	HEATER CODE	FULL LOAD RANGE	INSTANT. O. L. SETTING
CUTTER（OLA1，OLA2，OLA3，OLB1，OLB2，OLB3）		170	FH25	2. 49X50 : 124. 5(ADJUST TO 91%)	(350 omps)
G. HEAD/CDNV.(OLC1，OLC2，OLC3，OLH1，OLH2，OLH3)	55	40	FH78	33. 6－37. 5(ADJUST TO 92%)	(140 omps)
PUMP(OLD1，OLD2，OLD3)	70	52	FH80	41. 6－46. 3(ADJUST TO 86%)	
TRACTION(EOL，FOL)	50	37	FH93	139－148(ADJUST TO 94%)	
			FH92	129－138(ADJUST TO 101%)	
	35	26	FH89	96－105(ADJUST TO 102%)	
DUST COLLECTOR（OLG1，OLG2，OLG3）	25	19	FH70	15. 6－17. 1(ADJUST TO 89%)	

三、漏电保护

1. 交流电动机漏电闭锁

连续采煤机各交流电机漏电检测系统由 EL3 漏电保护单元及其外电路组成。EL3 的 5 号端子经电阻（6. 8 kΩ）接到三相电感器的中性点，三相电感器接主电路三相电源线。EL3 的 1 号端和 2 号端接 15 V 交流电源。

当给连续采煤机供电以后，则漏电保护单元便有 15 V 电源输入。在 EL3 内部有整流电路，使 EL3 的 5 号端输出 15 V 直流电压（相对于接地端 6 号，实际 6 号端为正，5 号端为负），如图 1－36 所示。三相电源线及电动机绕组对地的绝缘情况可用等效电阻 r 表示。因此，在各电机接触器尚未闭合时便存在 EL3(6)→地→R→电感线圈→6. 8 kΩ→EL3(5) 这样的闭合回路。

正常情况下，R 的值很大，回路中的电流很小很小。如果任一相电源线的对地绝缘电阻下降到小于 12～14 kΩ，则回路中的电流增大。该电流流过 EL3 内部的一个小变压器原边，该变压器的副边感应出足够能量的电压，使接于 2 号和 3 号端子间的晶体管被触发导通，漏电继电器 ELR 得电动作，它串入各电机控制回路中的常闭触点断开，使控制回路

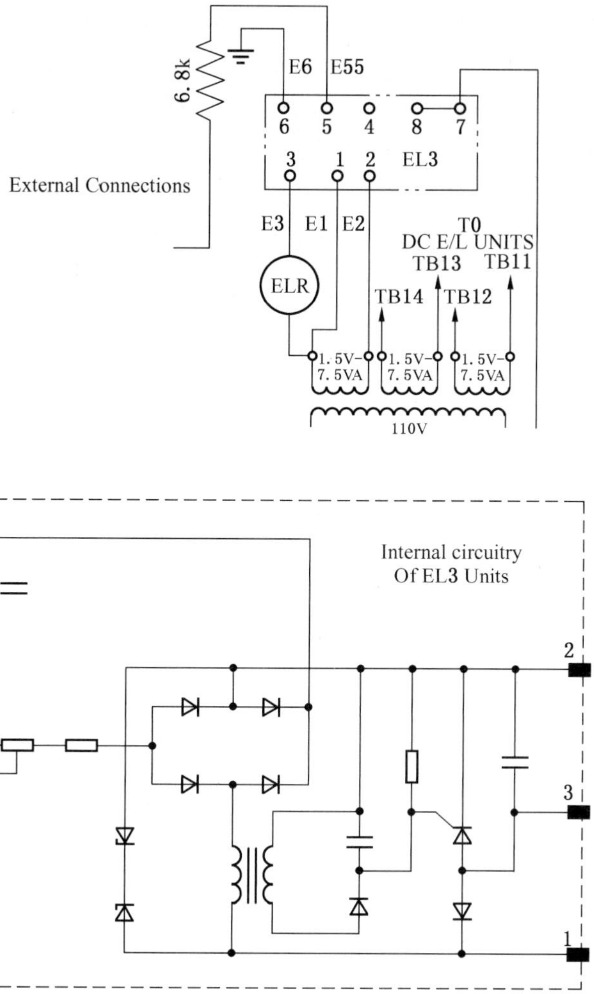

图 1-36　EL3 漏电保护电路

不能闭合，从而防止在有漏电的情况下电路接通电源。

2. 直流电动机漏电保护

当合上连续采煤机的主断路器时，牵引接地漏电电路自动检查牵引电机是否有故障，如果要对牵引电机回路中的接地故障进行人工检测，则可把接地漏电检测开关转到 MOTOR 位置，然后把两个牵引开关都转到一挡位置。显示装置上就会显示出检测结果。但是，牵引电机不会动作，要等到接地漏电试验开关转到复位位置然后再到 OFF 位置后才行。要注意，左右牵引电机需要分别试验和复位。

牵引接地漏电装置有两种工作模式，即无载和有载。如果在无载时，牵引电机的对地电阻降低，控制电压 + V1 就会供给到直流电机的线路。这个电压通过接地端子 5 号导通，造成端子 4 和 5 之间、5 和 6 之间电压不平衡。经过大约 1 s 的延时，这个电压差使故障继电器 RLF 的电源接通，通过 RLF 的接点给 PLC 发出一个信号。牵引系统就跳闸，机器不能动作。

在牵引过程中，在带载时发生接地漏电，则 PLC 就会输出一个信号使继电器 RLO 吸合。这个继电器使控制电压 V1 从直流电机上隔离。这时，保护装置就与无载时动作一样，只是它由牵引 SCR 整流桥来供电。如图 1－37 所示。

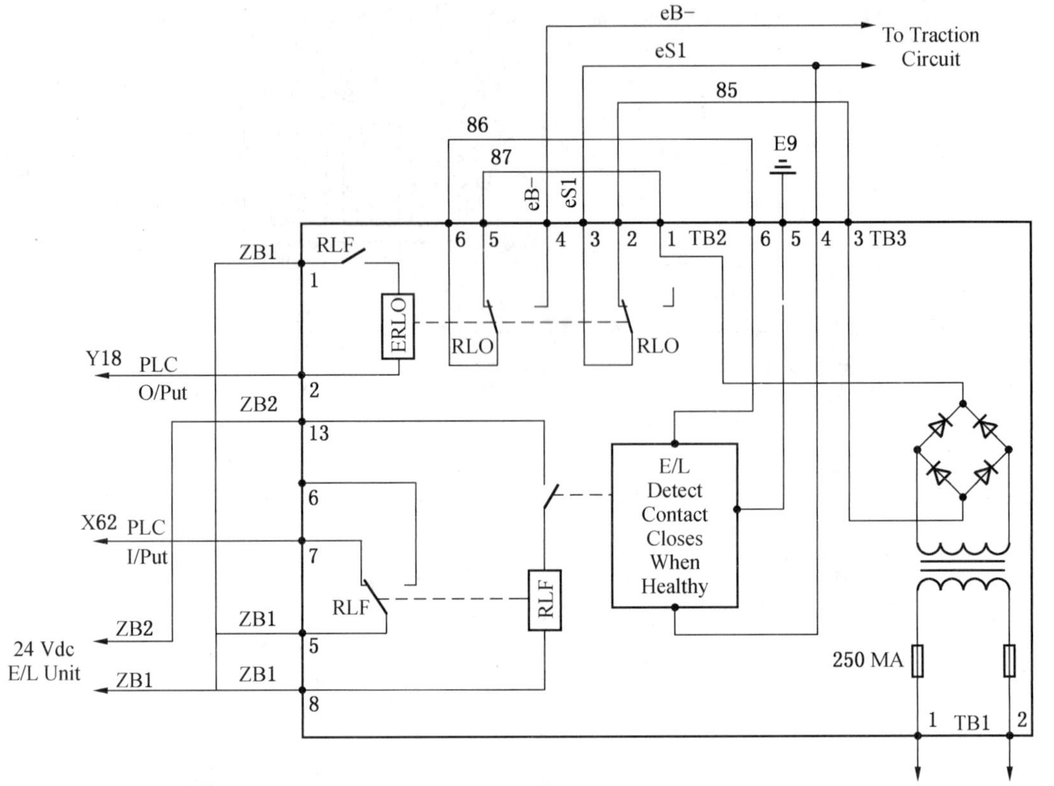

图 1－37　牵引接地漏电继电器线路

四、电动机温度保护

12CM15－10D 型连续采煤机电动机的温度保护，通过预先装在电动机内部热敏电阻开关元件测量电机的温度来实现的，热敏电阻开关元件关断值为 145 ℃。

五、液压油油温油位保护

12CM15－10D 型连续采煤机液压油箱中油位正常时，油温油位继电器接点 9、10 闭合，低于 57～91 L 的下限时，油位开关常闭接点 302、303 打开，油温油位继电器接点 9、10 断开，I65 失电，PLC 失去油位信号，断开泵接触控制回路，使泵电动机停机或不能启动；当液压油箱中的油温超过 79 ℃时，油温油位开关 308、309 接点闭合，油温油位继电器接点 14、13 接点闭合，PLC 得到油温信号 I66 后，断开泵电动机控制回路，使泵电动机停机或不能启动。如图 1－38 所示。

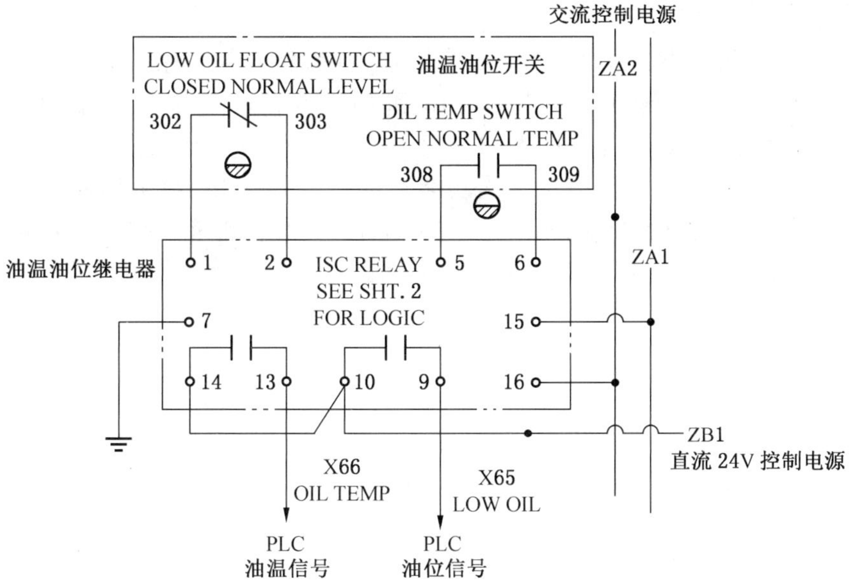

图 1 - 38　液压油箱油温油位保护线路

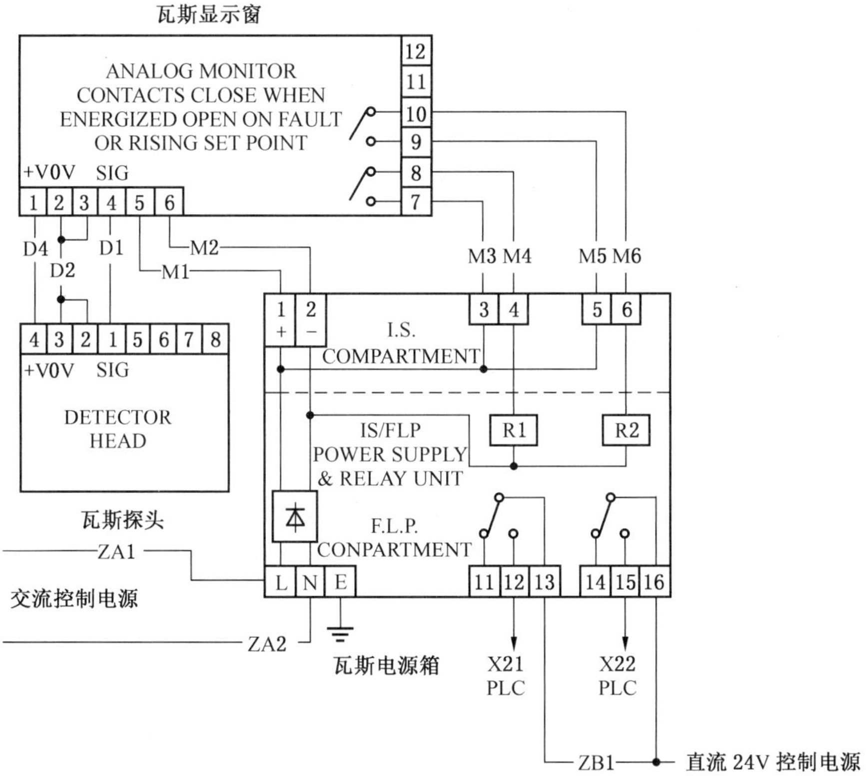

图 1 - 39　甲烷监测回路

六、瓦斯检测

当瓦斯探头检测到的工作面瓦斯浓度正常时，瓦斯显示窗内的继电器接点 7、8 和 9、10 接通，瓦斯电源箱内的继电器接点 12、13 和 15、16 接通。当工作面的瓦斯浓度超过 1% 时，瓦斯显示窗内的继电器接点 7、8 断开，瓦斯电源箱内的继电器接点 12、13 断开，PLC 失去 I21 信号，发出报警信号（该功能目前没有使用）；当工作面瓦斯浓度超过 1.25% 时，瓦斯显示窗内的继电器接点 9、10 断开，瓦斯电源箱内的继电器接点 15、16 断开，PLC 失去 I22 信号，断开泵电动机控制回路，使泵电动机停机或不能启动。如图 1－39 所示。

七、水流水压力保护

12CM15－10D 系列连续采煤机，为了保证截割过程中控制风尘的浓度和机器运行时电动机的冷却，必须要有足够的供水，在截割臂上的压力水回路上装有水流量和压力开关，当供水流量低于 21 L/min，压力低于 0.827 MPa 或流量低于 17 L/min 时，截割电动机将会自动停机或不能启动。

任务五　12CM－15 型连续采煤机的操作与维护

一、12CM－15 型连续采煤机的几种测试方法

（1）测试各操作开关状态。将控制开关打至“维修”位，然后分别扳动各开关，同时观察显示器上的显示内容是否与开关的位置相符。

（2）试验各电机的漏电检测系统。将控制开关打至“停止”位，将漏电测试开关打至“电机”位，然后把要测试的电机操作开关扳到“启动”位，等待显示器上显示出内容，便可知漏电装置是否动作可靠。

（3）从显示器上查看各电机电流的方法。启动机器，然后将控制开关反复打至“进入”位，通过观察显示器上所显示的电机的数值，便可知道相应电机的电流或电压大小。

二、泵电机的启动方法

在机器通以线电压，控制开关处于手动位置，各种控制电源、各断路器处于接通位置且所有准备工作做好的状态下，将泵开关转到启动位置并释放弹簧回到运行位置，在一切正常的情况下，显示器上会显示出“PUMP READY”（泵准备好）信息，当出现这一信息后 3 s 内，将泵开关再转回到启动位置，这时泵电机便启动了。

三、连续采煤机电气部分日常维护内容

（1）前后照明灯完好检查；

（2）连续采煤机故障信号显示检查；

（3）拖曳电缆完好检查；

(4) 遥控器完好检查；
(5) 电机电缆检查；
(6) 电机温升检查；
(7) 检查急停开关是否正常；
(8) 检查左、右行走漏电是否正常；
(9) 检查水流压力开关是否正常；
(10) 检查各旋钮开关是否灵活可靠；
(11) 检查各防爆盖是否符合防爆要求；
(12) 检查各防爆盖螺丝是否紧固；
(13) 检查电控箱内部的紧固件是否紧固；
(14) 检查各电机接线腔接线是否完好；
(15) 测量各电机绝缘值并做好记录。

四、12CM－15 系列连续采煤机对供电电压的要求

12CM－15 系列连续采煤机，机器设计供电电压为交流 1050 V，在矿井生产过程中，结合我国煤矿供电电压等级，实际输入电压为交流 440 V。无论是哪种型号的采煤机，在工作时，要求供电电压保持在额定电压的 ±10% 以内，当供电电压超出允许的范围时，会出现以下现象：

(1) 机器无法正常割煤，经常停机；
(2) 截割电动机发生瞬时过载，造成经常停机；
(3) 照明灯经常损坏；
(4) 接触器容易损坏；
(5) 电动机高温；
(6) 拖曳电缆高温。

五、12CM－15 系列连续采煤机牵引装置的检查

12CM－15 系列连续采煤机的牵引电器控制装置，是采煤机电器控制系统的重要组成部件，主要由触发模块和左、右牵引可控硅等组成，在正常检修维护时，应进行以下几方面的工作：

(1) 检查触发模块和可控硅间的连线是否连接可靠，有无松动。

(2) 断开机器主电源断路器和牵引断路器，断开触发模块上的 3 个连接插头。用万用表检查左、右可控硅盘是否有接地故障，各部位所测电阻值应大于 50 kΩ。

任务六　12CM－15 型连续采煤机电气故障分析与处理

一、煤矿电气设备故障的判断与分析

煤矿的机械设备是煤矿生产的基础条件。对于煤矿而言，用于生产的各种机械设备，它的安装、调试、运行、检测、故障诊断、维修保养都是必须了解和掌握的。机械设备状

况如何，直接关系到生产质量、生产效益、生产安全。提高电气设备的维护管理水平，保证电气设备经常处于良好技术状态，是电气管理人员的基本职责。设备正常状态的管理是较容易进行的，可是非正常状态的管理，也就是故障状态的管理就比较复杂。电气设备可能有很多种故障现象产生，而任何一种电气故障可能是一种或几种原因造成的，也就是说，多种原因可能导致相同故障现象的产生。在众多的故障原因中，有些是电气管理人员所熟知的，或是一般性常识，有些就需要电气维护及管理人员在了解设备电气控制系统运行原理的基础上，经过长期实际工作的锻炼，不断地学习和总结，从了解到熟练，从熟练走向精通，才可以迅速地判断故障和排除故障。

电气设备故障一般可以分为两种，一种是永久性故障，即只有在故障消除后才可进行正常运行；一种是非永久性故障，即当故障发生后，不经过任何处理，短时间内可自动消除，但在运行中反复出现。不论是永久性故障还是非永久性故障，其判断和处理方法，都与电气设备的种类、技术要求、工作条件与实用工具等密切相关。根据各种判断和处理方法的共同点，归纳起来，最简单、最常用的有以下 8 种。

1. 中医诊断法

煤矿有一句顺口溜“出炭不出炭，就看机电转不转”。可见，机电设备能否正常运转成为衡量生产效率的一个重要指标。作为煤矿机电人员，无论处理什么样的机电设备故障，都可以先采用中医诊断方法来处理。我国传统的中医在为病人治病时，都是先采用望、闻、问、切的方法来查找病因，然后对症下药。在处理电气设备故障时，借鉴传统中医的治病诊断方法，也可以通过看、听、闻、摸、测、问、做来查找电气设备故障原因，以做出正确判断并快速排除故障。

（1）看：观察电气设备组成部分的外形变态。如各电气元件有无明显损坏，熔断器是否烧断、紧固件是否松动、绝缘有无老化，是否有短路、碳化发黑的痕迹；观察监测仪表所指示的数值或指示装置所呈现的状态是否正常。

（2）听：倾听电气设备运行时声音的变化来判断工况。如异步电动机单相启动不了，同时发出“嗡嗡”声；电动机轴承损坏时，发出“沙沙”声，等等。

（3）闻：嗅闻电气设备运行时散发出来的气味。如电气设备因短路、过载等故障导致温升超限时，可出现刺鼻的焦煳味。

（4）摸：通过触摸电气设备外壳温度来粗略判断低级绝缘设备或一般设备的运行工况是否正常。

（5）测：通过常用测量仪器测试电气设备的各种运行参数和绝缘电阻值。

（6）问：通过询问故障发生时现场工作人员所见的异常现象，了解故障发生前后设备现场状况，判断故障原因。

（7）做：根据电气设备维护保养周期的要求进行经常性的清洁保养和检查、维护。

2. 系统思考法

在处理现场故障时，不仅要考虑对故障设备进行分析排查，还要对与故障设备有关联的所有系统因素进行全方位、全角度的逐一思考、判断，最终确定故障产生的原因。

3. 原理分析法

根据电气、机械设备的工作原理，从理论上分析有可能产生故障的原因，从而找出处理问题的办法，进而彻底处理现场故障。

4. 对比排它法

根据故障的发生现象，将可能引发该故障的各类因素逐一排列，进行对比分析，将最不可能产生该故障的因素进行逐一排除，以缩小故障查找范围，最终快速地找出故障点。

5. 模拟测试法

根据故障现象，预想最有可能产生该故障的原因，预想故障点范围，而后进行模拟试验，确定故障点。如未排除，则继续进行模拟测试，直到最终找出故障的真正原因。

6. 机电分离法

在处理故障时，将有可能引发故障的因素，按机械、电气两类进行分类，初步判断是哪一类别引发的故障，再根据初步判断，从机械或电气某一方面进行查找处理，从而缩小了故障查找的时间和范围。

7. 概率筛选法

根据现场故障现象，列出可能产生该故障的各种因素，并根据自身经验判断各因素引起故障的概率，然后按概率大小，由大到小查找并处理故障。

8. 团队分析法

是借鉴医生治病会诊的形式，也采用会诊的方式，集中团队智慧来处理煤矿机电设备疑难问题的一种方法。通过团队分析会诊，集思广益，多角度分析故障原因，打开解决问题的思路，减少判断失误，从而缩短处理故障的时间。

二、12CM－15 系列连续采煤机典型电气故障的分析与处理

12CM－15 系列连续采煤机电气控制系统中的 PLC 和 VDU 显示器，为我们查找和判断故障提供了很大的方便，故障发生时，显示器会提供相应的故障信息及相应的处理方法。

在 JOY12CM 系列连续采煤机 VDU 显示器上给出的故障信息有两种，一种是标准信息，另一种是扩展信息。扩展信息是对标准信息的解释以及对故障原因可能性的推断，这种信息在显示器上滚动显示。提供的故障信息主要有这样几个方面：过载、电机过热、漏电、堵转过载（过流）、接触器故障，断路器跳闸（短路或过流），以及油温油位、水压流量，等等。从电气控制系统原理中可以知道这些故障信号的来源，总体来说，过载信号来自于热继电器，电机过热信号来自于电机内部的热敏器件，堵转过载信号来自于电流传感器，接触器故障信号是通过它的辅助常开接点的状态来判断的，漏电故障信号由 EL3 或漏电断电器来提供，短路或电流过流故障由断路器自动实施断电保护并向 PLC 提供信号。

一般情况下，有了这样的故障信息并且了解了故障信号的来源，就可以很方便地进行故障点查找。不过，对于一些特殊的故障原因还需要进行分析和判断。比如发生线路故障时就有可能会产生一些“假”故障信息，也就是说，实际故障不是故障所指示的那个故障。例如热继电器常闭接点与 PLC 输入端之间的连接线或电缆芯线如果发生短路，即使这样并没有发生过载故障，显示器也会显示出过载故障信息；又比如接触器常开接点与 PLC 输入端之间连接线或电缆芯线的故障会使显示器显示出接触器故障信息，等等。

1. JOY12CM－15 连续采煤机正常生产中不定期停机电气故障

1）故障现象

连续采煤机在正常割煤过程中突然停机，只有照明灯亮，所有电机停转，显示器上失

去电源没有任何显示。但过几秒钟后，显示器上又恢复正常显示，没有显示任何故障状态。重新启动泵电机和其他电机，又能正常割煤，但生产一段时间后，又会突然停机，如此反复。

2）故障分析

分析此次故障现象，在出现故障后 VDU 显示器上没有显示任何故障信息，可以进行初步判断，故障不是各控制回路里的故障。因为，如果是因为各控制回路中的保护环节或线路出现问题，那么在 VDU 显示器上必然会显示相应的故障信息，同时也不会很快就可以重新启动生产，必须要等保护或线路复位后，方可进行重新启动生产。而此次故障，现象仅表现为机器生产过程中整机停机，VDU 显示器瞬间掉电，并且掉电后短时间内又恢复供电正常，根据此故障现象，初步判断故障是由控制电源或机器供电电源两个方面原因引起的。

首先分析机器主电源，JOY12CM－15 系列连续采煤机设计机器工作电压为交流 1050 V，在矿井生产中，结合我国的矿井供电电压等级，实际上输入电源为交流 440 V。JOY12CM－15 系列连续采煤机设计要求机器供电电源电压允许在额定电压的上下 10% 范围内波动，出现故障后，重新启动煤机，通过观察安装在机器主操作控制箱上的控制电压表和给机器供电的移动变电站，发现机器电源电压并没有超出允许的规定范围，可以判断故障不是由电源电压波动引起的。

根据对机器供电电源的分析，造成此次故障现象的原因可能是由机器控制电源引起的。在 JOY12CM－15 系列连续采煤机电气控制系统中，机器共有两种控制电压存在，即交流 40 V 和直流 24 V。交流 40 V 控制电源为 PLC 可编程序控制器的输出、PLC 可编程序控制器及各电动机控制回路提供控制电源和工作电源。如图 1－40 所示。

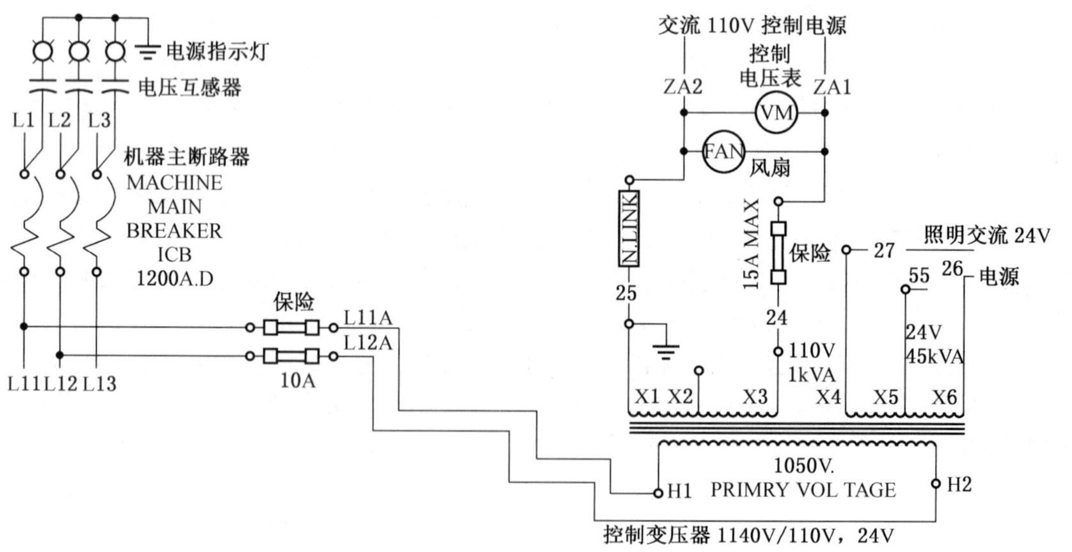

图 1－40　交流 40 V 控制电源回路

JOY12CM－15 连续采煤机的直流 24 V 控制电源，为 PLC 可编程序控制器所有开关量输入信号、PLC 可编程序控制器到 VDU 显示器输出信号及 VDU 显示器工作电源提供直流 24 V 电源。如图 1－41 所示。

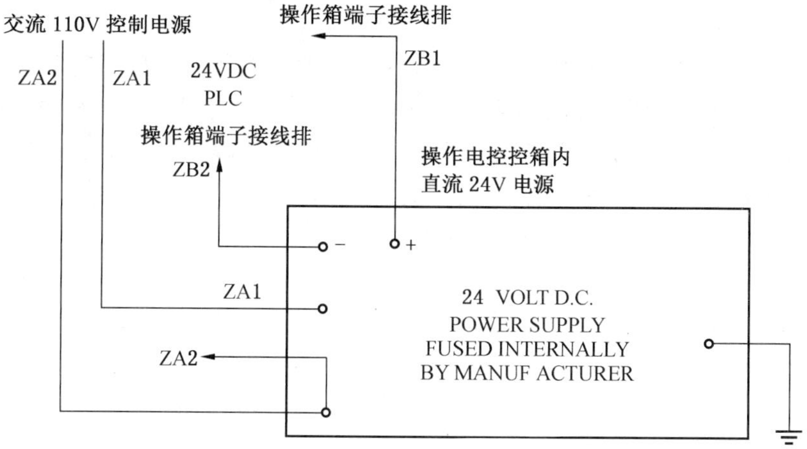

图 1－41　直流 24 V 控制电源回路

3）判断结果

根据泵电机停机及 VDU 显示器黑屏的故障现象，分析判断如下：

（1）如果泵电机停机是因为泵电机的过载、超温，液压油低油位、高油温，瓦斯超限引起的，那么在 VDU 显示器上应当有不同的故障显示出来。可是从本次故障现象上看，始终没有显示上述故障状态，而显示器本身又没有问题，则可以判断泵电机停机不是上述几种原因引起的。

（2）控制电源线路接触不良、交流 440/40 V 控制变压器有缺陷、直流 24 V 电源模块有缺陷，都有可能引起此次故障。但通过观察机器交流 40 V 控制电压表和照明灯，可以初步排除交流 440/40 V 控制变压器有缺陷的可能。

（3）根据上面的分析，泵电机停机及 VDU 显示器黑屏可能是由于控制线路接触不良、直流 24 V 电源模块有缺陷或 PLC 故障的可能性最大。

4）处理过程

本次故障，属于“软”故障，即不是永久性故障，不能仅仅依靠简单的测量来判断，只有根据分析判断的结果一步一步地处理和排查，在对控制箱内所有接线端子及 PLC 检查后，对此次故障所怀疑的 24 V 电源装置进行了更换，更换步骤如下：

（1）停止采煤机主断路器，并取出停送电手柄，以防有人送电。

（2）卸下各液压操作阀的操作杆。

（3）打开主控站的电控箱盖。

（4）拆开 24 V 电源上的各控制线。

（5）卸掉电源装置的固定螺丝，取出电源装置。

（6）更换上新的 24 V 电源，并接好控制线。

(7) 盖上电控箱盖。

(8) 重新给机器送上电。

进行正常生产，经过一个班（8 h）的观察，结果机器再没有出现不定期停机现象。

2. JOY12CM－15 连续采煤机大修整机调试看门狗（WD）监视继电器故障

1）故障现象

JOY12CM－15 连续采煤机大修整机调试进行接地漏电测试，截割电动机、运输机电动机、风机电动机和牵引电动机漏电测试正常，当泵电动机进行漏电测试时，测试工作正常，但同时 VDU 显示器显示看门狗（WD）监视继电器故障，进行停电复位后，将接地漏电测试开关旋转到关断位置，机器主控制开关旋转到手动位置，启动泵电动机，VDU 显示器显示正常，重新进行泵接地漏电测试，故障依然存在。

2）故障分析

首先分析看门狗（WD）监视继电器控制原理，JOY12CM15－10D 连续采煤机电器控制回路中，看门狗继电器（WD 继电器）的作用是，在机器通电时，清楚并复位 PLC 逻辑电路，并对 PLC 可编程序控制器内部控制电路及电源进行监测。其控制电路如图 1－42 和图 1－43 所示。

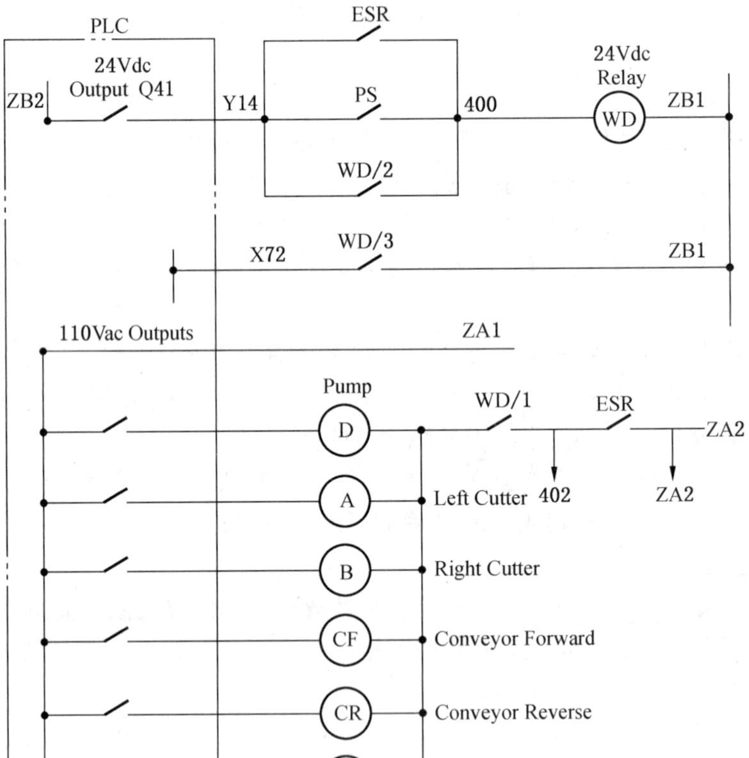

图 1－42　监视器继电器电路

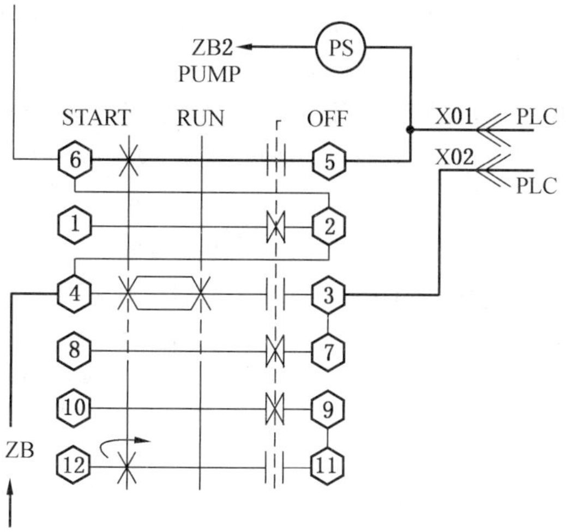

图 1-43　监视器开关位置

（1）当机器通电后，PLC 可编程序控制器进行内部逻辑程序检测，正常时，当机器主控制开关在手动或遥控位置时，PLC 可编程序控制器内部直流 24 V 逻辑接点 Q41 闭合，输出直流 24 V 负端 ZB2。

（2）当手动启动泵电机时，将泵电机启动开关扳到启动位（START 位置），开关触点 6 号和 5 号接通，直流 24 V +→泵开关 4 号、2 号、6 号、5 号端子→PS 继电器线圈→直流 -24 VZB2，PS 继电器得电。直流 +24ZB1→WD 继电器线圈→PS 继电器常开触点（当 PS 继电器得电后，闭合）→PLC 可编程序控制器内部直流 24 V 逻辑接点 Q41→直流 -24 VZB2，看门狗 WD 继电器得电。直流 +24ZB1→WD 继电器线圈→看门狗 WD 继电器自保点 WD/2→看门狗 WD 继电器得电自保。同时，直流 +24 VZB1→看门狗 WD 继电器 WD/3 接点 X72→PLC 返回信号。看门狗 WD 继电器 WD/1 接点闭合，接通 402 与 ZA2，为各电动机接触启动做好准备。

（3）当机器通电后，PLC 可编程序控制器进行内部逻辑程序检测，正常时，当机器主控制开关旋转到关断位置，接地漏电测试开关旋转到测试位置时，PLC 可编程序控制器内部直流 24 V 逻辑接点 Q41 断开，Y14 点与直流 24 V 共用端 ZB2 断开，进行泵电动机接地漏电测试时，虽然 PS 继电器带电闭合，但 WD 继电器不会得电闭合。

根据以上分析，问题可能出现在 Y14 接点线路或 PLC 内部上，由于线路或 PLC 内部故障，造成 Y14 接点与直流 24 V 共用端 ZB2 接通。出现测试泵电动机接地漏电时，VDU 显示器显示看门狗（WD）监视继电器故障。

3）检查过程

（1）关闭机器主电源，并取出停送电手柄，以防有人送电。打开主操作控制箱，从端子排上拆除 51 号电缆和 98 号 Y14 两个电缆接线，用万用表分别测量两根电缆芯线与直流 24 V 共用端 ZB2 的电阻值，发现牵引电控箱与主操作箱连接 51 号电缆 Y14 芯线，与直流 24 V 共用端 ZB2 的电阻值很小，处于接通状态。

（2）打开牵引电控箱，从 TB7 端子排上解除 51 号电缆 Y14 芯线，用万用表与直流 24 V 共用端 ZB2 进行测量，发现 51 号电缆 Y14 芯线与直流 24 V 共用端 ZB2 处于断开状态，以此可以判断外部线路正常，问题应该出在 PLC 上。

（3）打开 PLC 控制箱，检查两个直流 24 V 输出模块，发现模块接线端子上 Y14 接线有误，直接与直流 24 V 共用端 ZB2 相连，至此终于发现了问题所在。

4）处理过程

按照 PLC 模块上提供的接线图，重新接线，并恢复牵引电控箱和主操作箱内的接线，然后重新送电，进行泵电动机漏电测试，VDU 显示器显示正常，没有出现看门狗（WD）监视继电器故障显示，将接地漏电测试开关旋转到复位位置进行复位，然后将机器主控制开关旋转到手动位置，启动泵电动机，VDU 显示器显示正常。重复几次，再没出现看门狗（WD）监视继电器故障。

3. JOY12CM－15 系列连续采煤机生产过程中泵不能正常手动启动故障

1）故障现象

12CM－15 系列连续采煤机在下井服务生产过程中，出现泵不能正常启动，但机器 VDU 显示器上没有任何故障信息显示，显示器始终显示初始状态。JOY12CM－15 系列连续采煤机，机器操作分为手动和遥控两种方式，但为了安全起见，公司要求生产过程中禁止遥控操作煤机，因此故障也仅限于对泵电动机手动情况下的分析和处理。

2）故障分析

首先根据 JOY12CM－15 连续采煤机电器控制系统泵控制原理及 PLC 逻辑梯形图，对可能造成泵不能启动的几个原因进行分析。

（1）保护系统分析。在泵控制系统中，串接有液压油温保护接点 I66、油位保护接点 I65、看门狗 WD 继电器运行返回接点 I72、泵电动机过载保护接点 I55、交流电动机漏电闭锁保护接点 I60、泵电动机温度保护接点 I41 以及瓦斯检测保护接点 I22 等接点。

12CM－15 系列连续采煤机，其电器控制系统以 PLC 可编成序控制器为控制核心，外部以 VDU 显示器作为显示接口设备，通过 VDU 显示器，可以观看到机器各控制回路一些相关的运行故障信息和运行参数。机器的故障信息有泵控制回路故障信息、牵引控制回路信息、截割控制回路信息、运输机控制回路信息、风机控制回路信息、看门狗 WD 继电器故障信息、瓦斯监测故障信息等。在泵电动机启动或运行时，如果有保护动作，那么在 VDU 显示器上，就应该有相应的故障信息显示，例如，机器液压油不足，油位保护接点断开，PLC 输入端 I65 没有直流 24 V 信号返回，在启动泵电动机前或泵电动机正在运行时，VDU 显示器要显示液压油位故障。但此次故障出现后，VDU 显示器上没有任何故障信息显示。

（2）控制电源分析。JOY12CM－15 系列连续采煤机电气控制系统中，控制电压主要有两种，一种是交流 40 V 控制电压；一种是直流 24 V 控制电压。机器 VDU 显示器的工作电压为直流 24 V，各操作开关给 PLC 输入的启动、运行信号为直流 24 V 电压，机器各种保护给 PLC 的返回信号为直流 24 V 电压。正常情况下，在启动泵电动机时，VDU 显示器上首先要显示泵接地漏电检测信息，2 s 的检测正常后，显示泵控制回路准备就绪，此时可以进行正常操作启动泵电动机。此次故障出现后，通过观察 VDU 显示器，可以判断机器直流 24 V 电源应该没有问题，问题可能出现在泵开关或开关直流 24 V 电源上。如图 1－44 所示。

Pump Control
Circuit

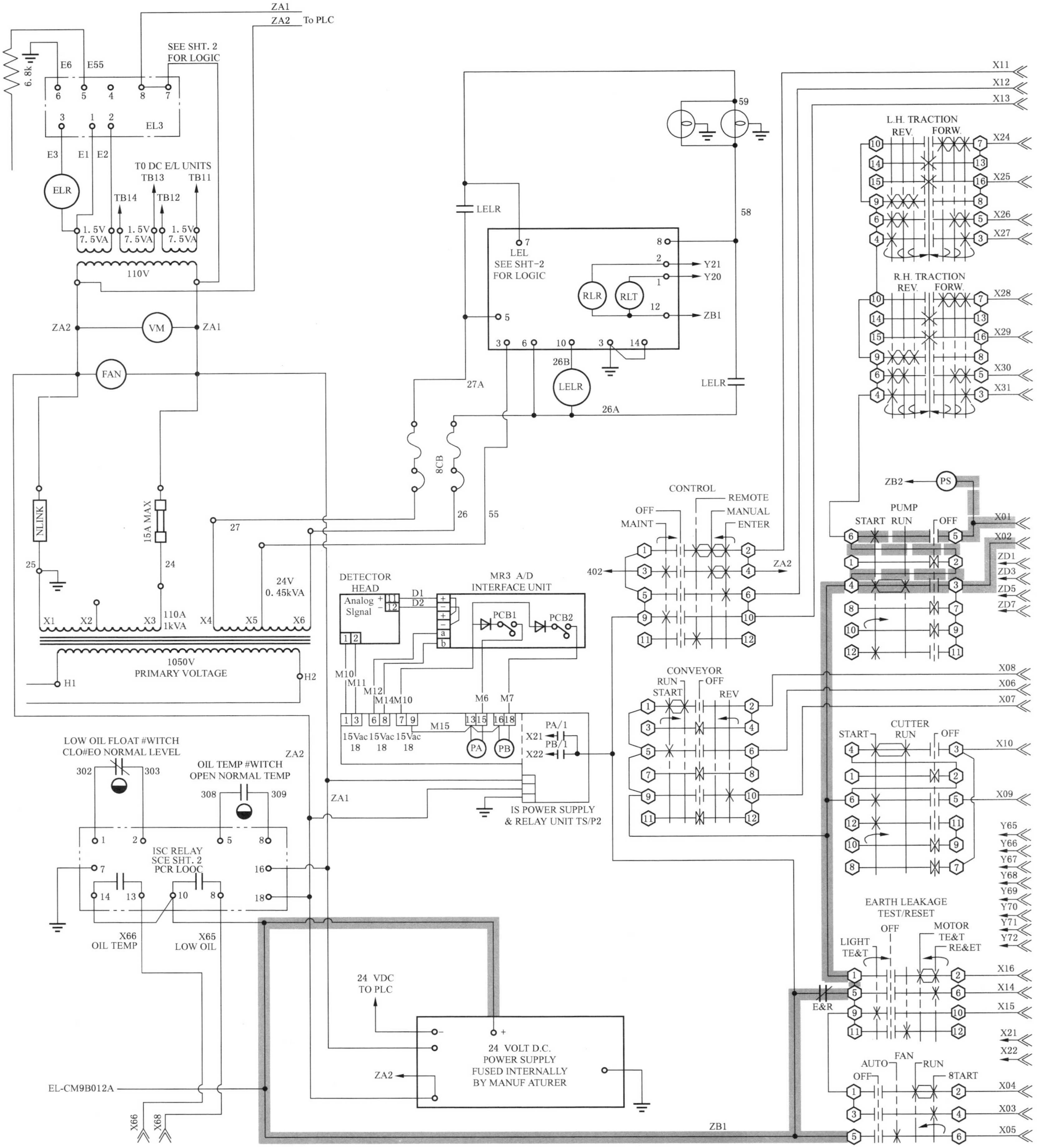

图1-44　泵电源电路

3）检查及处理过程

断开机器主电源，打开机器驾驶内主操作电控箱，用万用表分别检查测试泵开关各个位置。机器泵操作开关共有启动、运行和停止 3 个位置，通过检查各个位置接点通断正常；用万用表上直流电压挡，检查泵开关上的直流 24 V 电源，万用表上没有电压指示；用万用表上的通断挡检查 ZB 与 ZB1 之间的连线，发现不通，说明在机器 JNA 电控箱内的 ESR 继电器常闭接点断开。机器 ESR 继电器主要用于机器遥控和手动转换控制，其有一常闭接点串接在各操作开关直流 24 V 电源回路中，机器遥控时，ESR 继电器闭合，该接点断开，机器不能进行手动操作。正常手动操作时，ESR 继电器不动作，该接点始终处于闭合状态。

打开机器 JNA 电控箱，用万用表测试串接在操作开关直流 24 V 回路中的 ESR 常闭接点，发现该接点损坏。更换 ESR 继电器辅助开关，关好机器操作箱、JNA 电控箱门板，合上机器主断路器送电，启动泵电动机，泵启动正常，故障消除。

复习思考题

1. 简述 12CM－15 型连续采煤机电机类型及参数。
2. 简述 12CM－15 型连续采煤机电气系统组成。
3. 12CM－15 型连续采煤机泵电机启动前 JNA 验证哪些项目？
4. 简述 12CM－15 型连续采煤机泵电机 PLC 控制原理。
5. 12CM－15 型连续采煤机截割电机启动前 JNA 验证哪些项目？
6. 简述 12CM－15 型连续采煤机截割电机 PLC 控制原理。
7. 12CM－15 型连续采煤机运输电机启动前 JNA 验证哪些项目？
8. 简述 12CM－15 型连续采煤机运输电机 PLC 控制原理。
9. 12CM－15 型连续采煤机风机电机启动前 JNA 验证哪些项目？
10. 简述 12CM－15 型连续采煤机风机 PLC 控制原理。
11. 12CM－15 型连续采煤机牵引电机启动前 JNA 验证哪些项目？
12. 简述 12CM－15 型连续采煤机牵引电机 PLC 控制原理。
13. 12CM－15 型连续采煤机有哪些电气保护？

项目二　LY2000 型连续运输系统电气控制技术

知识目标

1. 掌握 LY2000 型连续运输系统电控系统的组成。
2. 掌握 LY2000 型连续运输系统电控系统各部分电气元件的功能及电气保护。
3. 了解 LY2000 型连续运输系统的操作维护与故障诊断。

技能目标

1. 能够根据连续运输系统电气控制图分析其工作原理和电气保护系统功能。
2. 了解连续运输系统操作及常见故障诊断与排查的方法。

素养目标

1. 培养学生生产安全意识，增强职业道德，加强责任意识。
2. 培养学生的理解能力、观察能力和知识应用能力，激发学生投身煤矿行业的自豪感、责任感和使命感。
3. 培养学生创新思维能力，从不同的角度和思路去分析和解决问题，在未来的工作中更好地应对复杂的问题。

任务一　LY2000 型连续运输系统

一、连续运输系统概况

履带刮板式连续运输系统是采用履带式行走机构，具有物料破碎功能的多单元刮板式输送机，简称连续运输系统。它包括给料破碎机单元、行走式转载机单元、跨骑式桥式转载机单元、搭接滑行小车、卸料小车、带式输送机刚性机尾架及各单元之间的连接装置。采煤时紧跟在连续采煤机的后面，把连续采煤机采下的煤经给料破碎机破碎，然后连续转载运输到带式输送机上。它与连续采煤机和带式输送机配套使用，实现从采煤、装煤、破煤、运煤的连续机械化作业。连续运煤系统的应用，对煤矿短臂采煤的高产高效发挥了重要作用。

LY2000 型连续运输系统主要由 1 台给料破碎机、4 台行走式桥式转载机及 5 台跨骑式桥式转载机等 10 个单元组成。另外，还包括 4 台中间滑行小车、1 台卸料小车以及为卸料小车提供滑行轨道，替代带式输送机机尾的刚性结构架，各单元相互之间通过关节轴承及联接销铰接成一体，构成整个连续运输系统，完成从受料、破碎、转载运输至带式输送机的全过程。

LY2000 连续运输系统总长 100 m，分为 10 个单元。第一单元是给料破碎机，第三单元、第五单元、第七单元和第九单元是行走式桥式转载机，第二单元、第四单元、第六单元、第八单元和第十单元是跨骑式桥式转载机。每台跨骑式桥式转载机与其后的行走式桥式转载机之间有一台中间滑行小车，滑行小车可以在行走式桥式转载机的轨道上滑行

1.5 m，解决司机操作不同步所带来的问题。最后一台跨骑式桥式转载机与可以在刚性带式输送机上滑行的卸料小车铰接。各单元之间采用球形滑动轴承及铰接销连接，可以水平摆动 ±60°，垂直摆动 ±7.5°，使系统能够适应巷道转弯和底板起伏不平，从而满足了各单元连接可靠性和短壁开采中行走、转弯及底板起伏和爬坡的要求。这样就形成了一套可以满足连续采煤机采煤和掘进工艺要求的连续运输系统，满足连续采煤机连采作业的随动和长距离调动。

LY2000 型连续运输系统的电控系统由 5 台 KXJ315/1140(660)A 型电控箱、5 台 CXB5/36A 型操作箱、5 台 XSB－I 型显示器、22 台隔爆电动机及其配套设备、扩音电话系统、隔爆电铃和隔爆照明灯组成。设备明细见表 2－1。

表 2－1　LY2000 型连续运输系统电控设备明细表

序号	名　　称		数量	型　　号	备　　注
1	隔爆兼本安主电控箱		5	KX315/1140 A	每车 1 台
2	隔爆型操作箱		5	CXB5/36 A	每车 1 台
3	隔爆显示器		5	XSB－I	每车 1 台
4	扩音电话系统	本安电源箱	1	TK120	1 号车
		扩音电话	5	TK230 A	每车 1 台
5	声光电铃		5	BAL122－127(36)	每车 1 台
6	隔爆照明灯		6		1 号车 2 台，2～5 号车各 1 台
7	隔爆电动机		110 kW		1 号车
			55 kW		1 号车
			40 kW		1 号车 3 台，2～5 号车各 4 台

二、KXJ315/1140(660)A 型隔爆兼本安型电控箱

电控箱分为两个通过接线端子相互连接的独立腔体，左腔为进出线腔（接线腔），右腔为主腔。

接线腔左侧壁装有引入装置，右侧壁装有接线端子和接地端子，1140 V 进线装有绝缘保护板。

主腔安装为模块式结构，左侧壁安有接线端子，其中 1140 V 设有绝缘保护板。后板 1 为断路器板，后板 2、3、4 为主回路单元。每块板装有真空接触器、阻容吸收和电流互感器，后板 2 还有三相电抗器。底板 1 为变压器供电单元，装有主变压器、隔离变压器，还有各回路保护熔断器。底板 2 为主控单元，装有 PLC 和隔离栅。底板 3 为保护单元，装有 JB1 过流/过载 7/缺相保护器和 LB2 漏电/过热保护器。主腔门 1 装有断路器操作手柄。主腔门 2 有两个显示窗口，分别装有电压表和电源显示器。主腔门 3 有一个显示窗口，装有运行状态显示器。各单元通过接插件连接。

电控箱为钢板焊接结构，主腔门和接线腔门由销轴支撑并用螺栓和箱体紧固，设有“严禁带电开盖”警告牌。

三、CXB5/36 A 隔爆型操作箱

操作箱为 2 个通过接线端子相互连接的独立腔体，左腔为主腔，右腔为进出线腔（接线腔），实现操作功能的万能转换开关和按钮安装在安装板上，固定在主腔门上，主腔门上有急停按钮机构、万能转换开关操作手柄和按钮操作机构。

主腔门由销轴支撑，并用螺栓与箱体紧固。接线腔门用螺栓与接线腔紧固。主腔门和接线腔门均设有“严禁带电开盖”警告牌。

四、XSB－I 隔爆型显示器

显示箱为单腔结构，显示器安在腔门上，显示器显示 4 行文字。

任务二　LY2000 型连续运输系统电路

一、LY2000 型连续运输系统主要电气元件及其作用

1. PLC 模块

PLC 模块位于主电控箱底板 2 上，由 PLC 主模块、8 点开关量输入扩展模块和 4 点模拟量输入扩展模块组成，是电控系统的核心控制器件。供电为宽电压输入：直流 86～264 V。

2. 保护模块

保护模块位于主电控箱底板 3 上，包括 JB1 过流/过载/缺相保护器和 JB2 漏电/过热保护模块，实现各主回路和控制回路的各种保护功能。

3. 变压器 T1：1140 V/220 V

变压器 T1：1140 V/220 V、127 V、36 V、12 V，1200 VA；

隔离变压器 T2：220 V/180 V，260 VA、供 PLC 和保护；

阻抗线 T3 和三相电抗器 T4 用于主回路保护信号检测。

4. 断路器

断路器位于主电控箱后板 1 上，额定电流 400 A，保护整定值 800 A，短路保护由其实现。

5. 真空接触器

真空接触器位于主电控箱 2、3、4 内，分为 160 A/1140 V 和 100 A/1140 V 两种。

110 kW 和 75 kW 电机使用 160 A 接触器，40 kW 电机使用 100 A 接触器。

6. 控制回路保险

1FU 为 1140 V/4 A 保护 1140 V 回路，2～6FU 为 380 V 保险，保护各控制回路。

7. 阻容吸收

阻容吸收位于主电控箱后板 2、3、4 上，每一主回路一只，用于吸收接触器断开时产生的过电压。

8. 本安隔离栅

本安隔离栅位于主电控箱底板 2 上，用于接收系统的状态信号，是通信系统的后备。

9. 文本显示器

文本显示器位于 XSB－I 型显示器内，为汉字文本显示器，可动态显示各电机的电流值，显示各种状态信号。

10. 电源显示器、电压表

电源显示器位于主电控箱主腔门 2 上，显示 220 V、180 V、127 V、36 V、12 V 回路的状态，可分清故障出在那一个环节。电压表位于主电控箱主腔 2 内，为 220 V 显示 1140 V。

11. 扩音电话系统

本安电源箱位于 1 号车，1～5 号车各有 1 个扩音电话。扩音电话系统供电电压为 127 V。扩音电话系统为独立系统。

系统原理图如图 2－1、图 2－2 所示。

二、LY2000 型连续运输系统功能

1. 信号系统

信号系统将 1～5 号车连成一个整体，5 台车之间通过串行通信的方式连成一个串行总线系统。每一台车知道其他车的状态。任何一台车复位、闭锁或急停，其余车都不能正常开车。1 号车可以通过网络实现转载顺起、转载顺停和打点操作。转载系统运行时，任意一台车转载停车，其前面车的转载都停车，后面车的转载继续运行。转载顺启时，任意一台车转载未能启动，其前面车的转载均不能启动。在串行通信的基础上，还附加了隔离栅系统作为串行通信网络的后备，在串行通信网络不能正常工作退出通信时，隔离栅系统自动投入工作，但只能起到闭锁作用，不能实现转载顺启和转载顺停的操作及打点操作。

串行通信网络传递的信息如下：

（1）X 号车复位或手动；

（2）X 号车闭锁；

（3）X 号车急停；

（4）系统运行时 X 号车转载停车；

（5）转载顺启时 3 号车未能启动；

（6）X 号车转载故障；

（7）转载顺启；

（8）转载顺停；

（9）打点；

（10）系统通信故障。

2. 系统运行状态

系统有以下运行状态：

（1）X 号车复位、闭锁、急停。系统中所有车不能正常运行，已运行的全部停车，其余车显示“X 号车复位/手动、闭锁、急停”。手动时不受限制，可点动操作。

（2）转载顺启状态。从5号车开始，4、3、2、1号车转载依次延时顺启，显示器均显示“转载顺启”。若某一台车转载未能启动，则未启动的车转载均不能启动并取消其转载顺启状态和命令。已启动的车继续运行，其转载顺启状态保持，直到正常状态下的转载顺启结束。在转载顺启状态结束之前，转载顺停不能操作且命令无效。转载未能启动的车显示原因，其他车显示“X号车转载未能启动”。

（3）转载顺停状态。从1号车开始，2、3、4、5号车转载依次延时停车，显示转载顺停，保持到5号车转载停车后结束。

（4）转载系统运行状态。无论是各车单独启动还是顺序启动，当2、3、4、5号车转载都已运行，则认为转载进入系统运行状态。此时若某台车转载停车，则其前面的转载（包括1号车）都停车，后面的转载继续运行，以防止堆煤。转载停车的车显示停车原因，其余车显示“系统运行时X号车转载停车”。若是故障停车，稍后显示“X号车转载故障”。

（5）系统通信故障状态。无论通信线路短路还是断路或某车PLC故障，系统都进入通信故障状态，所有车均不能正常运行，已运行的全部停车。手动操作不受限制。1号车显示故障原因，与1号车正常通信的车显示“系统通信故障”，不能正常通信的车显示“与系统通信失败”。

（6）隔离栅系统起作用时（2）、（3）、（4）、（5）条状态不会出现。X号车有复位、急停或隔离栅坏或线路故障时，系统处于闭锁状态，有复位、闭锁、急停的车显示本机内容，1号车显示来自2、3、4、5号车闭锁，其余车显示“系统闭锁”。

（7）PLC状态。正常状态下，所有检测保护信号的输入点及“急停/全停”输入点都处于“闭合”状态，即“有输入”状态，其对应的发光二极管亮，当有故障、线路断开或“急停”操作时，对应输入点处于“打开”状态，即“无输入”状态，对应的发光二极管灭。其余输入点有输入或输出点有输出时，对应的发光二极管点亮。

任务三　LY2000型连续运输系统电气保护与操作

一、LY2000型连续运输系统电气保护

（1）短路保护由断路器实现。

（2）两相粘连保护由电子保护与断路器共同实现。

（3）过流、过载、缺相、过热、漏电、漏电闭锁、粘连保护由电子保护JB1、JB2实现。

（4）变压器T1、T2所控制回路或匝间短路保护电熔断器1FU～6FU实现。

二、LY2000型连续运输系统操作规定

（1）司机必须经过专业培训，经考试合格后方可持证上岗。

（2）运煤系统必须由专职司机操作，并严格按照操作程序开机。

（3）司机必须熟悉本设备的性能、结构、工作原理，并懂得日常的维护保养和一般性故障处理。

（4）司机在操作开机时，禁止将身体的任何部位伸出驾驶室外。

（5）严禁在驾驶室外操作运煤系统。

（6）系统运行或带电时，司机严禁离开驾驶室。

（7）系统运行时，严格执行“行人不行车、行车不行人”的规定。

（8）系统运行时，严禁任何人员进入转载桥与转载之间以及系统机身和小车旁。

（9）严禁任何人员直接跨越系统的刮板机和带式输送机。

（10）系统附近有人员活动时，严禁送电、运转、行走。

三、LY2000 型连续运输系统开机前准备

（1）司机在开机前，必须观察机器前后、左右以及各转载桥之间有无人员，确认无人并发出信号后方可开机。

（2）检查刮板、履带的松紧情况，确认正常后方可开机。

（3）必须检查设备的油位是否适当，油脂质量是否良好。

（4）检查各紧固件有无松动现象，检查各操纵手把是否灵活可靠，安全防护装置是否齐全可靠，机架有无变形、开焊现象。

（5）检查各润滑点润滑是否正常，注油嘴是否齐全，油路是否畅通；严格按润滑周期对润滑点润滑。

（6）检查滑动部分电缆、管路有无松脱、挤压情况，是否完好绑扎可靠。

（7）检查断路器是否合闸，电源指示灯是否显示正常，照明灯具是否齐全完好。

（8）检查液压阀组、胶管、管接头、油缸有无漏油现象。

（9）检查通信系统是否正常；单元连接销是否完好。

（10）检查各电机、链轮、惰轮、轴承运转、温升是否正常。

（11）检查尾部堆煤保护开关是否完好，观察显示屏是否正常。

四、LY2000 型连续运输系统开机、停机程序

（1）将主断路器打在“合”的位置。

（2）将手动复位开关复位，同时启动油泵。

（3）按“一停、二进、三后退、四起刮板”的统一信号操作开机。

（4）运煤系统的刮板启动时，先启动 5 号机，再按 4 号、3 号、2 号、1 号的顺序依次启动，停机时先停 1 号机，再按 2 号、3 号、4 号、5 号的顺序依次停机。

（5）停机时，必须将紧急制动按钮置于停止位置，并将系统内所有设备断电。

五、LY2000 型连续运输系统注意事项

（1）司机离开驾驶室时，必须提前将急停按钮置于停止位置，不要复位，并打开驾驶室门，不要关门。待司机进入驾驶室后，将驾驶室门关紧，并将急停按钮拔出。

（2）操作系统时，司机必须提前相互联系好，统一信号，步调一致，严禁单独启动、行走运煤系统。

（3）司机离开驾驶室时，必须切断电源，并与其他司机联系好，确认无误后，方可下车。

（4）系统运行时，严禁任何人员直接跨越系统的刮板机和带式输送机。严禁任何人员进入转载桥与转载之间以及系统机身和小车旁。

（5）系统附近有人员活动时，严禁送电、运转、行走。

（6）巷道拐弯、下坡时必须放慢速度并发出警示信号。

（7）运行时应将转载保持水平，严禁拖地，互相碰撞。

（8）交接班时，接班人员必须在指定地点等待，交班人员必须全部停机后方可下机进行交接班。

（9）交班时在现场向接班司机详细交代设备运行情况，并检查设备、清理卫生，做到干净整洁无积煤。

任务四　LY2000 型连续运输系统安装维护与故障诊断

一、LY2000 型连续运输系统安装

（1）按图 2－1、图 2－2 所示连接单车各设备，按图 2－3 ~ 图 2－6 所示连接各车电控箱信号系统。

（2）安装前在地面对电控系统进行调试。

（3）安装后，对各主要部件进行一次检查：①电控箱进出电缆是否牢固和符合要求；②电控箱进出线装置凡未用的孔必须可靠密封；③电控箱上的紧固螺栓和弹簧垫圈是否安全，各隔爆法兰面是否符合要求；④各箱体是否完好。

二、LY2000 型连续运输系统维护

（1）定期清理各箱体的污垢、锈斑，并在主电控箱各隔爆面涂上一层防锈油脂。隔爆面如有损伤，须严格按照 GB 1336—87《隔爆电气设备检验规程中有关隔爆面的修补》规定进行。

（2）进行周期性检查，注意各箱体外壳有无损伤，电缆在引入装置中是否牢靠。

（3）定期检查主电控箱上开关手柄是否灵活可靠，动静触头是否良好，接触器、继电器是否正常。

三、LY2000 型连续运输系统故障诊断

1. 断路器跳闸

断路器跳闸原因有二：一是主回路发生短路而电子保护未能保护或保护不了断路器跳闸；二是某个接触器两相粘连，电子保护延时 5 s 接通断路器脱扣线圈使断路器跳闸，5 s 期间显示器显示“XX 接触器两相粘连跳闸”。

2. 通信故障

通信故障包括通信线路短路、通信线路断路、PLC 通信口故障、频繁奇偶校验错。表 2－2 为通信故障类型及现象。1 号车可以判断出是哪一种故障。短路无法判断出位置，断路可以判断出位置。同时，1 号车显示器可显示故障类型及故障位置。2、3、4、5 号车只判断是否与系统通信正常，不判断故障类型和位置。有些故障不能确定是哪一种类型，就同时显示几种故障类型。例如：5 号车与系统通信失败，5 号车显示“与系统通信失败”，

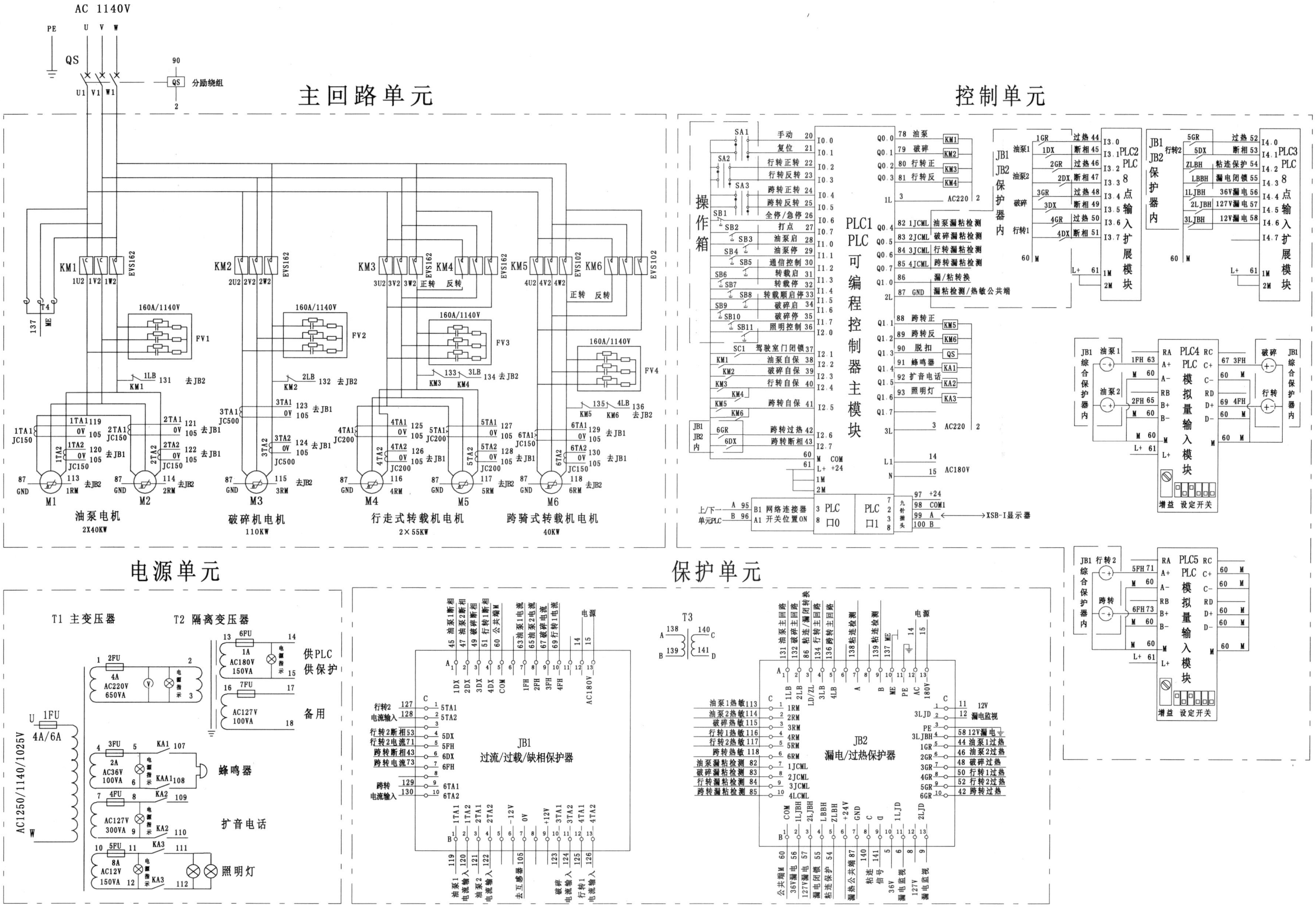

图 2－1　LY2000 运输系统电控设备原理图（1 号车）

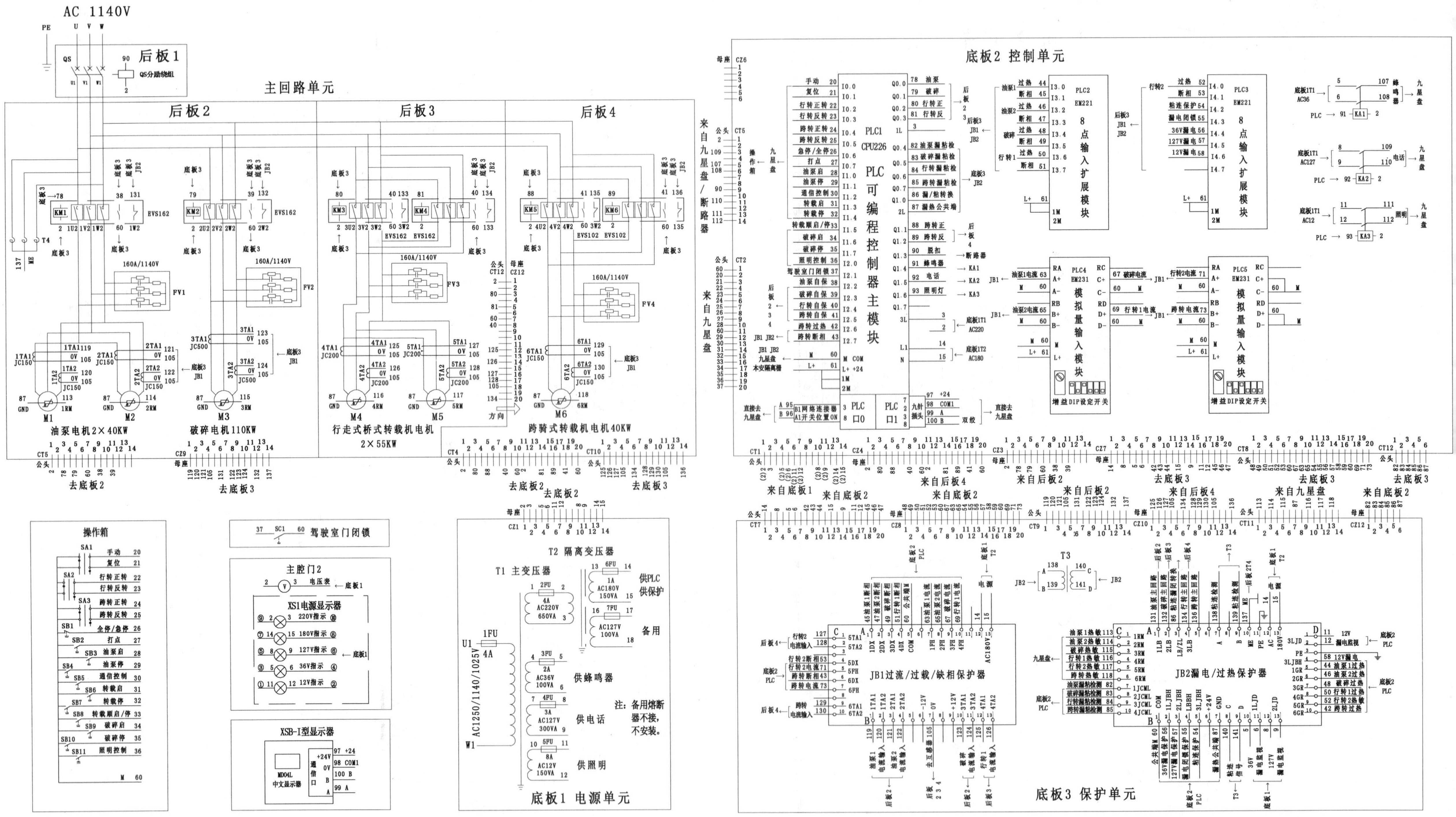

图2-2　KX315/1140 A 隔爆兼本安电控箱原理图

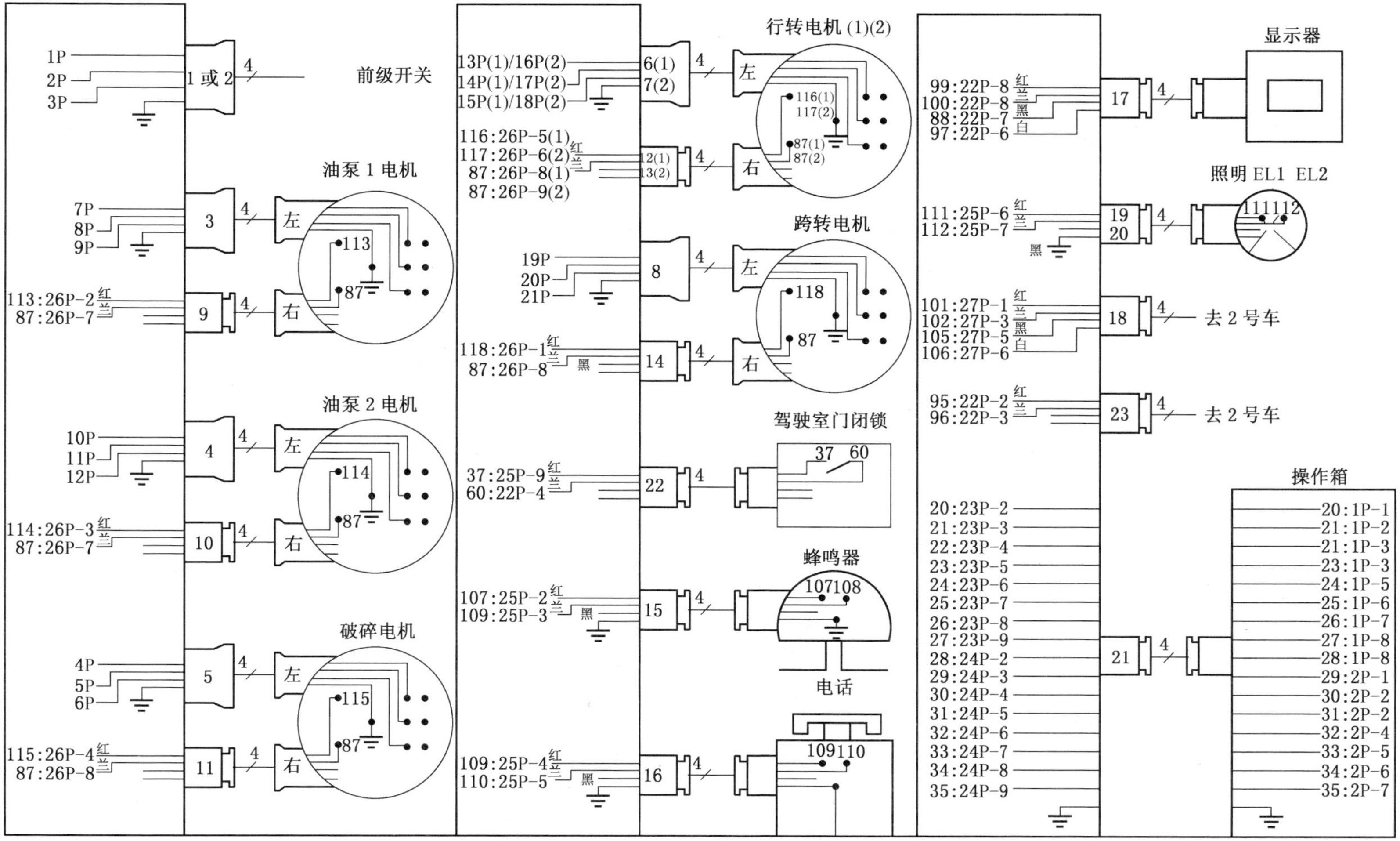

图 2－3　KX315/1140 A 隔爆兼本安电控箱电控系统接线图 (1)

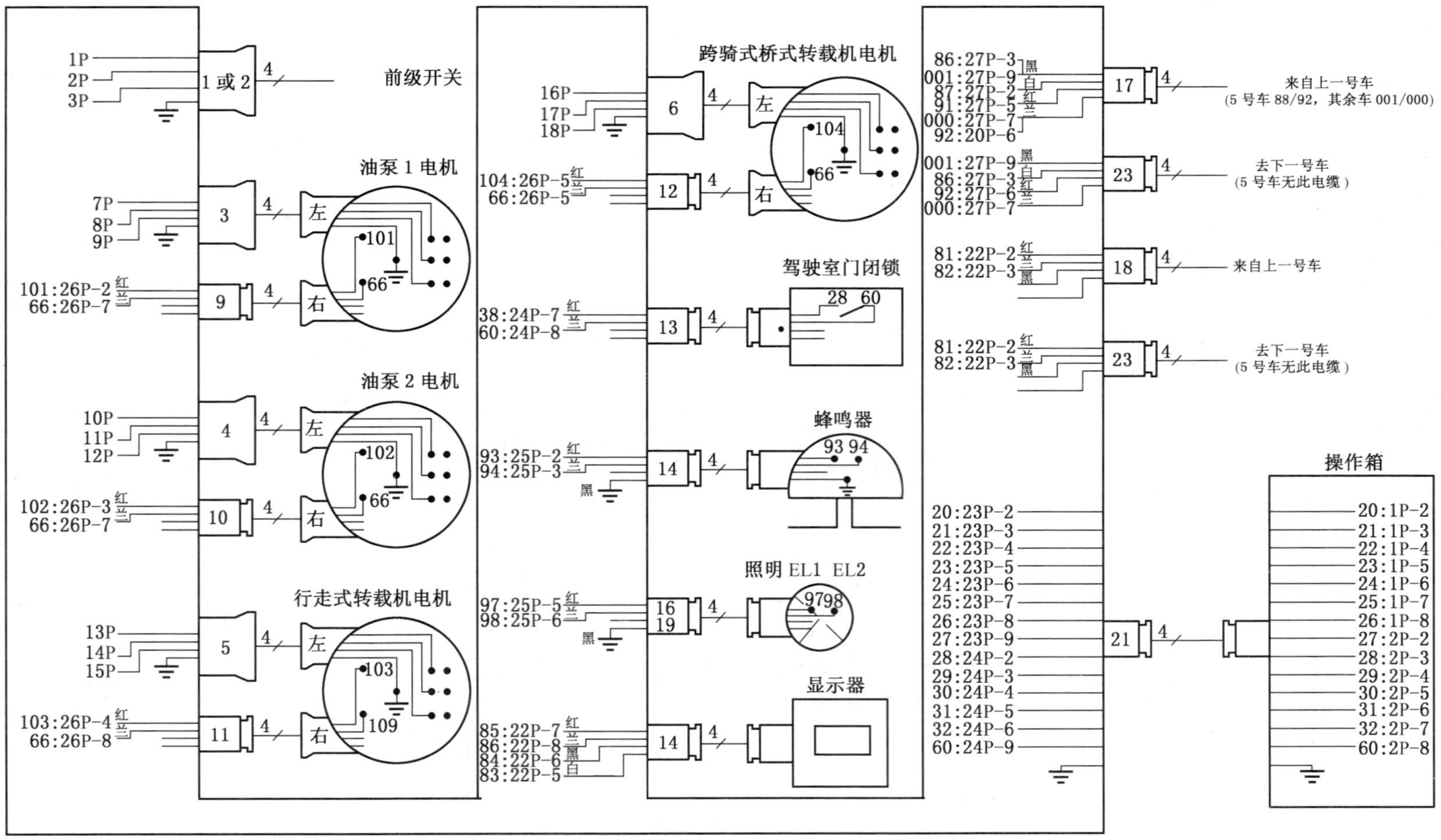

图 2-4 KX315/1140 A 隔爆兼本安电控箱接线图（2～5 号车）（2）

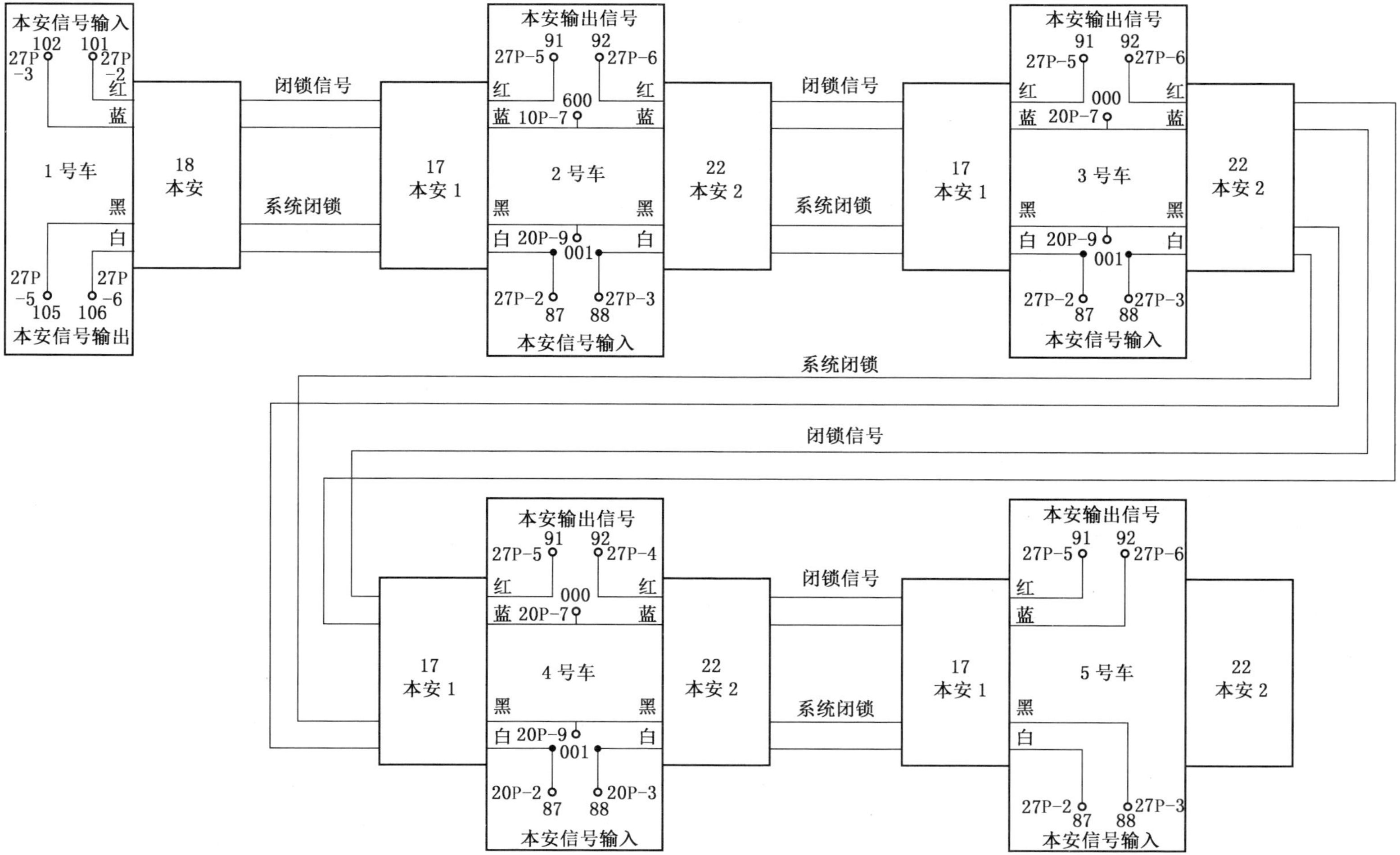

图 2-5　LY2000 运输系统本安信号接线图

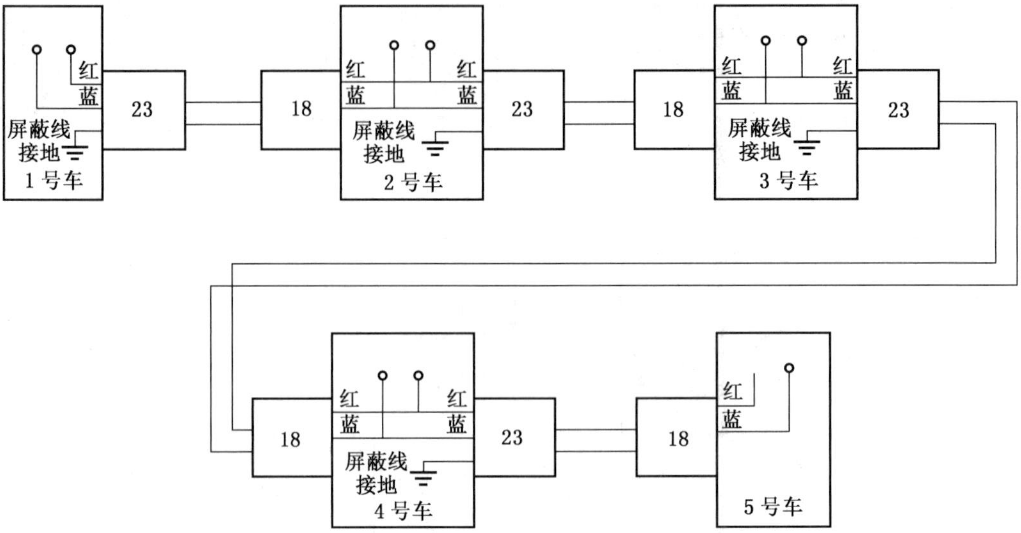

图2-6　LY2000运输系统串行通信总线接线图

表2-2　通信故障类型及现象

	1号车显示	其余车显示
(1) 短路	短路	2、3、4、5号车与系统通信失败
(2) 断路1	1、2号车内部断路/1号车PLC故障	2、3、4、5号车与系统通信失败
(3) 断路2	2号车内部断路/1号车故障	3、4、5号车系统通信故障 2号车与系统通信失败
(4) 断路3	2、3号车内部断路	2号车系统通信故障 3、4、5号车与系统通信失败
(5) 断路4	3号车内部断路/3号车PLC故障	2、4、5号车系统通信故障 3号车与系统通信失败
(6) 断路5	3、4号车内部断路	2、3号车系统通信故障 4、5号车与系统通信失败
(7) 断路6	4号车内部断路/4号车PLC故障	2、3、5号车系统通信故障 4号车与系统通信失败
(8) 断路7	4、5号车间断路/5号车内部断路/5号车PLC故障	2、3、4号车系统通信故障 5号车与系统通信失败
(9) 与2号车校验错		
(10) 与3号车校验错		
(11) 与4号车校验错		
(12) 与5号车校验错		
(13) 与所有车校验错		

1 号车显示“4、5 号车间断路/5 号车内部断路/5 号车内部 PLC 故障”。

发生 9～13 号故障时，请检验 1、5 号车网络连接器拨码开关是否处于“ON”位置。

3. 本安隔离栅信号系统故障

1）故障现象一：1 号车正常，2、3、4、5 号车显示系统闭锁

故障原因：①1 号车继电器 KA4 未能吸合，可能是继电器故障，可能是继电器线包回路线路故障，检查 94 号线和 2 号线；也可能是 PLCQ1.7 故障。②信号线路故障。可能是短路，可能是断路。短路只可能在 1 号车内和 1、2 号车间电缆上。

检验方法：①测量 1 号车接线腔 27P—5 和 27P—6 之间的电阻，若为 0，则是短路；不为 0，则是线路断路。②确定短路发生的位置，将 27P—5 和 27P—6 任意一根线去掉，测量两端子之间的电阻，为 0 则在电控箱内，不为 0 则是 1、2 号车之间的电缆短路。③确定断路位置的办法：检查 1 号车接线腔 27P—5 和 27P—6 间电阻，将其中任意一个端子连线去掉，若阻值为“∞”，则 1 号车电控箱内部断路；若为 18 kΩ 左右，则说明后面电缆或 2～5 号车内有断路。再检测 2 号车接线腔 20P—2 和 20P—9 间电阻值。将去 3 号车的 001 号线去掉，若阻值为“∞”，则 1～2 号车间的电缆线路断路；若为 18 kΩ，则后面断路。用短接线将 20P—3 和 20P—4 短接，若 2 号车仍显示“系统闭锁”，则 2 号车电控箱内断路；若不再显示“系统闭锁”，则 3、4、5 号车有断路。用短接线将 3 号车 20P—2 和 20P—9 短接，2 号车仍显示“系统闭锁”，则 2～3 号车之间电缆断路；不再显示“系统闭锁”，则为 4、5 号车有断路。短接 3 号车 20P—2 和 20P—3，2、3 号车仍显示“系统闭锁”，则 3 号车电控箱内部断路；若不再显示“系统闭锁”，则 4、5 号车有断路。同样方法短接 4 号车 20P—2 和 20P—9、20P—3 和 20P—4，可查 3～4 号车之间电缆和 4 号车内部线路，若 2、3、4 号车都不再显示“系统闭锁”，则将 5 号车接线腔 20P—2 和 20P—3 短接。若 2、3、4 号车仍系统闭锁，则 4～5 之间电缆断路；若不再显示“系统闭锁”，则 5 号车内断路。

实际使用中，电缆断路概率远大于电控箱内部断路。电控箱内断路主要是隔离栅接线端线脱落。

2）故障现象二：二号车显示“来自 2、3、4、5 号车的闭锁”，2、3、4、5 号车显示“系统闭锁”

故障原因：①2、3、4、5 号车继电器 KA3 未吸合，可能是继电器故障，可能是继电器线包回路故障，检查 73 号线和 2 号线，也可能是的 PLC 的 Q1.2 故障。②闭锁信号回路线路故障。线路故障可能是短路，也可能是断路。短路只可能发生在 1 号车内和 1～2 号车之间的电缆上。如果短路发生在 2～5 号车之间，1 号车不会有“来自 2、3、4、5 号车的闭锁”。

断路检查方法：打开 2 号车接线腔，将 20P—5（91 号线）和 20P—7（000 号线）短接，若 1 号车不显示“来自 2、3、4、5 号车的闭锁”，则短路发生在 1、2 号车之间的电缆上，或 1 号车内断路；若仍有闭锁显示，则将 20P－6（92 号线）和 20P—7（000 号线）短接，以判断是否是 2 号车内断路或 2 号车 KA3 未吸合。若 1 号车不再显示“闭锁”，则是 2 号车内部故障。用同样方法可检查故障是否在 2～3 号车之间、3 号车内部、3～4 号车之间、4 号车内部。检查到 5 号车时，只需将 20P—5（91 号线）和 2P—6（90 号线）短接，若 1 号车继续显示“闭锁”，则 4～5 号车之间断路；若 1 号车不再显示“闭锁”，则

5 号车内部断路或是 5 号车 KA3 故障。

实际使用中，电缆断路几率远大于电控箱内部断路。电控箱内断路主要是隔离栅接线端线脱落。

（3）故障现象三：1 号车正常，2 ~5 号车有的正常有的不正常。

故障原因：系统闭锁回路线路发生短路。若短路发生在 2 ~3 号车之间，则 2 号车“正常”，3 ~5 号车“系统闭锁”。若发生在 3 ~4 号车之间，则 2、3 号车“正常”，4、5 号车“系统闭锁”。若发生在 4 ~5 号车之间，则 2 ~4 号车“正常”，5 号车“系统闭锁”。

4. 本机故障

1）主回路故障

各回路发生漏电闭锁、粘连、过流、过载、缺相、过热故障时，相应保护动作都有汉字显示器显示。故障原因可能是确实发生故障，也可能是电子保护器与之间接线断开或线头脱落。由于主回路接触器自身故障或接触器控制线路故障造成未能启动，汉字显示器也有显示。非上述原因电机未能启动或停车，可能是 PLC 单元发生故障。

2）PLC 单元故障

（1）当 PLC 发生 I/O 错误时，PLC 所有输出被禁止，汉字显示器有指示。

（2）输入点每一组公共端（主模块扩展模块 M）与 61 号线（L +）断开，各组内所有输入点均不起作用。

（3）每一组输出点之公共端（2 L、3 L）与 3 号线断开、11 与 66 号线断开，该组内所有点 J 均没有输出。

（4）输出继电器故障。

3）电子保护器故障

各保护误动作，汉字显示器有显示。故障原因可能是电子保护器本身元件损坏，也可能是电子保护器与之间接线断开或线头脱落。若同时显示多个保护动作是误动作，超过 4 行汉字，则为该保护供电的电源模块坏掉了。

4）各万能转换开关、按钮故障

若是急停按钮未闭合，汉字显示器有显示。“复位”操作后不能解除急停状态，其余万能转换开关、按钮的状态不能显示，可由输入点的发光二极管来指示。

5）各控制回路故障

220 V、180 V、127 V、36 V、12 V 的状态由主腔门 2 的电源显示器来指示。电源显示器反映各回路熔断器的状态，哪一个发光二极管不亮，表明哪一路的熔断器熔断。例如：照明灯不亮，而显示 12 V 状态的二极管还亮着，就表明是照明灯线路断路或照明灯坏或漏电坏或驱动继电器坏。127 V、36 V、12 V 还有漏电监视保护，其漏电监视保护动作，汉字显示器相应的指示。

复习思考题

1. 什么是连续运输系统？
2. LY2000 型连续运输系统主要由哪几部分组成？

3. LY2000 型连续运输系统的总体如何布置?
4. LY2000 型连续运输系统具有哪些电气保护?
5. 试分析 LY2000 型连续运输系统电控设备发生断路器跳闸的原因。

项目三　久益 LS 系列采煤机电气控制技术

知识目标

1. 掌握长壁式采煤工作面的设备配置。
2. 掌握久益 7LS6 采煤机电气系统组成、控制原理、电气保护及控制单元功能。
3. 了解久益 7LS6 采煤机电控系统操作维护与故障诊断。

技能目标

1. 能够根据久益 7LS6 采煤机电气控制图分析其工作原理和电气保护系统功能。
2. 了解久益 7LS6 采煤机电控系统操作及常见故障诊断与排查的方法。

素养目标

1. 培养学生认真严谨的工作态度和团队协作的职业精神。
2. 培养学生运用马克思主义、辩证唯物主义观点客观地认识世界的对立、统一和发展，并与科学精神的培养结合起来，提高学生正确认识问题、分析问题和解决问题的能力。
3. 引导学生树立正确的职业观念，增强学生的职业操守和职业责任感。

综合机械化采煤工作面设备

任务一　长壁式采煤工作面设备

煤炭生产的核心是煤炭的开采。20 世纪 80 年代中期和 90 年代初期，世界上先进产煤国家，如美国、澳大利亚、德国英国和南非等，在煤矿长壁工作面开采工艺和设备方面进行了一系列卓有成效的改革和技术开发工作，形成了生产能力大、自动化程度高、安全可靠、开机率达 95% 以上、工作面单产和工效成倍提高的成套综采设备，体现了新一代长壁式采煤设备的技术特点，同时也代表长壁综采设备的技术发展方向。

一、双滚筒采煤机

以电牵引取代了液压牵引，体现了新的设计思路，综合技术水平有了飞跃性提高。

1. 采用了多电机横向布置设计方案

省去了圆弧锥齿轮，简化了机械传动系统，提高了传动系统的可靠性和传动效率，降低了制造成本，且操作简易安全，维修方便，为大幅度提高采煤机安装功率创造了条件。

2. 装机功率大大提高

截割功率达 2 × 610 kW，牵引功率达 2 × 40 ~ 2 × 100 kW，液压泵电机功率达 1 × 40 kW 或2 × 30 kW，破碎机功率达 60 ~ 100 kW，各种不同机型的装机总功率已分别达 1080 kW（EDW – 450/1000 型）、1228 kW（sL500 型）、1426 kW（ELECTRA3000 型）和 1530 kW（6 s – 5 型）。总装机功率的增大又为截割牵引速度和生产能力的提高提供了依托。

3. 截割牵引速度和生产能力猛增

截割牵引速度增至 10 ~ 15 m/min（最高达 40 m/min），生产能力则达 75 t/min，均为液压牵引采煤机的 3 ~ 4 倍。

4. 装备了以微型电子计算机为核心的电控系统

采用先进的信息处理和传感技术，对采煤机的运行工况及各种技术参数信息进行采集处理、显示、存储和传输，并通过编程对采煤机进行全面控制、监测和保护（包括过载、过热、漏电、供水水压和流量、误操作等），实现了采煤机电气系统的自动调节、截割电机功率自动平衡和机械故障自动查询诊断等功能。

二、液压支架

液压支架的技术发展和进步主要体现在采用了电液控制系统和结构强度的改进提高两方面。

1. 用电液控制系统取代了手动操作

实现了双向邻架自动顺序控制和成组顺序控制，并能够按照采煤机运行位置和方向实现全工作面液压支架的自动控制。不仅大大提高了移架速度（一般达 6 ~ 8 s/架，最高的达 3 s/架），同时也可使支架对煤层顶板的支护经常处于稳定状态，实现带压移架，避免对顶板和支架产生冲击载荷，较好地控制了顶板，减少了顶板事故，使支架受力平衡，使用寿命延长。

2. 结构、强度的改进和提高

在架型方面向掩护式、高支护强度、高工作阻力、大中心距、高稳定性和整架重量轻、寿命长等方向发展。

掩护式液压支架对煤层顶板适应性较强，防止矸石进入工作面的密封性能好，世界上先进采煤国家已普遍使用掩护式液压支架，美国和德国主要采用两柱掩护式液压支架，英国和澳大利亚则较多选用四柱支撑掩护式液压支架。为了满足中厚煤层一次采全高的需要，支撑高度已增加到 4 ~ 5 m，支护强度一般为 0.80 ~ 0.95 MPa，最大已达 1.1 MPa；工作阻力一般为 6000 ~ 8000 kN，最高已达 1000 kN，为了改善支撑高度增加后的稳定性，液压支架的宽度（两支架的中心距）已由 1.5 m 增加到 1.75 m，正向 2 m 发展。随着支架支撑高度、宽度和工作阻力的加大，对支架的结构设计和钢材的选用也提出了更高要求，目前 STE700 级以上高强度钢板（屈服极限 σ_s = 690 MPa，抗拉强度极限 σ_b = 700 ~ 930 MPa）的使用量已超过 70%。支架的结构设计更加合理，样架耐久性加载试验项目齐全，加载循环已超过 30000 次，从而获得重量相对轻、强度高、使用寿命长的良好效果。

液压支架技术，特别是其控制技术——电液控制系统的使用和推广，为电牵引采煤机生产能力的充分发挥和工作面产量的大幅度提高奠定了基础，同时也大大减轻了工人劳动强度，改善了安全生产条件。电液控制系统主要有两种，使用较多较成熟的是电磁先导液控阀组，主要生产厂家有英国国际长壁公司，德国 D. B. T 公司，我国煤炭科学研究总院太原分院也研制生产了这种电液阀。英国原伽立克公司（现并入美国久益公司）生产的微电机电液阀组，在一些矿井也获得了较好的使用效果。

三、工作面刮板输送机

与采煤机技术和液压支架技术的发展相适应，工作面刮板输送机技术也有了长足发展。

1. 普遍采用了十字交叉侧卸式卸载装置

这种装置具有卸载能力高、底槽回煤少、卸载高度低等特点，为实现大运量、低能耗及采煤机顺利割通工作面创造了条件。

2. 中部槽结构尺寸和强度大幅度提高

采用了铸焊结合、封底开检查窗中部槽，中板和封底板厚度分别为 40 mm 和 30 mm，最厚已达 60 mm 和 35 mm，中部槽内宽普遍加大到 1000 mm，最大达 1332 mm，中部槽长度已加长到了 1.75 m，有向 2.0 m 发展的趋势，中部槽高度也增至 345 mm。由于中板普遍采用了高强度、高耐磨合金钢，象征中部槽使用寿命的过煤量已保证达到 6 Mt，实际已超过 12 Mt（原煤）。中部槽槽间连接强度普遍达到 3000 kN（单侧）。

3. 链条技术取得长足进步

链条尺寸不断加大，强度不断提高，并发展了新型链条，刮板链多选用双中链，链环直径一般为 ϕ34 ~ 38 mm，最大达 ϕ60 mm，紧凑链等新型链条使同一尺寸的链条强度几乎提高了一个档次。链条强度、寿命和可靠性的大幅度提高，为实现大运距、大运量创造了条件。

4. 链速提高

适当地提高链速，不仅有利于减小链条运行阻力系数，同时在槽宽一定的条件下，也有利于提高输送机输送量。

目前，刮板输送机链速普遍达 1.2 m/s，有的达 1.4 m/s，最高的已达 1.8 m/s。

5. 装机功率增加

随着刮板输送机输送长度的迅速增加，运量大幅度提高，链条越来越重，其装机功率亦不断增大。一般，装机功率已普遍达 2 × 525 ~ 2 × 700 kW，最大的已达 4 × 800 kW（德国弗里德里斯 - 海因利希和莱茵兰特矿装备的由 DBT 公司生产的 PF4/1132 型中双链输送机）。

6. 驱动技术和链条自动张紧技术

普遍采用双速电机 + 限矩离合器 + 行星减速箱驱动装置，以缩小机头、机尾部体积，已有部分采用微机控制的水介质调速型液力偶合器（DTPL - 2WS 型，用量已接近 300 台，最大传递功率达 1000 kW）和 CST 可控传输装置（DBT 公司生产的 WBCST45 型装置，用在 PF4/1132 型输送机上，该装置的传递功率为 800 kW）。

普遍采用了液压紧链技术，改善了紧链操作的可靠性和安全性，采用了机尾自动伸缩张紧装置，改善了链条工作状况，提高了链条寿命和工作可靠性。

四、转载机和破碎机

向大生产率、大功率、重型化和高强度方向发展，转载机装机功率一般达 200 ~ 300 kW，最大达 525 kW；破碎机装机功率为 200 ~ 250 kW。转载机链速已超过 1.4 m/s，最高达 2.2 m/s。转载机输送量一般为刮板输送机的 1.2 倍左右。普遍采用整体自移技术，实现了快速自移。与带式输送机的搭接采用了马蒂尔达装置，实现了带式输送机机尾的快速自移，改善了二者的搭接状况和带式输送机的工作状态等。

五、可伸缩带式输送机

工作面运输巷普遍选用长距离、大运量、大功率的可伸缩带式输送机，以保证大煤流的运输畅通。可伸缩带式输送机正向单点多电动机、可控驱动和监测监控保护系统齐全、自动化程度高的方向发展。可伸缩带式输送机的铺设长度逐步增大到 2000 ~ 3000 m，最长的已超过 5000 m；运输能力一般为 2000 ~ 3000 t/h，最大已超过 5000 t/h；输送带宽度一般为 1.2 ~ 1.4 m，最宽已达 2.1 m；带式输送机的装机总功率一般为 2 × 400 kW 或 3 × 315 kW，最大为 3 × 750 kW。随着带式输送机运距、运量和装机功率的增大，为了避免启动和停机过程中较大的加减速度对输送带和输送机的运行及寿命的影响，普遍采取合理控制启动加速度的方法，达到平稳启动和停机的效果，实现软启动、软停车。目前广泛应用的可控装置主要为调速型液力偶合器传动系统和 CST 可控传输系统，其他类型的可控软启动系统也正在研制和试用中。

由于可伸缩带式输送机运输距离很长，因而监测、监控和安全保护系统非常重要，目前已广泛应用了自动顺序开停机，全机分段通信和紧急停机，并配备了防输送带跑偏、打滑、断裂、堵塞和自动洒水降尘等装置以及滚筒和主要轴承的温度监测系统，驱动装置的油位、油温监测系统，烟雾报警及消防灭火装置，输送带纵向撕裂及接头强度监控系统等。

以上监测监控系统和驱动电动机的功率平衡及软启动系统等，均通过微型电子计算机进行数据采集处理、显示、存储、传输，形成一套包括故障查寻和诊断功能的完整的自动监测监控系统，从而使带式输送机技术产生了质的飞跃。

六、工作面供电与通信设备

工作面电气设备采用了高电压、大容量的干式变压器和组合式自动调节控制开关等，主要电动机的供电电压等级已由 1140 V 上升到 3.3 kV 或 4.16 kV，有的甚至达到 5 kV。移动变电站容量一般为 2 × 1500 kVA + 1 × 1250 kVA，最大为 2 × 2500 kVA + 1 × 1500 kVA。一次电压 6 ~ 10 kV，二次电压一般为 1.1 ~ 3.3 kV，也有为 1.1 ~ 4.16 kV 或 1.1 ~ 5 kV 等。各类设备均装备有功能齐全的工况参数监控系统，正向半自动化和自动化方向发展。

工作面通信设备现采用德国 PROMOS 通讯、控制系统。该系统是适用于各种控制任务的通用型、高性能、高可靠性的自动化系统。

任务二　7LS6 型交流电牵引采煤机

LS 系列采煤机是美国 JOY（久益）公司制造的大功率交流电牵引采煤机，JOY 公司自 1976 年研制成 1 LS 电牵引采煤机以来，逐步开发了 LS 系列采煤机，先后有 3 LS、4 LS、6 LS 和 7 LS 等采煤机在世界上许多国家使用。我国引进的 7LS6 型电牵引采煤机电气系统，是目前 LS 系列采煤机中，性能最完善、装机功率和采高范围最大的电牵引采煤机。

7LS6 型号的含意：7 代表机型序号，L 代表长臂工作面，S 代表采煤机，6 代表产品序列编号。

一、7LS6 型交流电牵引采煤机主要技术特征

7LS6 型交流电牵引采煤机主要技术特征。

表 3-1　7LS6 型交流电牵引采煤机主要技术特征

最大采高/mm		4882
最小采高/mm		2200
工作面倾角/(°)		8
截深/mm		865
生产能力/$(t \cdot h^{-1})$		2800
适应煤层硬度		可截割 F10 的岩层
摇臂长度/mm		2916
摇臂摆动角度/(°)		+50.53　-14.77
摇臂升降液压油缸		缸径 ϕ320 mm，活塞杆直径 ϕ150 mm
滚筒	直径/mm	2200(4 头)
	宽度/m	4010
	转速/$(r \cdot min^{-1})$	26
	重量/t	51
截齿	类型	Conical 柄长 35 mm　U92KHD 型
	数量/个	每个滚筒 56
	布置	4 叶片，2 齿/线
牵引部	牵引方式	交流变频电牵引
	牵引速度/$(m \cdot min^{-1})$	0~15~20
	牵引力/t	最大 87(0~15 m/min)；最小 62(20 m/min)
	牵引特性	0~15 m/min 恒转矩特性；15~20 m/min 恒功率特性
	牵引部类型	带有减速比 167.9：1 减速器的正齿轮牵引
破碎机	滚筒直径/mm	908
	滚筒额定转速/$(r \cdot min^{-1})$	180
	截齿布置	4 叶片，2 齿/线
	型式	带有行星减速器的内置电动机
	最小间隙/mm	400(距刮板挡板)
	重量/t	4.9
液压泵	型式	双联齿轮泵
	流量/$(L \cdot min^{-1})$	>38
	安全阀调定压力/MPa	14.5(2100 pis)
	油箱容量/L	132(35 gal)
	辅助油箱容量/L	95(28 gal)

表3-1（续）

截割电动机		数量/台	2
		额定电压/V	AC3300
		额定功率/kW	2×750
		额定电流/A	2×161
		绝缘等级	H
		允许温升/℃	140
		冷却方式	水冷
		外形尺寸/(mm×mm)	680×1045
		重量/kg	1867
破碎电动机	数量/台	1	
	额定电压/V	AC3300	
	额定功率/kW	40	
	额定电流/A	26	
	绝缘等级	H	
	允许温升/℃	140	
	冷却方式	水冷	
	外形尺寸/mm	ϕ606×948	
	重量/kg	412	
牵引电动机	数量/台	2	
	额定电压/V	AC575	
	额定功率/kW	2×40	
	电流/A	315	
	绝缘等级	B	
	允许温升/℃	40	
	外形尺寸/(mm×mm×mm)	584×523×10260	
	重量/kg	823	
油泵电动机	数量/台	1	
	额定电压/V	AC575	
	额定功率/kW	30	
	额定电流/A	47	
	允许温升/℃	40	
	冷却方式	水冷	
	外形尺寸/mm	ϕ406×516	
	重量/kg	823	
电气系统	采煤机供电电压/V	AC3300	
	采煤机额定电流/A	398	
	采煤机总装机功率/kW	1860	

表 3-1 (续)

电气系统	油泵/牵引变压器功率/(kV·A)	325
	采煤机控制电压/V	120/28
	保护设定范围	满载电流的 125%，瞬时值为满载电流的 300%
	高压换向隔离开关的额定电流/A	600
	断路器额定电流/A	600
	断路器跳闸电流整定范围/A	425 ~ 2250
	真空接触器额定电流/A	320
	变频器功率/kW	140
	采煤机控制方式	本机控制与无线电遥控
电气系统	采煤机供电电缆	7 型、7M 型和 7S 型一根
	电缆芯数	3×120+1×50+3×6
	电缆长度/m	250
冷却喷雾系统	进水压力/bar	14 ~ 35
	水流量/($L \cdot min^{-1}$)	380
	喷嘴数量	108 个，J 型喷雾块，8 个/块
配套输送机	输送机类型	1000 mm 宽滑道，ϕ38 mm 中双链
	溜槽尺寸/(mm×mm×mm)	1750×1000(内槽宽)×331
	输送机高度/mm	331
	过煤高度/mm	866
采煤机外形尺寸	摇臂水平时两滚筒中心距/m	13.873
	机架宽度/m	1.500
	机体高度/m	1.794
	采煤机总重量/t	约 92

二、7LS6 型采煤机的总体布置

7LS6 型采煤机的总体布置如图 3-1 所示。

7LS6 型采煤机机身主要由左牵引部 2、右牵引部 4 和电气控制箱 3 三大部件组成。它们之间用高强度螺栓连接，在其接合面处用两个大直径的圆柱销定位，形成牢固的采煤机机身，用以承载截割、牵引阻力及其产生的反转扭矩。采煤机机身两端用销轴分别与左右摇臂截割部（即摇臂、电动机、滚筒）相连接，破碎机 6 用销轴与左牵引部相连接，一台液压泵及电动机 9、一个液压油箱以及液压系统电磁阀组 10 布置在右牵引部 4 的空箱内。采煤机通过滑靴和导向滑靴跨骑在输送面上。

采煤机电气控制箱前盖板布局如图 3-2 所示。电气控制箱前盖板共有 3 个，其中，左边盖板上方是一个拖曳电缆插座 1，下方是 AC3300 V 高压隔离开关 2；中间盖板的上方是 JNA 显示屏 3，显示屏右边是指示灯 4，截割数据存储指示灯 5；中间与右边盖板之间是牵引断路开关 6；右边前盖板的上方是机器本身的操纵控制开关 7。

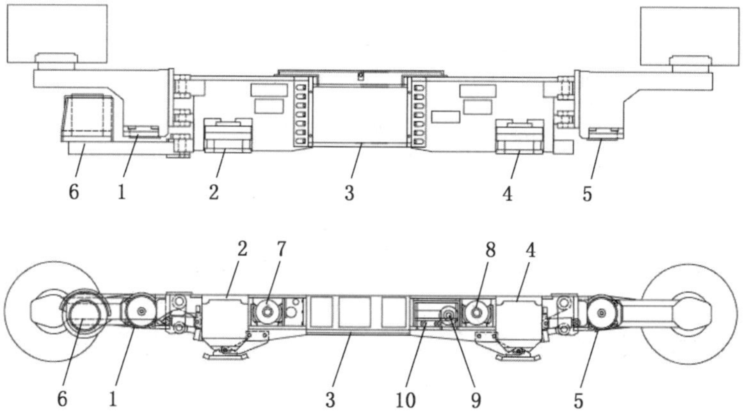

1—左截割电动机；2—左牵引部；3—电气控制箱；4—右牵引部；5—右截割电动机；6—破碎机；
7—左牵引电动机；8—右牵引电动机；9—液压泵及电动机；10—液压系统电磁阀组

图 3-1　7LS6 型采煤机总体布置图

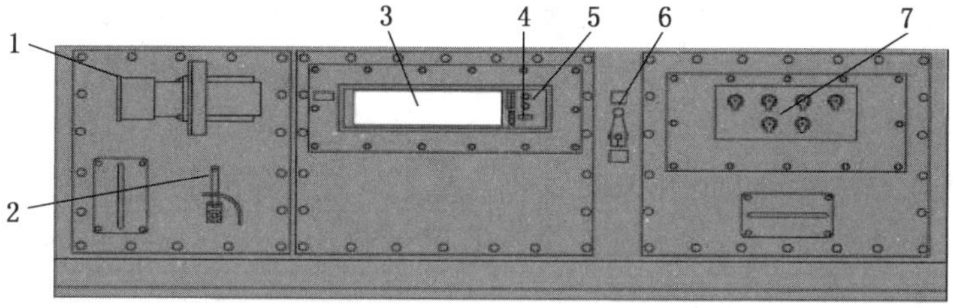

1—拖曳电缆插座；2—高压隔离开关；3—JNA 显示屏；4—指示灯；
5—截割数据存储器指示灯；6—牵引断路器；7—操作开关

图 3-2　7LS6 型采煤机电气控制箱前盖板图

采煤机本身操纵控制开关共有 6 个，分两排，上排 4 个，下排 2 个，都是旋转型控制开关。上排 4 个控制开关依次是，遥控状态选择开关（STATION SELECTOR）、液压泵开关（PUMP SWITCH）、截割部选择开关（CUTTER SELECTOR）、截割开关（CUTTER SWITCH）。下排 2 个开关为接地漏电检测/复位开关（GROUND FAULT TEST/RESET）、破碎机开关（LUMP BREAKER SWITCH）。

任务三　7LS6 型采煤机电气系统组成

7LS6 型采煤机电气系统主要由电气控制箱、左/右截割电动机、左/右牵引电动机、液压泵电动机、破碎机电动机、电磁阀阀组、遥控起动/停止开关装置、冷却喷雾水流量/压力开关、油位/油温开关、左/右接收站或遥控站、翻页器等组成。

一、采煤机电动机技术参数

7LS6 型采煤机电动机技术参数见表 3-2。

表 3－2　7LS6 型采煤机电动机技术参数

电动机名称	类型	额定电压/V	额定功率/kW	额定电流/A	极数	额定转速/($r \cdot min^{-1}$)	功率因数 $\cos\varphi$	绝缘等级	台数
截割电动机	三相水冷	3300	750	161	4	1490	0.86	H	2
破碎机电动机	三相水冷	3300	40	26	6	990	0.80	H	1
油泵电动机	三相水冷	575	30	40	4	1435	0.87	H	1
牵引电动机	三相变频水冷	575	40	144	4	2670	0.8	B	2

两台牵引电动机由各自的变频器供电，工作在一个速度变化范围很大的区域，其供电的电源频率为 0 Hz～50 Hz～120 Hz，电动机的转速可高达 2670 r/min，此速度是采煤机在空载调动时使用。牵引电动机最佳运行速度是在 50 Hz 左右。

二、电磁阀组及有关控制部件

1. 电磁阀组

电磁阀组安装在右牵引部的多功能阀板上，与电气控制箱用一根 $24 \times 1.5\ mm^2$ 的控制电缆连接，阀组共有 6 个电磁阀，5 个使用，1 个备用，电源为 DC24V。

2. 遥控起动/停止控制开关

即先导控制开关，控制顺槽开关的启动与停止，给采煤机上电/断电。遥控启/停控制开关共有两组。采煤机左、右各布置一组，与电控箱用一根 $6 \times 1.34\ mm^2$ 的控制电缆连接。

3. 水流量/压力开关

它们分别监视左右两条水管路的流量与压力。水压力接点延时 7 s 闭合，以保证水压力的稳定；水流量达到规定值时，流量开关闭合。与电控箱用一根 $6 \times 1.34\ mm^2$ 的控制电缆连接。

4. 油温/油位开关

油温/油位开关监视着液压油箱的油位高度与油液的温度，与电控箱用一根 $3 \times 1.5\ mm^2$ 的控制电缆连接。

5. 左接收站或遥控站与右接收站或遥控站

它是采煤机的远方控制设备，电缆有线遥控，这里接的是遥控器；也可无线电遥控，这里接的是无线电接收机，遥控器离机操作。它们分别与电控箱用一根 $3 \times 1.5\ mm^2$ 的控制电缆连接。

6. 翻页器

翻页器是采煤机的机外部翻页器，共有 9 个按钮，用于系统显示屏的翻页操作。

三、电控箱内的电气元件

1. 高压隔离开关组件

高压隔离开关用在 AC3300 V 回路中，是采煤机的总开关，为一台手动空气式隔离开关，它不具备自动断电功能，也不能接通或切断负荷电流。只能切断 AV3300 V 电源，还能切断先导回路。它具有“接通（ON）－断开（OFF）”两个位置。

2. 牵引/油泵断路器

用在 AC3300 V 牵引/油泵变压器的电源回路中，手动合/跳闸，具有自动断电功能，当被控制回路发生短路事故时，自动切断电源。

3. 牵引/油泵变压器

牵引/油泵变压器额定容量 325 kV · A，3300 V/575 V，作为牵引电动机和油泵电动机的电源。它固定在电控箱底板上，电控底板有冷却水套，用流动的水将变压器的热量带走。

4. 真空接触器组件

真空接触器组件安装在电控箱中部，组件上安装有 4 台高压真空接触器，分别控制左截割电动机、右截割电动机、破碎机电动机和牵引/油泵变压器。3 个三相电抗器用来在漏电保护中隔离高电压；3 组三相密封电容器用来吸收过电压。

5. JNA 单元和显示器单元

JNA 单元即为计算机控制系统，其显示单元可显示机器的工作状态信息、操作信息和故障信息等。

6. 变频器模块

两台牵引电动机用的变频器直－交逆变器模块，交－直整流桥公共电源模块 BSM，用螺钉固定在电控箱左侧的底板上，通过电控箱底板的冷却水道散热。

7. 本质安全型（IS）电路电气元件

有 2 个本安（IS）电源，输入电压 AC40 V，输出 DC12 V；

光电耦合器，它将本安型电路与非本安型电路进行隔离；

熔断器，作为控制回路短路保护。

8. 继电器组件

继电器组件上装有低灵敏度 IS 继电器、隔离继电器、接地故障继电器 RTD 单元等。

9. 主控制变压器、电流互感器

3300 V/120 V，28 V，作为控制回路的电源；

截割电动机三相电流互感器，一次额定电流 720 A；

破碎机三相电流互感器，一次额定电流为 90 A；

油泵电动机三相电流互感器，一次侧额定电流为 180 A；

油泵/牵引变压器电源侧三相熔断器，熔件额定电流为 80 A。

电控箱内装的 3 个冷却风扇，电源为 120 V，均衡电控箱内的温度，以利于散热。

任务四　7LS6 型采煤机动力电路

一、7LS6 型采煤机 3300 V 高压回路

采煤机 AC3300 V 高压回路如图 3－3 所示。

三相交流 3300 V 电源 L1、L2、L3 由电控制箱左盖板上的电缆连接器引入电控箱，接

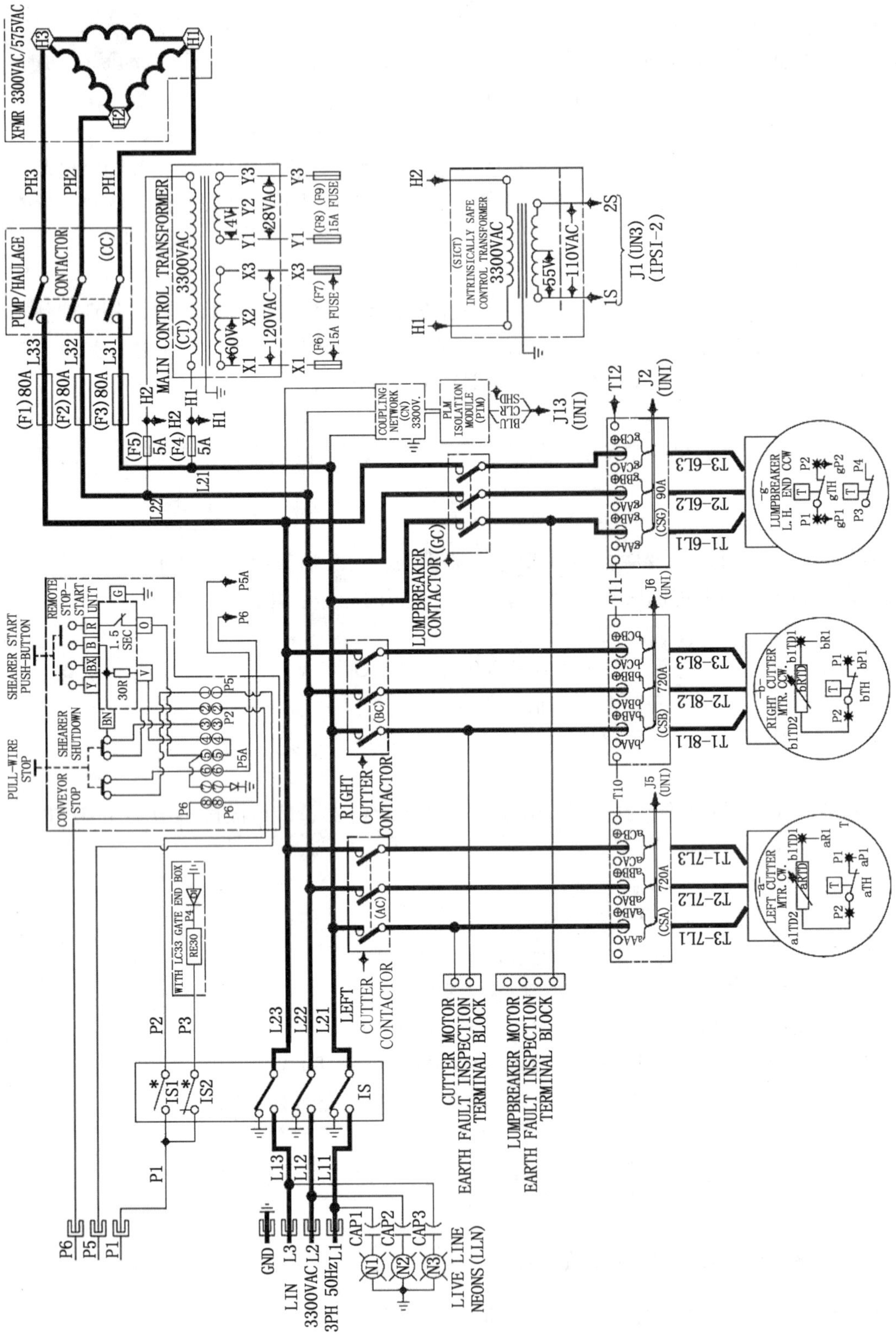

图 3－3　7LS6 型采煤机 AC3300 V 高压回路

至高压隔离开关 IS 的进线端子上，经隔离开关 IS，3300 V 动力回路分成 4 路，一路经左截割高压真空接触器 AC 到左截割电动机；二路经右截割高压真空接触器 BC 到右截割电动机；三路经破碎机高压真空接触器 GC 到破碎机电动机；四路经泵/牵引高压真空接触器 CC 到泵/牵引变压器 HT，325 kV · A，Dy 接线方式，3300 V/575 V，经牵引断路器 2CB 到油泵电动机和变频器组件。

左右截割电动机、破碎机电动机的真空接触器负荷侧分别引出一根引线，供接地故障检测用。

二、主回路直流高压击穿试验

7LS6 型采煤机要求在每个班工作之前，应对 3300 V 主回路作一次直流高压击穿试验。当高压隔离开关 IS 打至“断开”(OFF) 位时，拖曳电缆的采煤机先导控制线 P1 经高压隔离开关 IS 的辅助常闭接点 IS2、引线 P3、30 Ω 电阻和 1 个反向设置的整流二极管接地，先导控制线 P1 接通，可使顺槽开关的直流 3000 V 电压送至采煤机的隔离开关电源侧，即试验拖曳电缆和采煤机隔离开关 IS 电源侧线路的绝缘水平。

三、主控制变压器 CT

当采煤机的高压隔离开关 IS 合闸后，主控制变压器 CT 得电，3300 V/120 V，28 V。CT 的一次侧由 5 A 的熔断器 F4 和 F5 保护；二次侧 AC120 V 由 15 A 熔断器 F6 和 F7 保护，其输出端子为 1 和 2，送往各控制回路。并联压敏电阻 V1/150 V 是为了防止尖峰电压而输出电压稳定在 120 V 而设置的；冷却风扇 FNA1—FNA3 为电控箱散热用；指示灯 L1 点亮显示输出 120 V 电压正常。主控变压器 120 V 供电回路如图 3 -4 所示。

交流 120 V 电源送给了截割电动机的 RTD 单元（UR1）、接地故障继电器 GFR、断路器 2CB 监视器、40 V ± 12 V 电源变压器 PS、隔离继电器模块 IR1 和 IR2、牵引 RTD 单元、JNA 单元 1 的 J1 和 J15、JNA 单元 0 的 J6 和 J4 与 J12、变频器模块 IN1 和 IN2 的 RTD 单元、变频器交 - 直整流公共电源模块 BSM、牵引变压器 RTD 单元（RU3）、油温/油位光电继电器 OPR、水预启动装置。

主控变压器 CT 的 AC28 V 供电系统如图 3 -5 所示。15 A 熔断器 F8 和 F9 作为其短路保护；并联压敏电阻 V2 抑制尖峰电压；AC28 V 经整流器 BR1 输出 24 V 直流，负极端子 200 是公用端，正极 100 通过 10 A 熔断器 F14 和 F15 输送给 JNA 单元 0 的 J7 和 J9，再送至电磁阀板，作为电磁阀的动作电压；正极 100 还送给 JNA 单元 0 的 J4，再送至急停继电器 ESR，由 JNA 控制急停继电器 ESR 的通断；发光二极管 L2 点亮，显示 24 V 直流电源正常。

四、本质安全型控制变压器 ISCT

采煤机本安变压器 ISCT 的一次侧与主控变压器 CT 的一次侧并联，由 5 A 的熔断器 F4 和 F5 作短路保护。ISCT 二次侧输出 AC40 V 电压，输出端子 S1 和 S2 分别送至 JNA 单元 3、本安电源 IPS1 和 IPS2。本安电源 IPS1 和 IPS2 输出直流 12 V，供本质安全型回路使用。其电路如图 3 -6 所示。

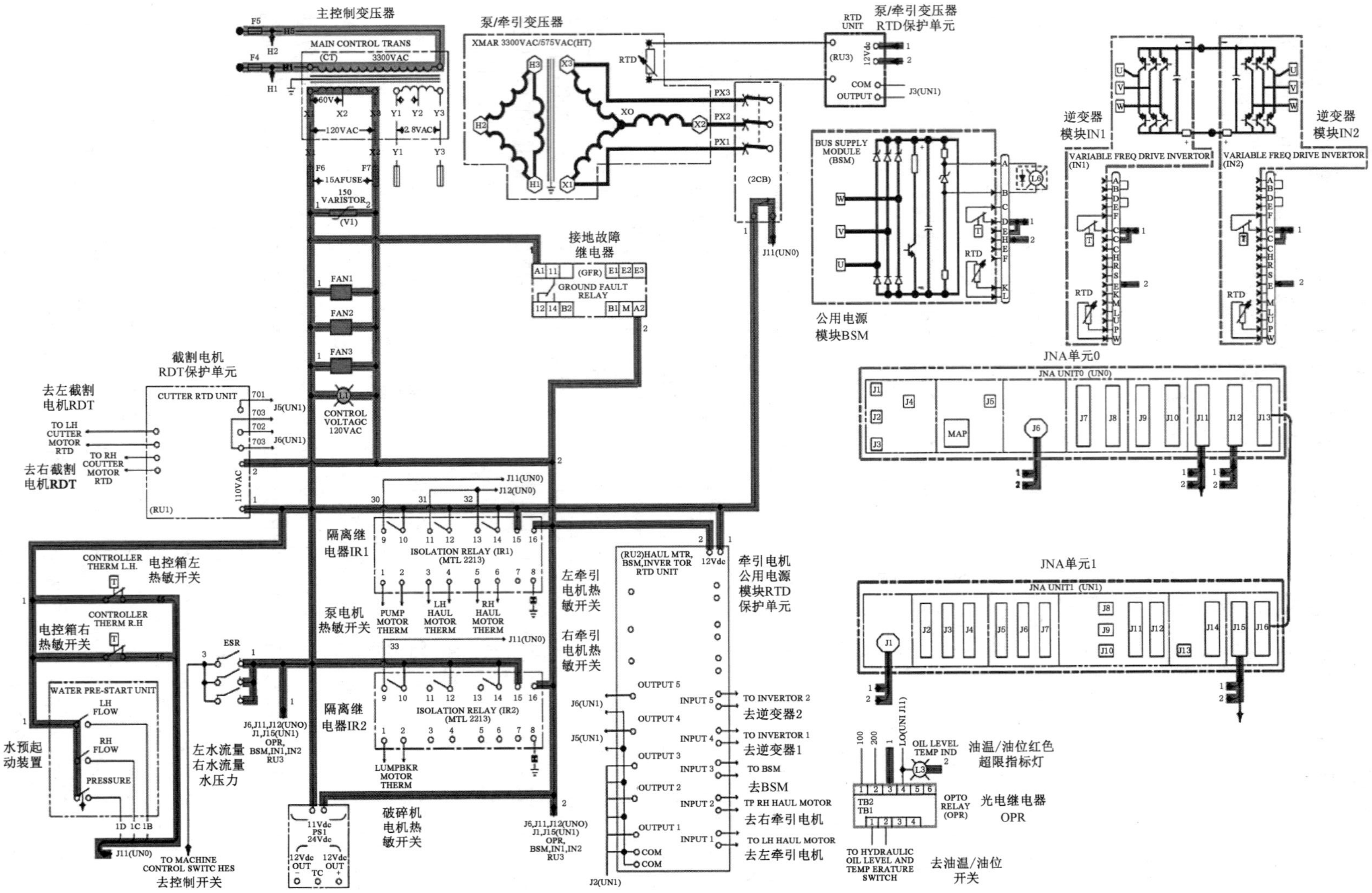

图3-4　主控变压器CT的120V供电系统

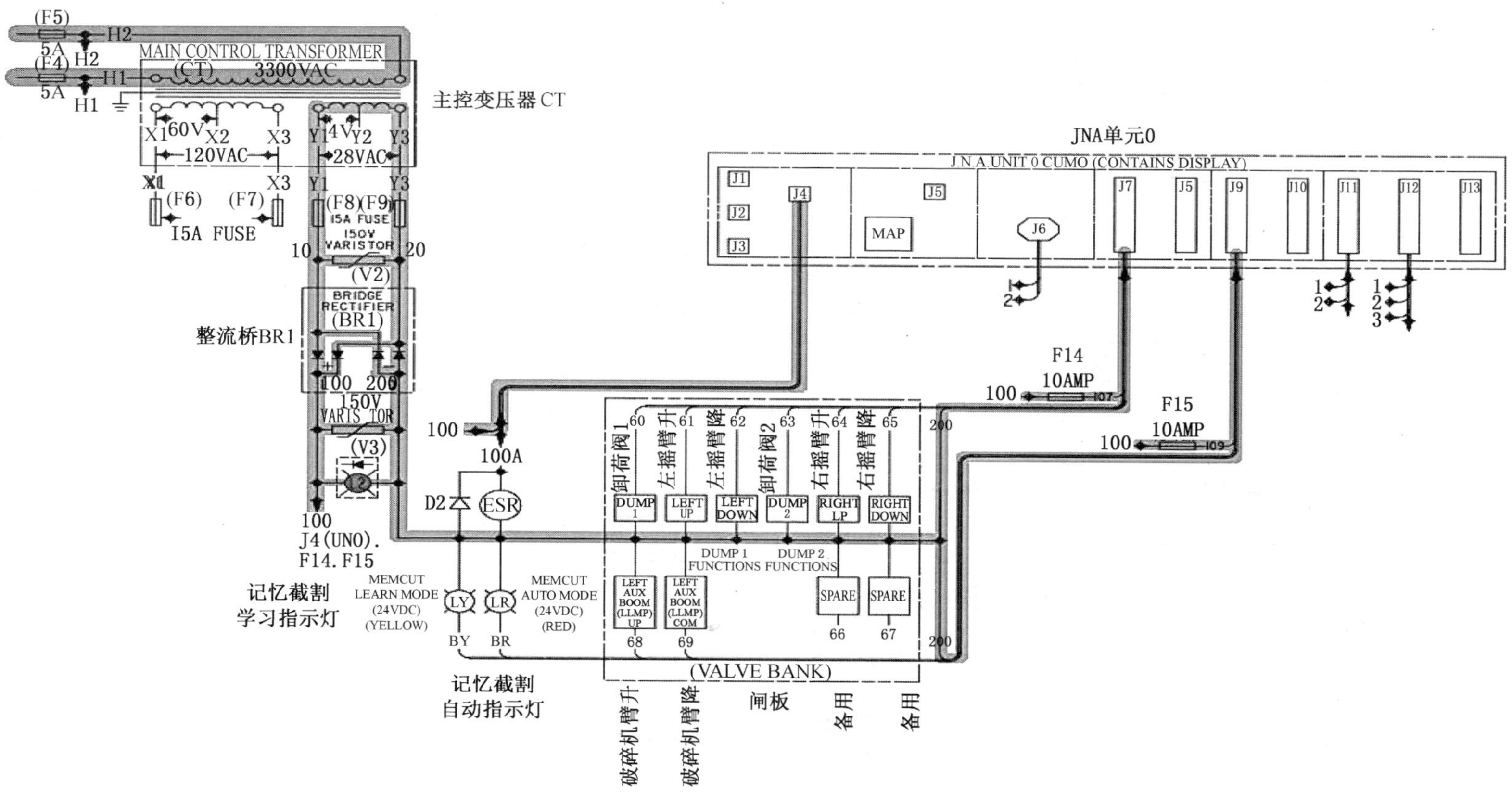

图 3-5　主控变压器 CT 的 28 V 供电系统

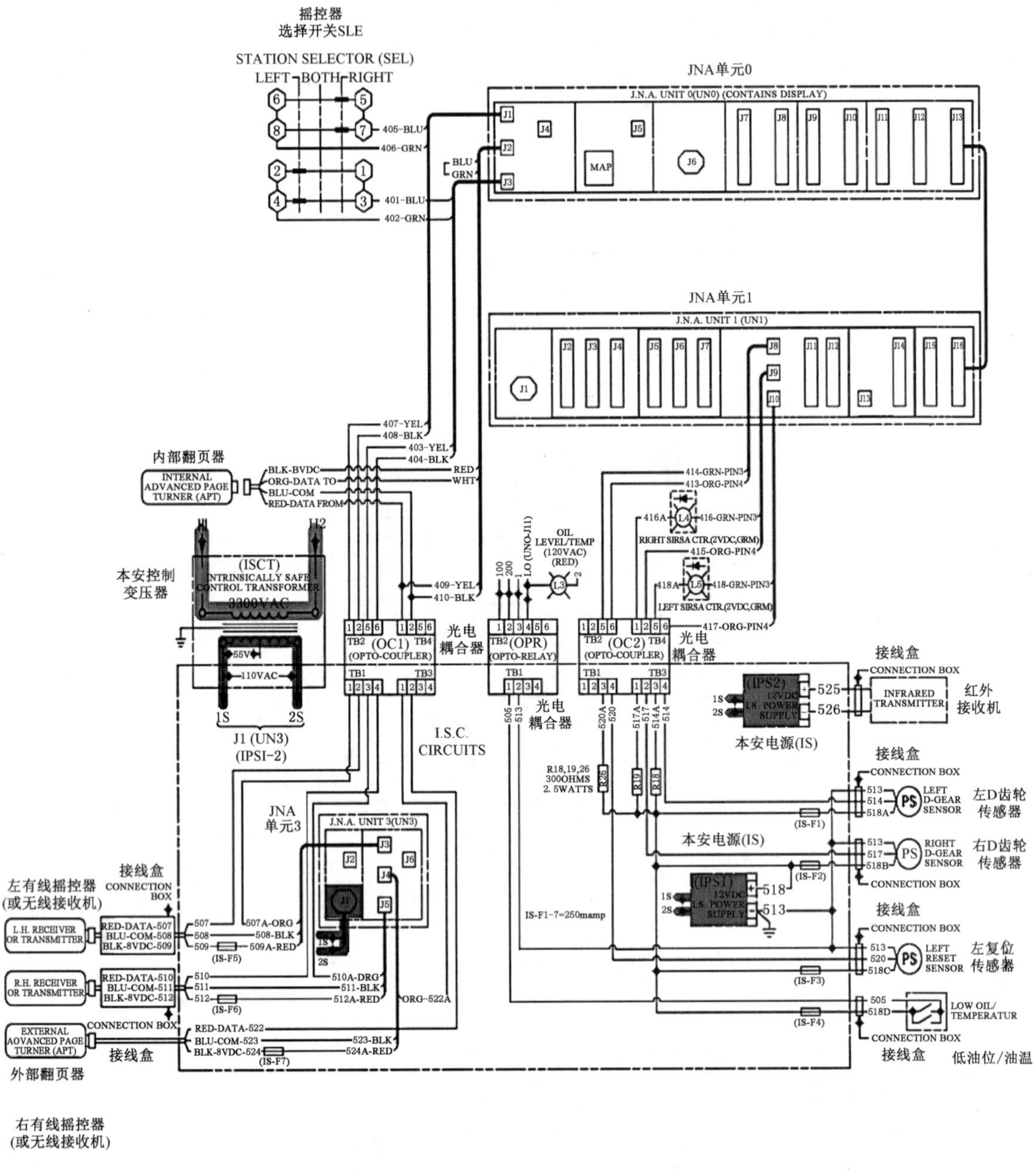

图 3-6　本质安全型控制变压器 ISCT 供电系统

五、指示灯

7LS6 型采煤机电气系统的指示灯在电控箱的中盖板内安装有 8 个，绿色指示灯点亮表示工作正常，如果不亮可能不正常；红色指示灯点亮，表示有故障。8 个指示灯自上而下排列，上边 5 个为发光二极管，依次是 AC120 V 绿色电源指示灯（125 V/3W）、DC24V

绿色电源指示灯（24 V/2 W）、液压油箱的油位/油温红色超限指示灯（125 V/3 W）、2 个用于 SIRSA 系统的绿色指示灯。下边 3 个是氖灯，是 AC3300 V 电源指示灯。

六、遥控器

1. 无线电遥控器

7LS6 采煤机电气系统中包含一套无线电遥控系统，相比较有线遥控，使司机有更大的活动自由，能更好地观察机器的工作情况和躲避煤尘。无线电遥控系统在工作时，数据以异步串行的方式连续不断地从遥控发射器传送到采煤机上的接收器，每台遥控器用一个 4.5 VDC 的矿灯电池供电。两个遥控器使用的无线电频率是不同的，1 号遥控器频率为 472.075 MHz，2 号遥控器频率为 458.535 MHz。

遥控器的有效范围大约为 15 m，如果超过了这个范围或由于其他原因而数据中断，JNA 单元将检测到的信号丢失并使 ESR 动作，切断电动机电源。在采煤机运行过程中，如果司机企图改变遥控器选择开关位置，JNA 单元将检测到信号丢失，使 ESR 动作跳闸。在 ESR 断电跳闸后，司机可在采煤机重新启动前把选择开关旋转到所需要的位置，然后再启动采煤机。无线电遥控系统如图 3－7 所示。这是一个本安（IS）电路，该电路的核心是 JNA 单元 3（UN3），本安电路的电源由本安控制变压器 ISCT 的二次侧 AC40 V 供给，由 1S 和 2S 端子送到 JNA 单元 3 的 J1 上，经 JNA 单元 3 内部电源变换，输出较小的直流电压分别由 J3 经熔断器 F5 送给左有线遥控器或无线接收机，由 J5 经熔断器 F6 输送给右有线遥控器或无线接收机，由 J4 经熔断器 F7 输送给外部翻页器。

光电耦合器 OC1 由 4 对光电晶体管组成，其输入输出只有光的联系，没有电的联系，即可起到本安电路与非本安电路的隔离。

JNA 单元 3 将左右有线遥控器或无线接收机和外部翻页器分别与光电耦合器 OC1 的 3 个光电管连接起来，将接收来的本安开关信号，通过 OC1 转送到 JNA 单元 0，JNA 单元 0 进行数据处理，发出执行指令。

2. 遥控选择开关

遥控选择开关（STATION SELECTOR）电路如图 3－8 所示，共有 3 个位置，即“左（LEFT）－双选（BOTH）－右（RIGHT）”，其端子 6 和 8 接 JNA 单元 0 的 J1，端子 1 和 3 接 JNA 单元 0 的 J3。如果遥控选择开关置于“双选（BOTH）”位，JNA 单元 0 没有接收到遥控选择开关的数据，而只接受左右两个遥控器的数据；如果遥控选择开关置于“左（LEFT）”位置，JNA 单元 0 的 J3 的两条数据线 401 和 402 经遥控选择开关而闭合，J3 告知 JNA 系统只认可从左遥控器传输来的数据。同样，如果遥控选择开关置于“右（RIGHT）”位置，JNA 单元 0 的 J1 两条输入线 405 和 406 经遥控开关而闭合，J3 告知 JNA 系统只认可从右遥控器传输来的数据。

3. 遥控发射器

7LS6 型采煤机是通过 2 个发射器运行的，2 个发射器可使用无线遥控或有线电缆遥控，也可以一个用无线遥控，另一个用有线电缆遥控。

在有线电缆遥控的模式下，电源线和数据线与接收机分开，并直接与发射机连接。即，发射器直接接到 JNA 单元，并且电源与数据共享有线电缆里的一条公用线，发射器使用来自 JNA 单元 3 的 DC8 V 直流电源。

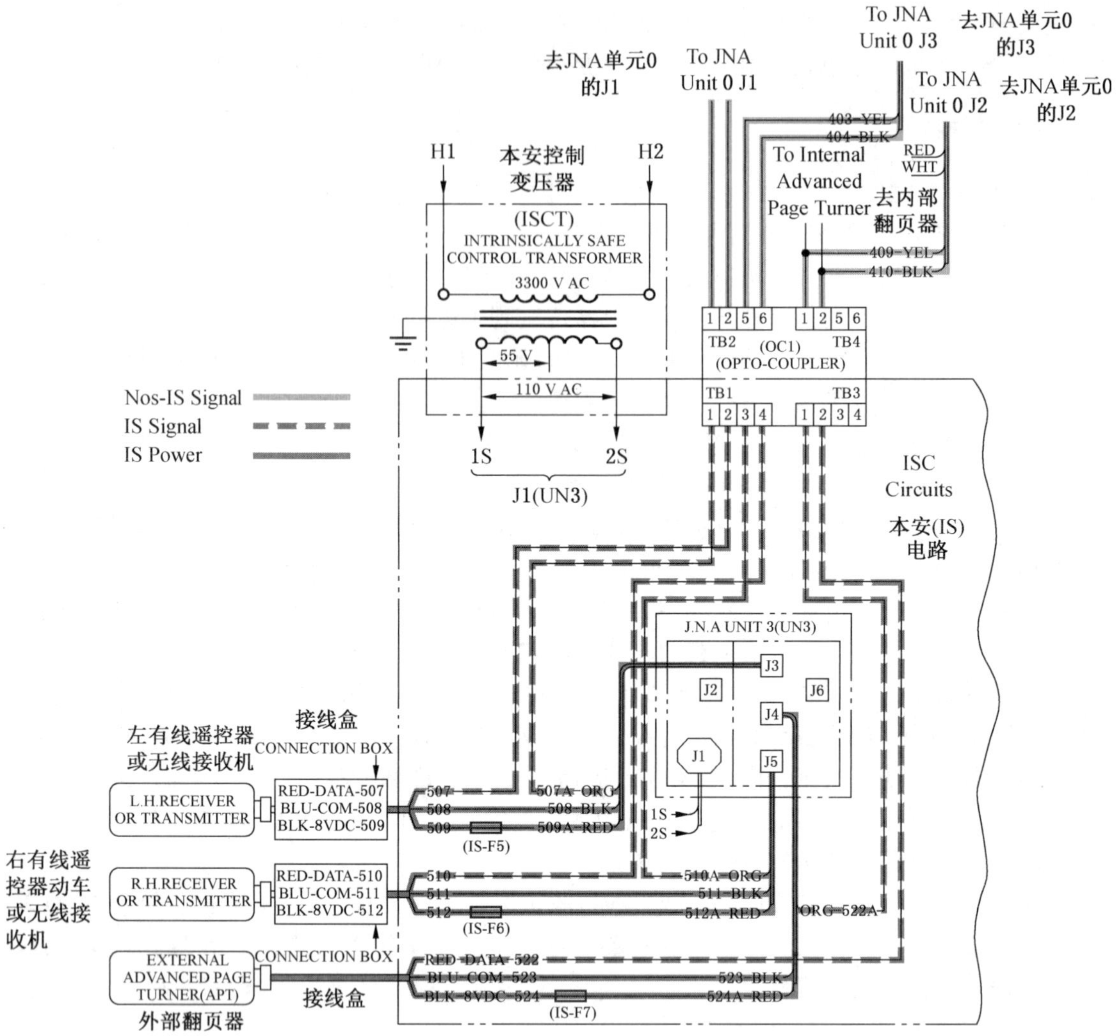

图 3－7　无线电遥控系统

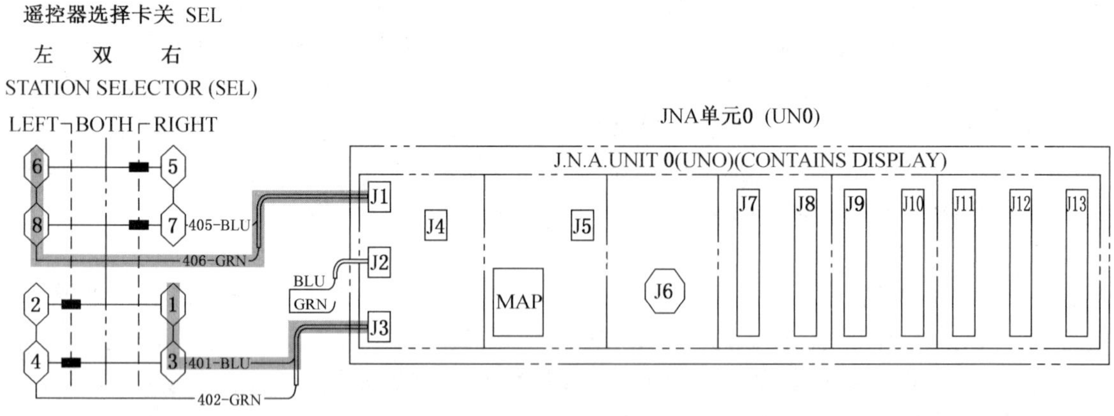

图 3－8　遥控选择开关电路图

如果由遥控选择开关选择使用的一个遥控器出现了故障，一定要将这个有故障的遥控器从采煤机上拆下并移到远处，以避免可能的操作混乱。

七、电磁阀

7LS6 型采煤机电气系统共有 6 个电磁阀，实际使用 5 个。其中 3 个是三位四通电磁换向阀，每个阀有 2 个电磁线圈，双向动作；2 个二位四通电磁卸荷阀，每个阀只有一个电磁线圈，单向动作。电磁阀接线如图 3 -9 所示。

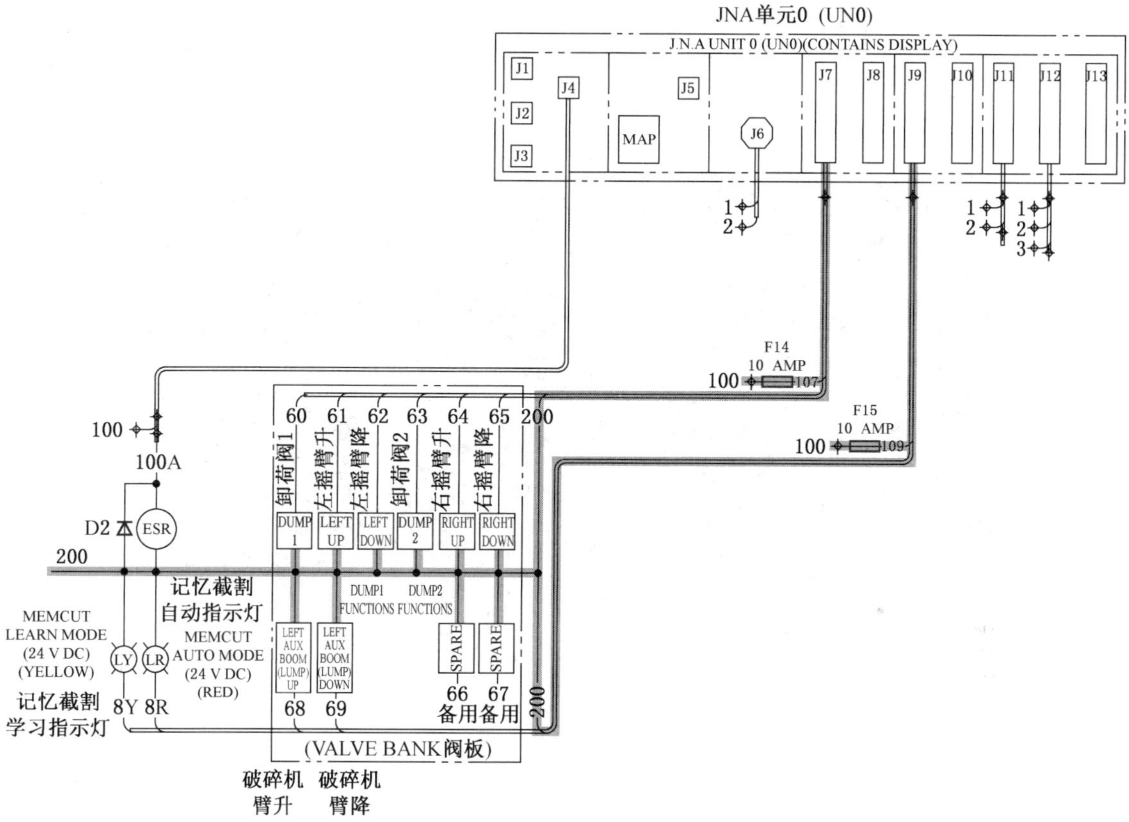

图 3 -9　采煤机电磁阀系统

在采煤机液压系统，每个液压功能的完成都要求 1 个电磁换向阀与 1 个电磁卸荷阀、2 个阀的正确配合。电磁换向阀的 1 个线圈通电吸合，以打开所需功能的液压通道，电磁卸荷阀通电使相应通往油箱的泄油阀关闭。在电磁换向阀不工作的时候，电磁泄荷阀也不通电，卸荷阀使液压油直接回到油箱。

7LS6 采煤机电磁阀安装在一块多功能阀板上，电磁阀用 DC24V 电源，24 V 直流电由主控制变压器 CT 的交流 28 V 电源经桥式整流器 BR1 整流得到。DC24V 的负极 200 线直接接到阀板电磁阀的公用线上，DC24V 的正极 100 线经 10 A 熔断器 F14 和 F15 送到 JNA 单元 0 的 J7 与 J9，由 JNA 单元 0 内部输出继电器将 DC24V 正极送到各个电磁阀上。JNA

系统从遥控器接收来的信号数据分别对电磁进行控制。如遥控器发出左摇臂上升的指令，JNA 单元 0 的内部相应输出继电器通电吸合，经引线 61 使“左摇臂上升”电磁换向阀吸合，左摇臂上升；经 60 号引线使电磁卸荷阀 1(DUMP1) 吸合，切断通往油箱的泄油通路。

八、急停继电器 ESR

7LS6 采煤机电气系统急停继电器 ESR（物理继电器）是由 JNA 系统控制的，JNA 系统逻辑电路里是不存在的虚拟继电器或接点，它是由软件来实现的。

急停继电器通电吸合之前，JNA 系统必须完成对 ESR 逻辑电路的检查，以保证所有联锁装置和按钮开关都在正确的位置。急停继电器 ESR 逻辑电路的电气原理如图 3－10 所示，接线如图 3－11 所示。

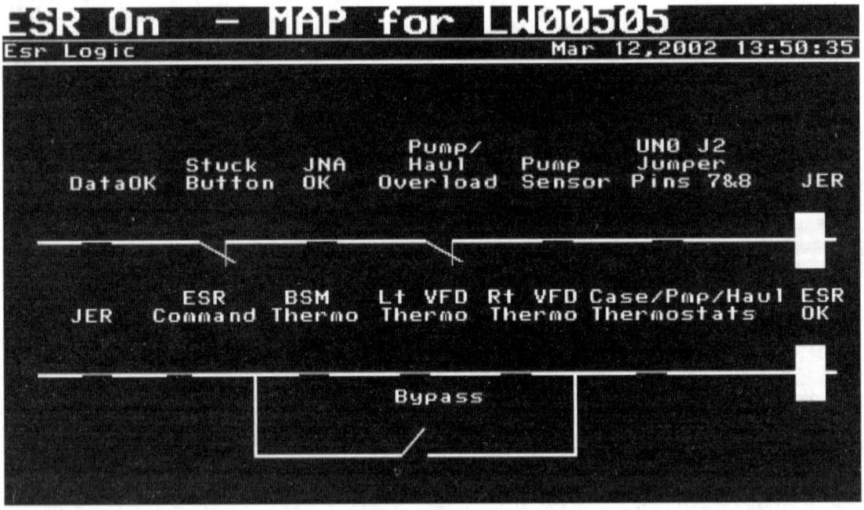

图 3－10　急停继电器 ESR 逻辑电路

在采煤机启动时，按下遥控器上的对边（Side)(也称为 2 nd 按钮）按钮时，急停继电器 ESR 获得 DC24V 电源而吸合。即 DC24V 电源正极 100 经 JNA 单元 0 的 J4 送至 ESR，DC24V 电源负极 200 直接接至 ESR 的另一端。ESR 吸合之后，其常开接点闭合，将主控变压器 CT 二次侧 AC120 V 控制电压从引线 1、ESR 常开接点（已闭合)、引线 3 送至电动机的各个控制开关和用于电机控制线路的 JNA 单元 1 的 J15，也送至 JNA 单元 0 的 J12。

ESR 由 JNA 控制，ESR 是否吸合，JNA 软件又在检测 ESR 的吸合状态，确保 ESR 正常运行，这一反馈功能是通过引线 3 接到 JNA 单元 0 的 J12 来实现的。

从逻辑图上可看出，ESR 线圈回路里串接了多个接点，这些接点代表的功能能否正常运转，直接影响 ESR 的吸合，也就是说 ESR 由这些接点控制。

九、水预启动单元

采煤机在截割电动机启动之前，要求水预启动控制回路运行正常，即冷却水的流量和

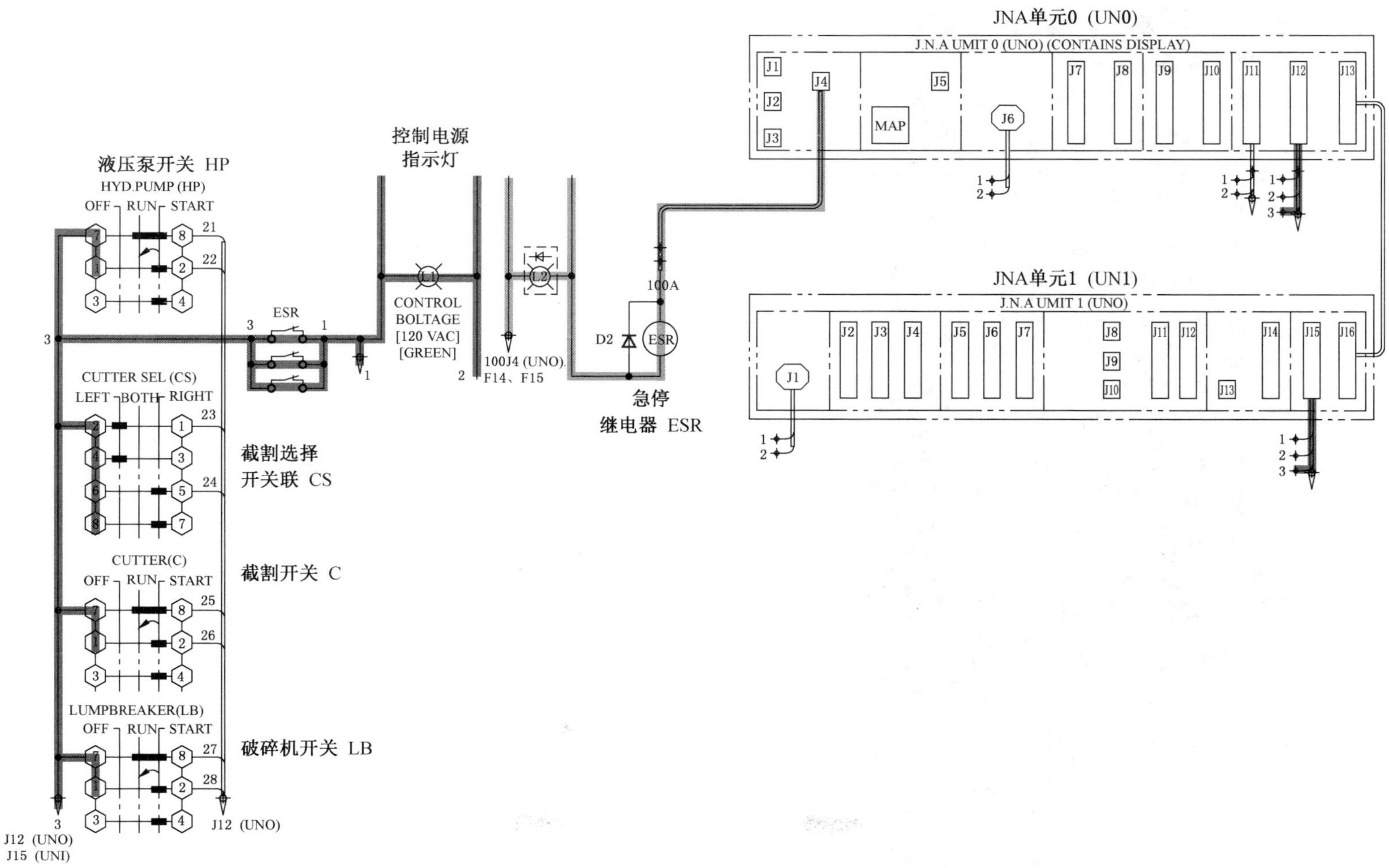

图3-11 急停继电器电路接线

压力达到要求。水预启动单元 WPU 逻辑电路如图 3－12 所示，其控制线路如图 3－13 所示。

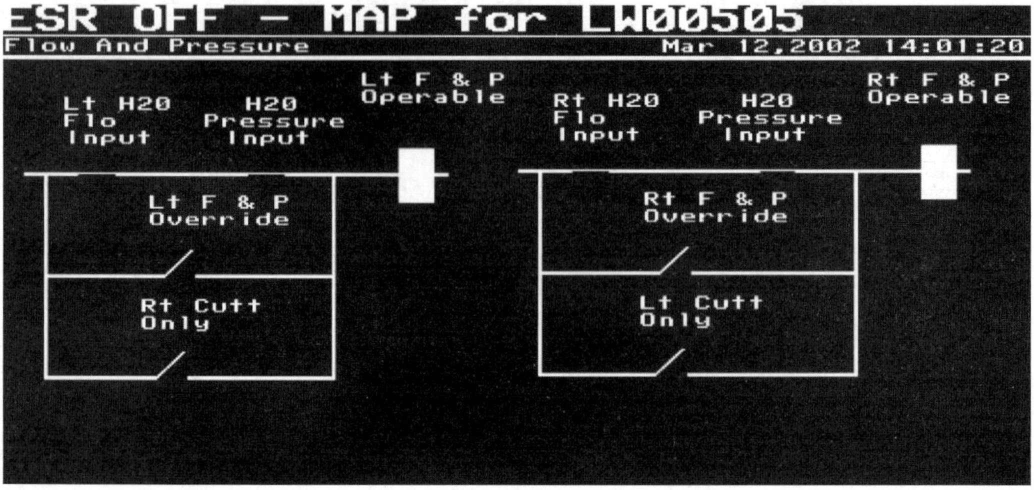

图 3－12　水预启动单元 WUP 逻辑电路

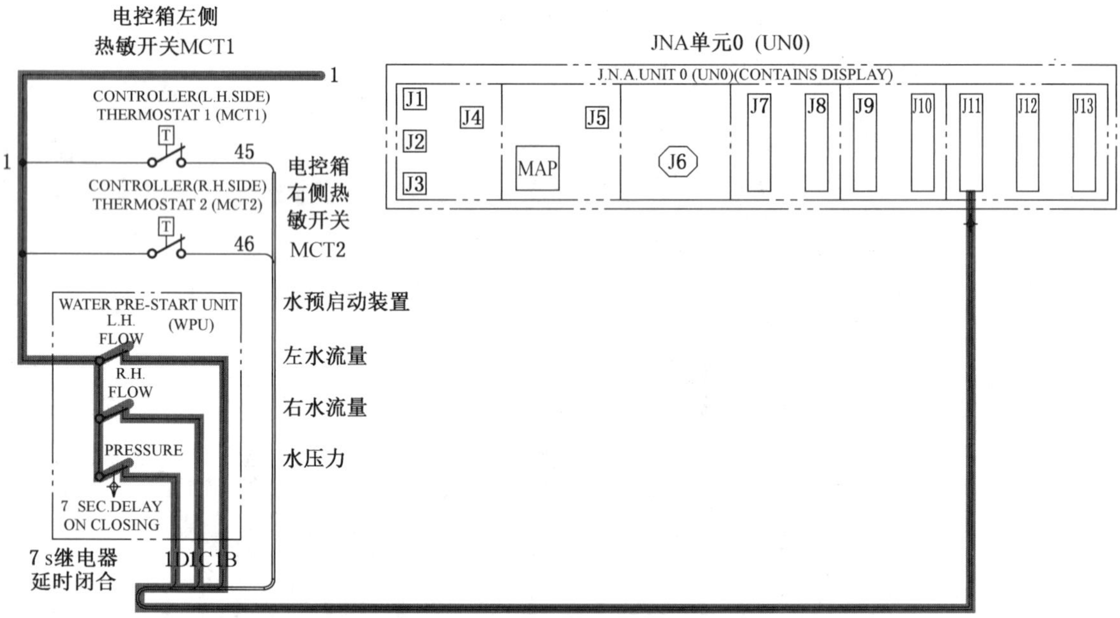

图 3－13　水预启动单元 WUP 控制回路

从水流量和压力逻辑图中可以看出，只要在左流量开关和压力开关闭合，左流量压力继电器通电吸合；只要右流量和压力开关闭合，右流量压力继电器通电吸合。为了要启动

2 台截割电动机，要求左右流量压力继电器都是通电吸合的。在正常情况下，如果水流量压力达不到要求，采煤机在启动前则不能启动，采煤机启动后则断电停机。

在逻辑图中增加了一个人为的由 JNA 软件选择的接点“Override”，可将水流量和压力开关短接掉。另外，若截割选择开关仅选“右截割”，则 1 个软接点在左流量和压力继电器的回路里，也等于将左水流量和压力开关短接掉。

水预启动单元 WUP 的电路接线是通过引线 1 由 120 V 提供控制电压，在截割电动机启动之前，水预启动单元内的 3 个接点必须有是接通的，如果系统水流量达到 45 L/min 以上时，左右流量开关接点闭合，系统水压力达到 10 bar 以上的时间达 7 s 之久时，压力开关的接点是闭合的，水流量和压力开关闭合后，将主控变压器 CT 的 AC120 V 电源通过端子 1 分 3 路，即 1B、1C、1D 送入 JNA 单元 0 的 J4。

十、变频驱动系统

变频驱动系统是交流电牵引采煤机调速系统广泛采用的方法，它是利用改变三相鼠笼电动机电源的频率来实现牵引调速的，简称 VFD。其电气原理如图 3 - 14 所示。

牵引系统由牵引变压器 HT 3300 V/575 V、交 - 直整流桥公共电源模块 BSM、2 个直 - 交逆变器模块 IN1 和 IN2、2 台三相鼠笼电动机 e 和 f 等组成。交 - 直流电源模块 BSM 又称为三相整流器，它和直 - 交逆变器模块 IN1 与 IN2 又合称为变频器，变频牵引控制是由 JNA 来完成的。

当油泵接触器 CC 吸合后，牵引变压器得电，3300 V/575 V。经三相整流公用电源模块 BSM 整流后，输出约 800 V 直流电压，经电容滤波后送到 2 个逆变器模块 IN1 与 IN2，每个逆变器模块将直流电压逆变为电压可变、频率可调（0 ~ 120 Hz）的三相交流电压，送给 2 台 40 kW/575 V 三相交流牵引电动机。牵引速度快慢与电源频率成正比。

1. 三相整流公共电源模块 BSM

三相整流公共电源模块 BSM 由 3 个大功率晶闸管 SCR 和 3 个大功率二极管组成。

三相整流公共电源模块 BSM 有 5 个进出线端子，即输入端 U、V、W，直流输出端“+”和“-”输出给 DC800 V 直流电压送给逆变器模块。在控制回路中，AC120 V 控制电压接到 SBM 的插脚 G 和 H 上，发光二极管指示灯连接到插脚 A 和 B 上，BSM 的热敏开关连接到插脚 C 和 D 上，当 BSM 的温度达到 100 ℃时，热敏开关的常闭接点打开，使三相整流电源模块输出直流电压降为零；当温度降低到 85 ℃时，热敏开关常闭接点接通。另外，插脚 K 和 L 与电源模块 BSM 的 RTD 连接。

2. 逆变器模块

采煤机共有两个逆变器模块，每个逆变器模块由绝缘栅双极晶体管（IGBT）组成整流桥，每个逆变模块由一个微处理器控制，每个逆变器模块共由 5 个进出线端子，即 U、V、W 电源输出端子和“+”、“-”电源输入端子。在逆变器模块的控制回路中，插脚 A 与 B 连在一起，插脚 N、M、L、U 连接到 JNA 单元 1 的 J4 上，控制电源连接到插脚下 D 和 E 上，热敏开关连接到插脚 F 和 G 上，这些热敏开关温度在 80 ℃（176 ℉）时，常闭接点打开，温度降低到 65 ℃（149 ℉）及以下时常闭接点闭合，插脚 V 和 P（内部连接 RTD）与牵引/BSM/逆变器 RTD 保护单元连接。

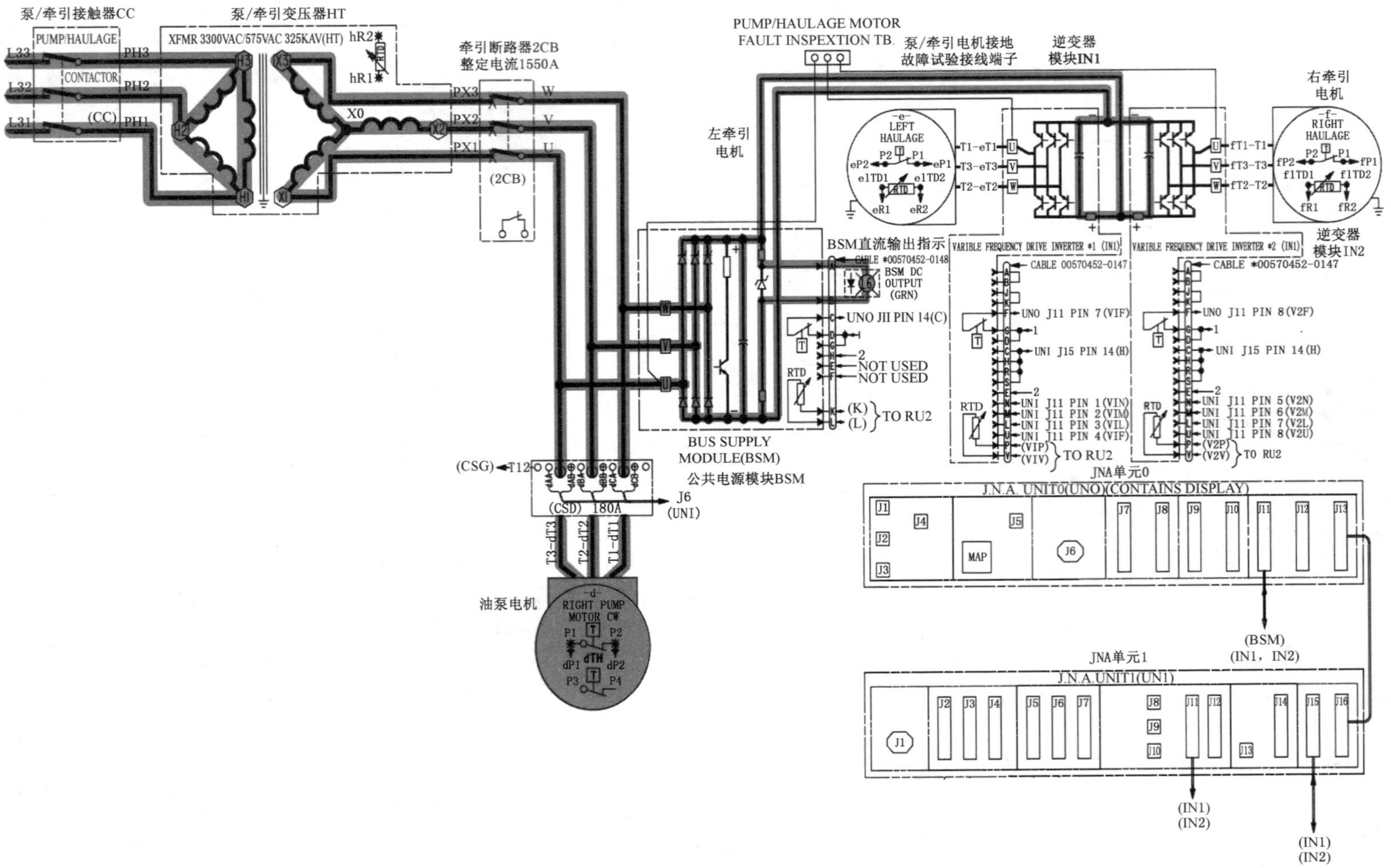

泵/牵引接触器CC
PUMP/HAULAGE
CONTACTOR
(CC)
L33
L32
L31
PH3
PH2
PH1
泵/牵引变压器HT
XFMR 3300VAC/575VAC 325KAV(HT)
hR2
hR1
X0
牵引断路器2CB
整定电流1550A
PX3
PX2
PX1
W
V
U
(2CB)
PUMP/HAULAGE MOTOR
FAULT INSPEXTION TB.
泵/牵引电机接地
故障试验接线端子
逆变器
模块IN1
左牵引
电机
LEFT
HAULAGE
右牵引
电机
RIGHT
HAULAGE
逆变器
模块IN2
BSM直流输出指示
BSM DC
OUTPUT
(GRN)
UNO JII PIN 14(C)
NOT USED
NOT USED
TO RU2
BUS SUPPLY
MODULE(BSM)
公共电源模块BSM
VARIBLE FREQUENCY DRIVE INVERTER #1 (IN1)
CABLE 00570452-0147
UNO J11 PIN 7(VIF)
UNI J15 PIN 14(H)
UNI J11 PIN 1(VIN)
UNI J11 PIN 2(VIM)
UNI J11 PIN 3(VIL)
UNI J11 PIN 4(VIF)
TO RU2
VARIBLE FREQUENCY DRIVE INVERTER #2 (IN1)
CABLE *00570452-0147
UNO J11 PIN 8(V2F)
UNI J15 PIN 14(H)
UNI J11 PIN 5(V2N)
UNI J11 PIN 6(V2M)
UNI J11 PIN 7(V2L)
UNI J11 PIN 8(V2U)
TO RU2
(CSG)
T12
(CSD) 180A
J6
(UNI)
油泵电机
RIGHT PUMP
MOTOR CW
JNA单元0
J.N.A. UNIT0(UNO)(CONTAINS DISPLAY)
MAP
(BSM)
(IN1, IN2)
JNA单元1
J.N.A.UNIT1(UN1)
(IN1)
(IN2)

图 3-14　牵引驱动系统

任务五　7LS6型采煤机启动控制电路

采煤机电气控制分两部分，一部分在机器上控制，另一部分通过遥控器控制。机身上主要是采煤机启动前的设置、试验，机器的启动。遥控器上的控制主要是采煤机运行状况控制。

1. 采煤机机身上的控制

机身上的控制操作装置装设在电控箱上，有高压隔离开关和各种旋转控制开关。高压隔离开关是采煤机的总开关；各旋转控制开关的功能：①遥控状态选择开关（STATION SELECTOR），实现对需要遥控器的选择；②液压泵开关（PUMP SWITCH），对油泵电动机的启动/运行/停止控制；③截割选择开关（CUTTER SELECTOR），对截割电动机的选择；④截割开关（CUTTER SWITCH），对截割电动机的启动/运行/停止控制；⑤接地漏电故障检测/复位开关（GROUND FAULT TEST/RESET），漏电检测与复位；⑥破碎机开关（LUMP BREAKER SWITCH），破碎机电动机的启动/运行/停止控制。

2. 遥控器控制

采煤机在生产过程中各种操作通过遥控器来进行，采煤机有两种遥控器，即有线和无线遥控器，两种遥控器功能完全相同。遥控器接连不断地向接收器发送数据，接收器收到发射器送来的信号后，指示采煤机改变相应的工况。

一、遥控启动（先导控制）

1. 先导控制

先导控制就是在采煤机上遥控工作面顺槽开关的启动/停止，先导控制电路同时又是顺槽开关漏电检查电路和高压试验的控制电路，如图3－15所示。

先导控制电路通过高压隔离开关IS连接，当高压隔离开关转到“接通”位置时，其辅助常开接点IS_1接通。此时，顺槽开关内额定值为13 V的先导控制电压进入远方停止/启动装置，经过拉线急停开关到采煤机的启动/停止按钮。当司机按下启动按钮时，先导控制回路接通，其电流的通路为顺槽开关远方控制线→拖曳电缆的控制线P_1→采煤机上的先导控制线P_1→高压隔离开关辅助常开接点IS_1→引线P_2→接线排TB7（图上未画出）→电缆压盖（图上未画出）→遥控启动/停止单元接线端子2→采煤机拉线急停开关→采煤机的启动按钮→1.5 s延时继电器常闭接点→接线端子5→接线端子7→整流二极管→地。

先导回路接通，顺槽开关启动，采煤机上电，司机释放启动按钮，先导回路经30 Ω运行电阻与二极管接地，先导控制电路使顺槽开关维持吸合状态。

如果司机在按下启动按钮后的1.5 s之内采煤机未上电，按下时间超过1.5 s时，则延时继电器常闭接点打开，先导回路断开，启动失败，应查明原因。也就是说，司机按下启动按钮的时间应小于1.5 s，采煤机应上电，电源氖指示灯亮。如果先导回路中断，顺槽开关将跳闸。

2. 在采煤机上停止工作面刮板输送机

在紧急情况下，用拉线急停开关停止采煤机的同时，也将停止工作面刮板输送机。所以，采煤机拖曳电缆控制线采用3芯，其中P_1为先导控制线，P_5和P_6两根控制线串联在刮板输送机电机控制回路内，也就是采煤机启动/停止控制装置的常闭接点串联在刮板输送机电动机控制回路内，其电流的通路为：刮板输送机电机的磁力启动器控制线“1”→拖曳电线控制芯线 P_5→采煤机电缆插销→接线排 TB7→电缆压盖→遥控停止/启动单元接线端子 1→输送机拉线急停开关→接线端子 6→电缆压盖→引线 P_{5A}→另一个遥控停止/启动单元的接线端子 3→输送机拉线急停开关→接线端子 2→电缆压盖→回到前一个遥控停止/启动单元的接线端子 8→电缆压盖→采煤机接线排 TB7→引线 P_6→电缆插销→拖曳电缆的控制线 P_6→刮板输送机电动机的磁力启动器控制线“4”。

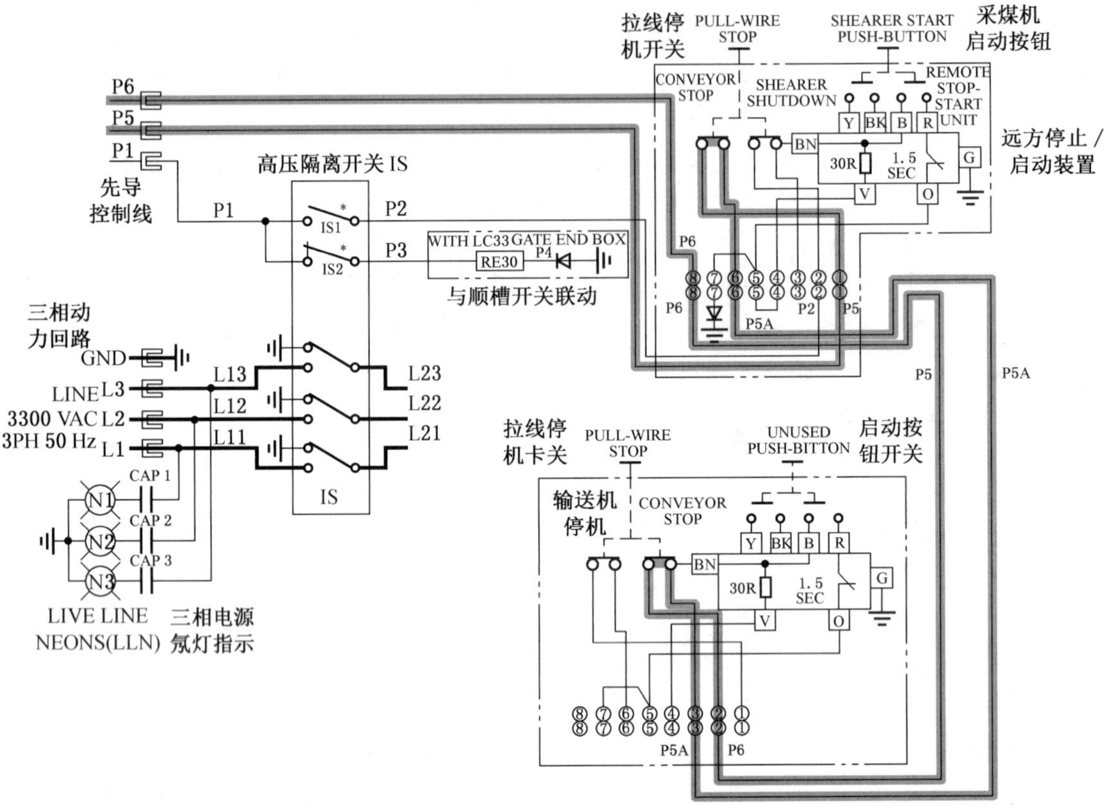

图 3 - 15　7LS6 型采煤机先导控制电路

两个遥控停止/启动控制单元的拉线急停开关之一动作（断开），拖曳电缆的控制芯线 P5、P6 断开，在顺槽控制刮板输送机的磁力启动器便跳闸停电，刮板输送机停止。

二、油泵电动机的控制

采煤机在液压泵启动之前，JNA 系统必须完成对液压泵逻辑电路的检查，以保证所有的联锁装置和按钮开关都在正确的位置。液压泵逻辑电路如图 3 - 16 所示，控制电路电气原理如图 3 - 17 所示。

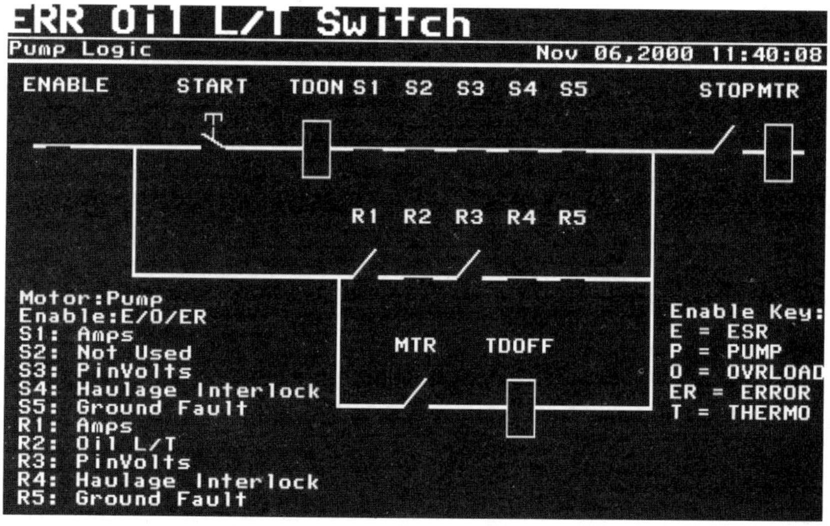

图 3-16　液压泵逻辑电路

1. 油泵电机启动前准备

在急停继电器 ESR 吸合之后，ESR 的常开接点闭合，将主控制变压器 CT 二次 AC120 V 电压从引线 1、ESR 常开接点（现闭合）、引线 3 送到电动机的各控制开关，送到 JNA 单元 1 的 J15 和 JNA 单元 0 的 J12。

在启动液压油泵之前，JNA 必须必验证下列项目。

（1）急停继电器 ESR 有电吸合；

（2）JNA 系统没有内在的故障；

（3）电动没有超载；

（4）油泵电动机没有电流（S1 闭合）；

（5）油泵/牵引接触口器的尖峰电压没有（S3 闭合）；

（6）牵引线路断路器必须合闸（S4 闭合）；

（7）接地故障继电器 GFR 是好的（S5 闭合）。

2. 油泵电机启动过程

当司机旋转油泵开关到“启动”位置时，泵开关端子 7-8 闭合，端子 1-2 闭合。AC120 V 电源经引线 21 与 22 将油泵电动机的启动与运行信号输入 JNA 单元 0 的 J12，串接在油泵电动机逻辑电路里的继电器 TD ON 有 1/2 s 的延时才吸合，经延时之后，JNA 单元 1 使油泵/牵引接触器 CC 经引线 C3 和接地故障继电器 GFR 的接点通电吸合，泵/牵引变压器得电，油泵电动机启动，常开接点 MTR 闭合（逻辑图中），延时继电器 TD　OFF 通电吸合，使继电器有一个临时的自保回路（因为油泵电动机的电流尚未建立或尚未稳定），经延时后继电器 TD　OFF 无电释放，继电器 MTR 的自保回路接通。

当司机旋转油泵开关到“运行”位置时，油泵开关的端子 7-8 继续保持闭合，维持 AC120 V 电源使油泵/牵引接触器 CC 通电吸合。

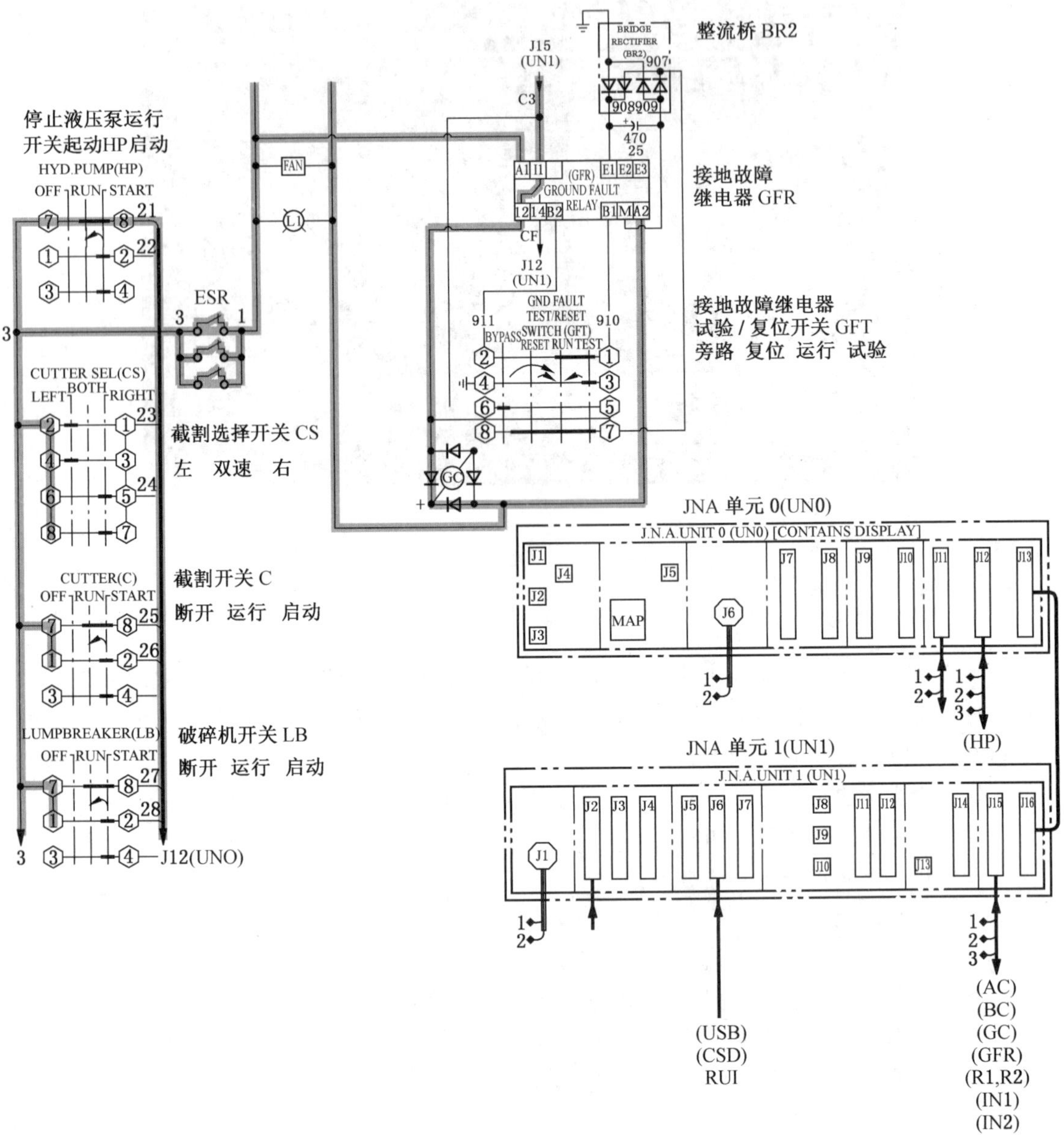

图 3-17　液压泵控制电路

为了保持 CC 吸合，JNA 系统必须验证下列项目。

（1）油泵电动机有电流（R1 闭合）；

（2）液压油箱的油位/油温是正常的（R2）；

（3）油泵/牵引接触器的尖峰电压有（R3）；

（4）牵引线路断路器必须合闸送电（R4）；

（5）接地故障继电器 GFR 是好的（R5）。

在任何其他电动机将要操作启动之前，油泵电动机必须运转。如果油泵电动机断电停机，所有其他电动机也将断电停机。

需要说明的是，油泵/牵引接触器 CC 的启动/运行与牵引断路器 2CB 有联锁关系，即断路器 2CB 合闸之后，才允许操作接触器 CC 的启动/运行。也就是说，正常情况下，断路器 2CB 不允许接通与切断电流。

正确的油泵旋转是顺时针方向，逆时针会损坏液压油泵。

油泵电动机的电流传感器 CSD 检测到油泵电动机每一相电流，将一个与油泵电动机电流成比例的小直流电压信号输入给 JNA 单元 1 的 J6，为 JNA 系统的过载保护和逻辑诊断提供信号源。

在油泵电动机启动的同时，变频器交 - 直整流桥公用电源模块 BSM 得电，为牵引驱动控制准备。

三、破碎机启动控制

在破碎机启动之前，JNA 系统必须有完成对破碎机逻辑电路的检查，以保证所有联锁装置和按钮开关都在正确的位置。破碎机逻辑电路如图 3－18 所示，控制线路如图 3－19 所示。

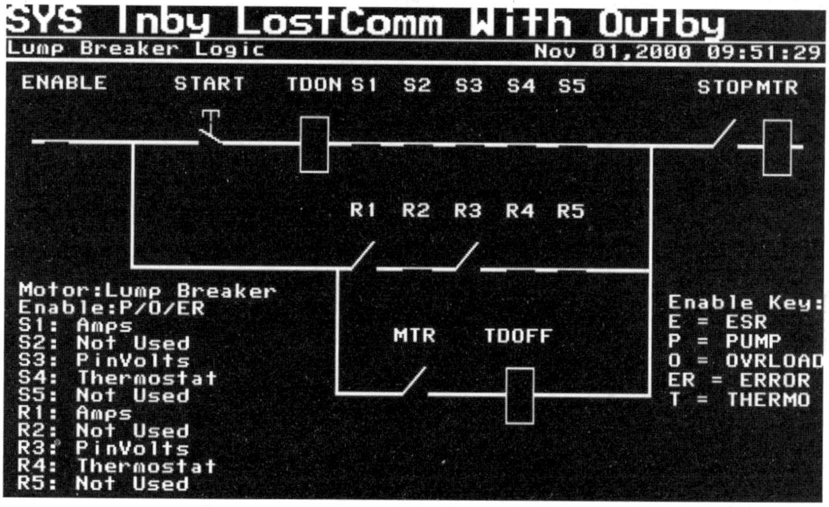

图 3－18　破碎机逻辑电路

1. 破碎机启动前准备

在启动破碎机之前，JNA 系统必须验证下列项目。

（1）液压泵电动机在通电运转；

（2）JNA 系统没有内在故障；

（3）油泵没有超载；

（4）破碎机电动机没有电流（S1）；

（5）破碎机接触器的尖峰电压没有（S3）；

（6）破碎机热敏开关正常（S4）。

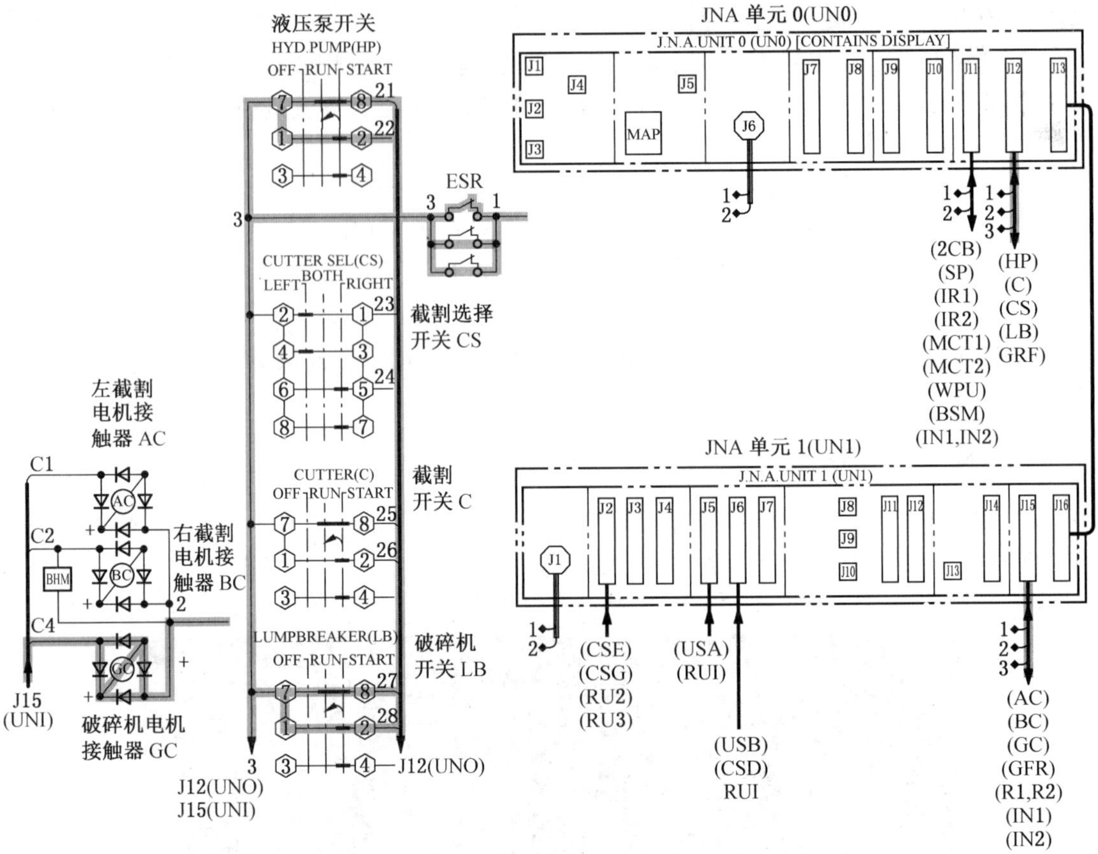

图 3-19　破碎机控制电路

2. 破碎机启动过程

启动破碎机时，司机必须将油泵开关和破碎机开关都转到各自的“启动”(START)位置，破碎机开关必须从“停机”(OFF)位旋转到“启动”(START)位。这时，油泵开关的端子 7-8 闭合，1-2 闭合，AC120 V 电源经引线 21 和 22，将油泵电动机启动与运行的信号输入 JNA 单元 0 的 J12；破碎机开关的端子 7-8 闭合，1-2 闭合，AC120 V 电源经引线 27 和 28 将破碎机电动机启动与运行信号输入 JNA 单元 0 的 J12。在 JNA 单元内部，串接在破碎机逻辑电路里的继电器 TD ON 有 5 s 的延时才吸合，经延时后，JNA 单元 1 的 J15 使破碎机接触器 GC 经引线 C4 通电吸合。当破碎机电动机启动，常开接点 MTR 闭合，延时继电器 TD OFF 通电吸合，使继电器 MTR 有一个临时的自保回路（因破碎机电动机电流尚未建立或尚未稳定)，经延时后继电器 TD OFF 无电释放，继电器 MTR 的自保回路接入。当司机旋转破碎开关到“运行”(RUN) 位时，破碎机开关的端子 7-8 继续保持闭合，维持输入到 JNA 单元 0 的 J12 的 AC120 V 电源以保持破碎机接触器 GC 通电吸合。

为了保持破碎机接触器的吸合，JNA 系统必须验证如下项目：

(1) 破碎机电动机有电流（R1）；

（2）破碎机接触器有尖峰电压（R3）；

（3）破碎机热敏开关正常（R4）。

如果破碎机电动机断电停机，在下次启动之前，破碎机启动/停止开关必须旋转至“停机”（OFF）位置。破碎机运转后，电流传感器 CSG 检测到破碎机电动机每一相电流，将一个与破碎机电流成比例的小直流电压信号输入给 JNA 单元 1 的 J2，为 JNA 系统的过载保护和逻辑诊断提供信号源。

四、截割电动机启动控制

截割电动机启动之前，JNA 系统必须完成对截割电动机逻辑电路的检查，以保证联锁装置和按钮开关都在正确的位置。截割电动机逻辑电路如图 3－20、图 3－21 所示，控制电路如图 3－22 所示。

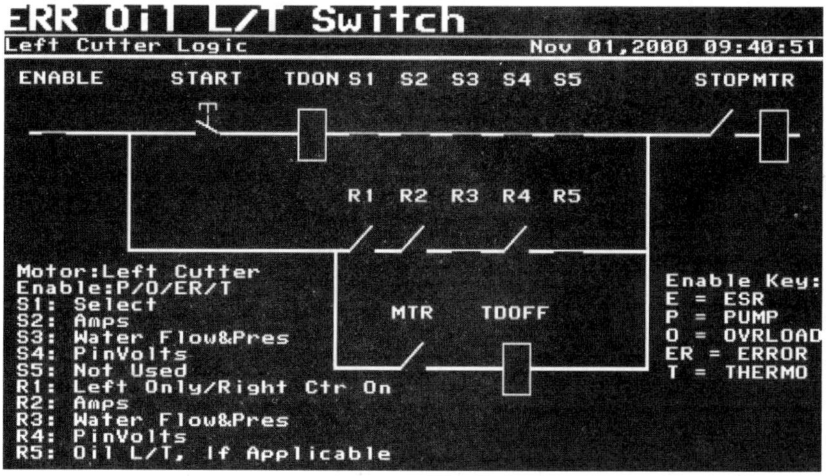

图 3－20　左截割电动机逻辑电路

1. 截割电机启动前

截割电动机选择开关（CUTTER SELECTOR）根据需要，可置于“左”（LEFT）、“右”（RIGHT）或“双选”（BOTH）位，使操作控制针对左、右或双选截割电动机。当置于“左”位时，开关的端子 1－2 闭合，3－4 闭合，AC120 V 电源经引线 23 仅将左截割电动机启动/运行的信号输入 JNA 单元 0 的 J12；当选择开关置于“右”位时，开关的端子 6－5 闭合，8－7 闭合，AC120 V 电源经引线 24 仅将右截割电动机启动/运行的信号输入 JNA 单元 0 的 J12；当选择开关置于“双选”位时，引线 23 和 24 均无电压传送，两台截割电动机都选上。

在截割电动机通电运行时，如果司机改变截割电动机选择开关的位置，两截割电动机都断电；如果截割电动机在“双选”位，在左截割电动机通电运转，而右截割电动机却未启动，这时，司机将截割开关回位至“运行”位，则截割电动机断电。

在启动截割电动机之前，JNA 系统必须验证如下项目：

（1）液压泵电动机在通电运转；

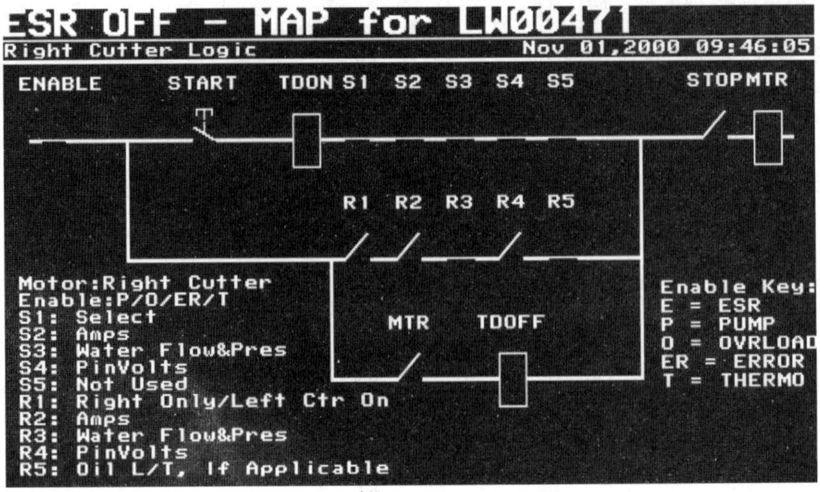

图3-21 右截割电动机逻辑电路

（2）截割电动机没有过载；

（3）JNA 系统没有内在故障；

（4）截割电动机热敏电阻温度探测器 RTD 和热敏开关正常；

（5）选择了两台电动机（S1）；

（6）截割电动机没有电流（S2）；

（7）水流量和压力是正常的（S3）；

（8）截割电动机接触器的尖峰电压没有（S4）。

2. 截割电机启动

司机若要启动两台截割电动机，则必须将截割电动机选择开关（CUTTER SELECTOR）置于“双选”(BOTH）位，然后将油泵开关和截割电动机开关都旋转到各自的“启动”(START）位。这时，油泵开关的端子 7-8 闭合，端子 1-2 闭合，AC120 V 电源经引线 21 和 22 将油泵电动机启动/运行的信号输入 JNA 单元 0 的 J12；截割电动机开关的端子 7-8 闭合，1-2 闭合，AC120 V 电源经引线 25 和 26 将截割电动机启动/运行的信号输入 JNA 单元 0 的 J12。在 JNA 内部串接在截割电动机逻辑电路里的继电器 TD ON 有 5 s 的延时才吸合，经延时后，JNA 单元 1 的 J15 使左截割电动机接触器 AC 经引线 C1 通电吸合。

当电动机启动时，常开接点 MTR 闭合，延时继电器 TD　OFF 通电吸合，使继电器 MTR 有一个临时的自保回路（因截割电动机的电流尚未建立或尚未稳定等原因），经延时后继电器 TD OFF 无电释放，继电器 MTR 的自保回路接入。再一次经过 2 s 的延时之后，JNA 单元 1 的 J15 使右截割电动机接触器 BC 经引线 C2 通电吸合。

当左截割电动机接触器 AC 吸合之后，三相 AC3300 V 电压加在了左截割动电机 a，左截割电动机逆时针方向旋转。经过 2 s 的延时，三相 AC3300 V 电压加在了右截割电动机 b，右截割电动机顺时针方向旋转。两台截割电动机的电流传感器 CSA 和 CSB 检测截割电动机的每一相电流，将一个与截割电动机电流成比例的小直流电压信号输入给 JNA 单元 1 的 J5 和 J6，为 JNA 系统的过载保护和逻辑诊断提供信号源。

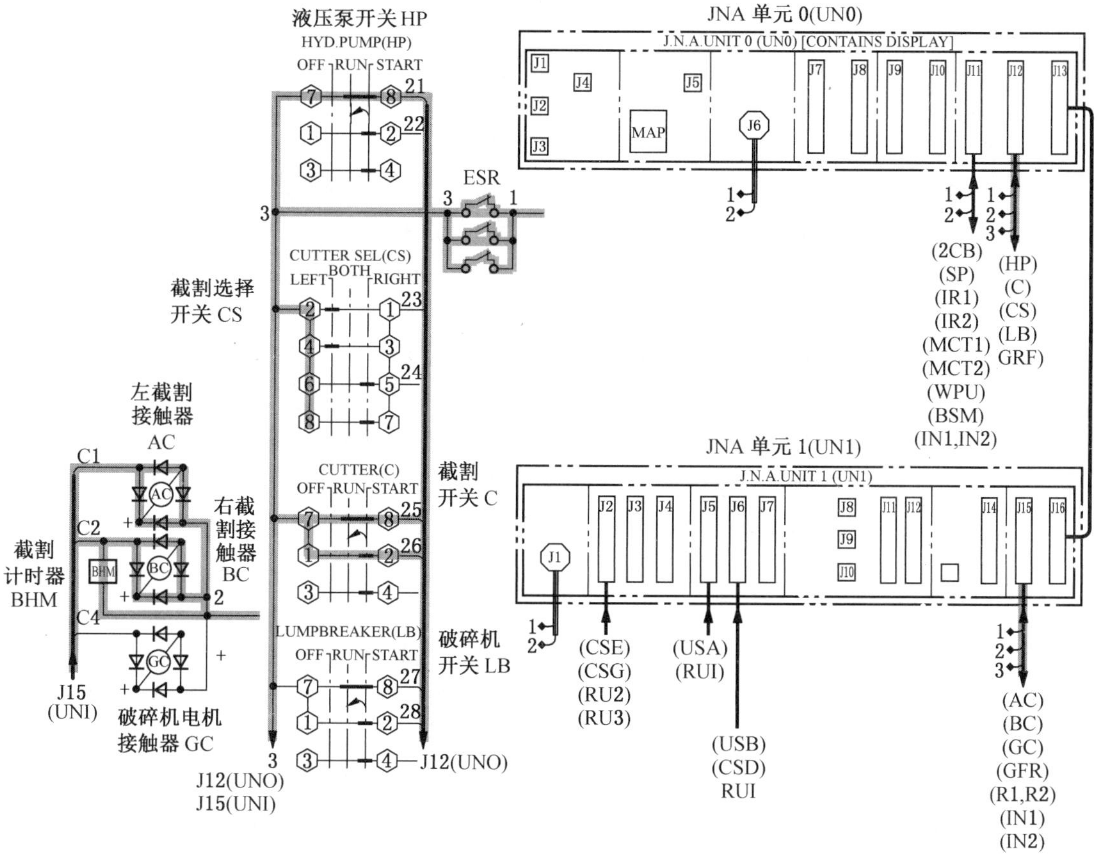

图 3-22　截割电机控制电路

当司机旋转截割电动机开关到“运行”(RUN) 位时，开关的端子 7-8 继续保持闭合，维持输入到 JNA 单元 0 的 J12 的 AC120 V 电源，以保持截割电动机接触器 AC 和 BC 通电吸合。为了保持截割电动机接触器的吸合，JNA 系统必须验证如下项目：

（1）截割电动机选择开关继续停在“左”(LEFT)“右”(RIGHT) 或“双选”(BOTH) 位（R1）；

（2）截割电动机有电流（R2）；

（3）水流量和压力是正常的（R3）；

（4）截割电动机接触器有尖峰电压（R4）。

在液压油泵电动机未启动之前，JNA 系统内的逻辑关系是不允许截割电动机启动的。JNA 系统通过电流传感器 CSA 和 CSB 来验证截割电动机的操作，并将 120 V 的电源输出给油泵/牵引接触器 CC。如果截割电动机断电，在下次启动之前，截割电动机启动/停止开关必须旋转至“停机”(OFF) 位置。

如果截割电动机断电停机，牵引电动机也断电停机，采煤机牵引停止。如果采煤机还在牵引行走中，将截割电动机开关旋转至“停机”位置，两台截割电动机断电停机，牵引停止。

在截割继电器逻辑电路里，有一个 R1 接点，当截割选择开关旋至“左”(LEFT) 位或右截割电动机正在运转时，左截割继电器逻辑电路的 R1 接点闭合；当截割选择开关旋至“右”(RIGHT) 位或左截割电动机正在运转时，右截割继电器逻辑电路中的 R1 接点闭合。也就是说，JNA 系统是根据选择哪一台截割电动机的信号使 R1 接点闭合的。如果截割选择开关旋转至“双选”(BOTH) 位，此位截割选择开关的触头是不闭合的，没有信号送入 JNA，在这种情况下，JNA 利用来自截割电动机接触器 AC 和 BC 的信号（在闭合时产生)，然后控制各自回路的 R1 接点。如果只有左截割电动机的被选择，然后来自截割选择开关的输入信号，经引线 23，操作截割开关经 5 s 延时，电动机启动之后，才闭合截割线路的 R1 接点。如果只有右截割电动机的被选择，然后来自截割选择开关的输入信号，经引线 24，操作截割开关经 5 s 延时，电动机启动之后，才闭合截割线路的 R1 接点。

右截割电动机正在运转时，左截割线路的 R1 接点闭合原因为，右截割电动机正在运转时，需要左截割电动机的配合工作，不允许左截割电动机因故停机。这个逻辑关系也正是截割选择开关旋至“双选项”(BOTH) 位时，两个截割电路里的 R1 能够闭合的原因。

五、变频驱动系统 VFD 截割电流的牵引反馈

7LS6 型采煤机电控系统中，牵引速度是由司机在遥控器上设定的，假设司机设定的牵引速度过高，或由于工作面条件的变化，使得采煤机负载大大增加，截割电动机的电流超出了电机的额定电流，电动机发热，长时间绝缘损坏，烧坏电动机，这就要求采煤机限定最大牵引速度。另一方面，为了最大限度地发挥采煤机截割功率，让其总是在接近额定功率的范围内截割煤炭，这就需要能够自动调节采煤机的牵引速度。因此，引入一个截割电流的牵引反馈。

截割电流牵引反馈，就是从截割电动机的传感器取得电流参数，如果超出了电流的设定值，采煤机就要限定其牵引速度。截割电流的牵引反馈还考虑电机的温度因素。截割电流反馈曲线如图 3－23 所示。

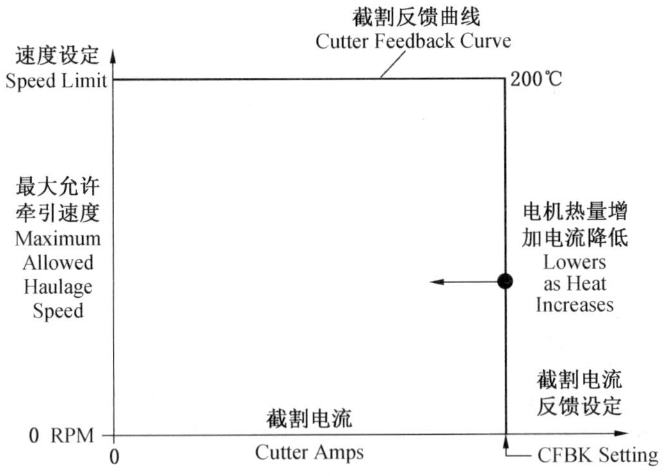

图 3－23　截割电流的牵引反馈曲线

图中横坐标为截割电流（A），纵坐标为牵引速度（m/min），在横坐标截割电流设定的那条竖线是电动机在温升 200 ℃时的设定值，在纵坐标速度限定的那条横线也是在温升为 200 ℃时的限定值，采煤机只能在这条速度限定线之下的速度运行，这两条线都是由 JNA 系统软件设定的。运行中，如果电动机的温度升高了，那条截割电流设定的竖线就会自动向截割电流设定值小的方向移动，这意味着允许截割电动机通过的电流减少了。

截割电动机的温度信息是由热敏电阻探测器 RTD 获取的，电流是由电流传感器获取的，两个参数共同限制了采煤机的实际速度，采煤机若要达到最高的牵引速度就要做到以下 3 点：

（1）截割电动机的实际温度要低于截割电动机温度的限定值；

（2）截割电动机的实际电流要低于截割电动机的电流限定值；

（3）牵引速度是由司机确定或由 JNA 系统限定的，无论哪一个都是较低的。

当牵引电动机的负载增加到顶点，电流值超出 JNA 设置的限定值，JNA 系统会不理睬遥控器所输入的牵引速度值，而会自动地将减速信号送至逆变器，使牵引速度降低，直到牵引电动机的负荷降低到电流的限定值。随后，采煤机将降低牵引速度，返回到所需要的速度。如果牵引电流不降到电流的限定值，牵引速度将继续减速直至零速停机。一旦速度降为零速，在一段延时之后，电动机将断电停机。

六、采煤机电气系统的数据通信

JNA 系统除了对采煤机进行数据采集、处理和控制之外，还可以将采集与控制的数据传输给顺槽开关箱里的监视系统。这些数据是数字量或模拟量，是从那些单独的监视装置采集来的，JNA 数据通信的电气原理如图 3－24 所示。

JNA 数据由 JNA 单元 1 的 J13 送至一个电源隔离模块 PIM，隔离模块对 JNA 信号进行光电隔离后送到耦合器，耦合器将信号迭加到拖曳电缆的电源芯线上。在顺槽开关里，信号从拖曳电缆上提取出来进行解调后送到微处理器，然后就可以在显示器上看到这些数据。显示器允许操作者检查采煤机的一些数据，如电动机的电流、温度、采煤的牵引速度等。

在顺槽开关解调之后的数据，如果需要，数据也能传送到地面个人计算机。

七、采煤机 SIRSA 系统

SIRSA 系统是英文“The Shearer Initiated Roof Advance”的缩写，意思是采煤机启动液压支架的自动移动系统。该系统将采煤机和顺槽控制液压支架的计算机连接起来，实现移动液压支架与工作面输送机的自动跟进，如图 3－25 所示。

1. SIRSA 系统组成

SIRSA 系统包括采煤机和顺槽开关箱两个组成部分。在采煤机上的组成部分有 3 个接近传感器 PS、1 个本安（IS）电源 PS1、1 个光电耦合器 OC2、2 个发光二极管指示灯 LED、JNA 单元 1、1 个电源隔离模块 PIM 和 1 个高压线路耦合器；顺槽开关的组成部分有 1 个高压线路耦合器、1 个电源隔离模块 PIM、1 个调制解调器、1 个顺槽控制单元 HCU、1 个显示计算机 DC、1 个控制输送机与液压支架的 RS422 单元和调制解调器等部件。顺槽开关箱还可以外接图形显示控制单元，以提供完善的诊断功能，使得有效操作和寻找故障更加方便，还可以与地面个人计算机 PC 网络通信。

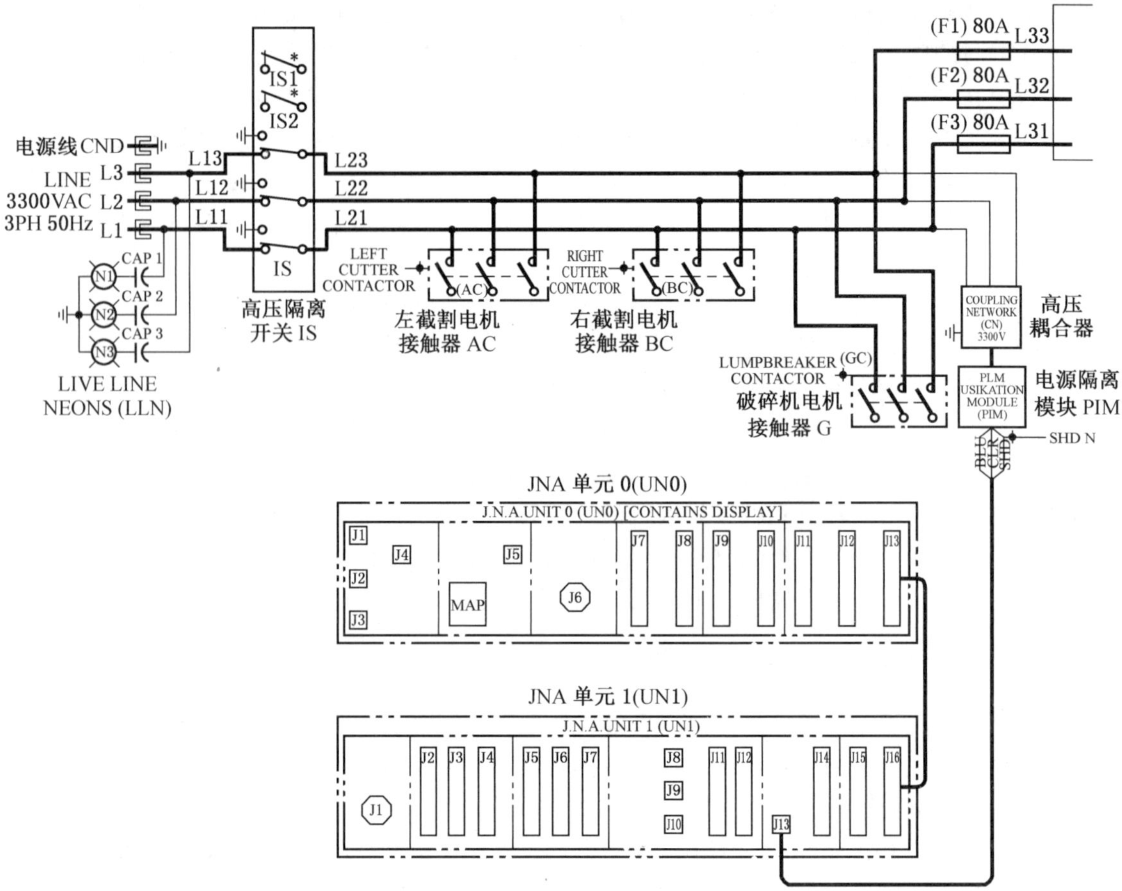

图 3－24　JNA 数据通信的电气接线

2. SIRSA 系统各部分功能

JNA 单元 1 是采煤机内 SIRSA 系统的控制部分，实际上是 1 个微电脑控制器，它用来检测采煤机的行走方向和位置，并处理包括数据和出错信息在内的各种信息，控制器的特性由机器的应用程序 MAP 盒来决定。

位于顺槽开关箱内的控制单元 HCU，实际上是 JNA 单元 2，JNA 单元 2 将采煤机的位置和牵引方向等数据进行计算与运行，然后再将这些信息传输给顺槽的自移架计算机 RS422 单元，由 RS422 单元发出指令，操作对应的支架，从而达到在适当的时间自动移动液压支架与移动工作面输送机的目的。SIRSA 电路如图 3－26 所示。

接近开关 PS 是 1 个霍尔开关，转动齿轮上的磁铁每一次经过霍尔开关时，霍尔开关就动作，当齿轮连续旋转时，就产生一系列电脉冲。计算机控制系统检测到这脉冲序列，通过对牵引齿轮箱里 D 齿轮的旋转圈数的计算，计算机就知道采煤机的行走方向和位置。

在 SIRSA 系统中共有 3 个传感器，有 2 个分别安装在左、右牵引齿轮箱接近 D 齿轮

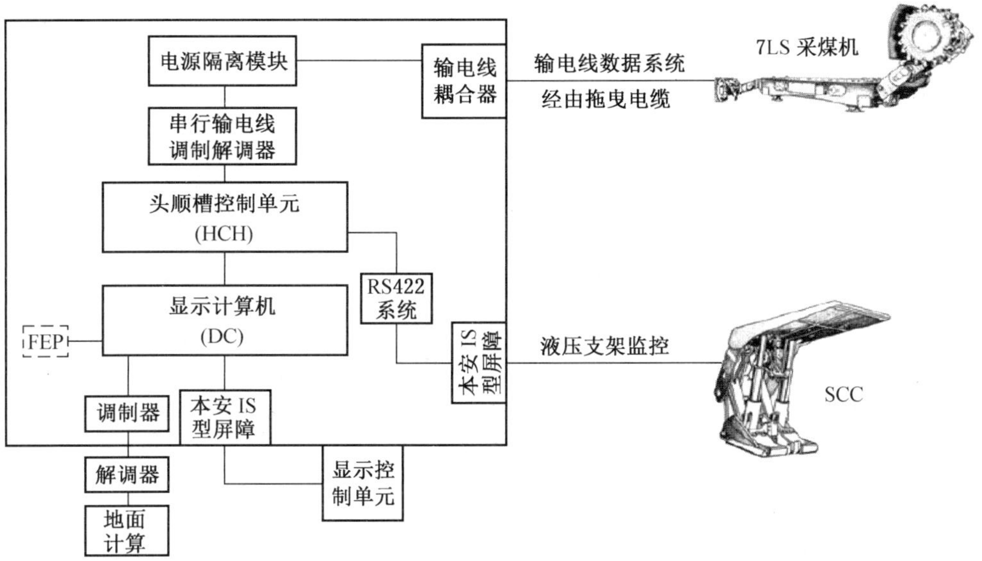

图 3-25　SIRSA 系统组成方框示意图

的合适位置，1 个用来复位。也就是说，安装在牵引齿轮箱的接近传感器 PS 是为了探测 D 齿轮的旋转，在每个 D 齿轮上装有 3 块磁铁，前 2 块磁铁间隔 15°角，第 3 块与第 2 块间隔 30°角。当 D 齿轮转动时，磁铁通过接近传感器 PS 时会产生脉冲信号。传感器 PS 信号脉冲通过光电耦合器 OC2 进行隔离，将本安型的信号转为非本安型的信号，送到 JNA 单元 1 进行判断牵引方向，通过脉冲计数来计算采煤机从一节输送机溜槽到下一节输送机溜槽移动的时间间隔，然后这些数据通过耦合网络，从 JNA 单元 1 送到顺槽开关箱的 JNA 单元 2。耦合网络是通过高压拖曳电缆上迭加的高频信号使 JNA 单元 1 和顺槽开关箱的 JNA 单元 2 通信的。最后，顺槽开关箱的 JNA 单元 2 把数据送到顺槽的自移架计算机。

本质安全型（IS）电源 IPS1 是为 3 个接近传感器提供直流电压的专用电源。IPS1 的一次侧 1S、2S 端子接自本安型控制变压器 ISCT 的二次侧 AC40 V 上，IPS1 的二次侧输出 DC12 V 电压，其出线 513 接地，为电源的公共端子；出线 518 经熔断器 IS-F1 接左牵引箱 D 齿轮传感器，经熔断器 IS-F2 接右牵引箱 D 齿轮传感器，经熔断器 IS-F3 接左牵引箱复位传感器。

光电耦合器 OC2 由 4 对光电晶体管组成，起到将本安电路与非本安电路隔离的作用，可以安全地把开关数据从接近传感器的信号传送到 JNA 单元 1。

发光二极管 L4、L5 分别接在光电耦合器 OC2 与 JNA 单元 1 之间左右齿轮箱输出信号的电路里，当有信号通过时，发光二极管变亮，表示电路是连通的，且接近传感器探测到有磁铁通过，司机很容易从电控箱的显示窗看到点亮的发光二极管 L4 和 L5。

有 1 块复位磁铁安装在位于输送机溜槽靠头顺槽的挡煤板上，当机器牵引通过复位磁铁时，复位开关闭合，同样发出信号到 JNA 单元 1，JNA 单元用这个信号来核实验证采煤机在工作面上的位置。

高压线路耦合器是 1 个无源高通滤波器，它把高频低压数据信号迭加在高压拖曳电缆上，这样来实现采煤机和头顺槽之间的通信。耦合器位于拖曳电缆系统的两端，从采煤机

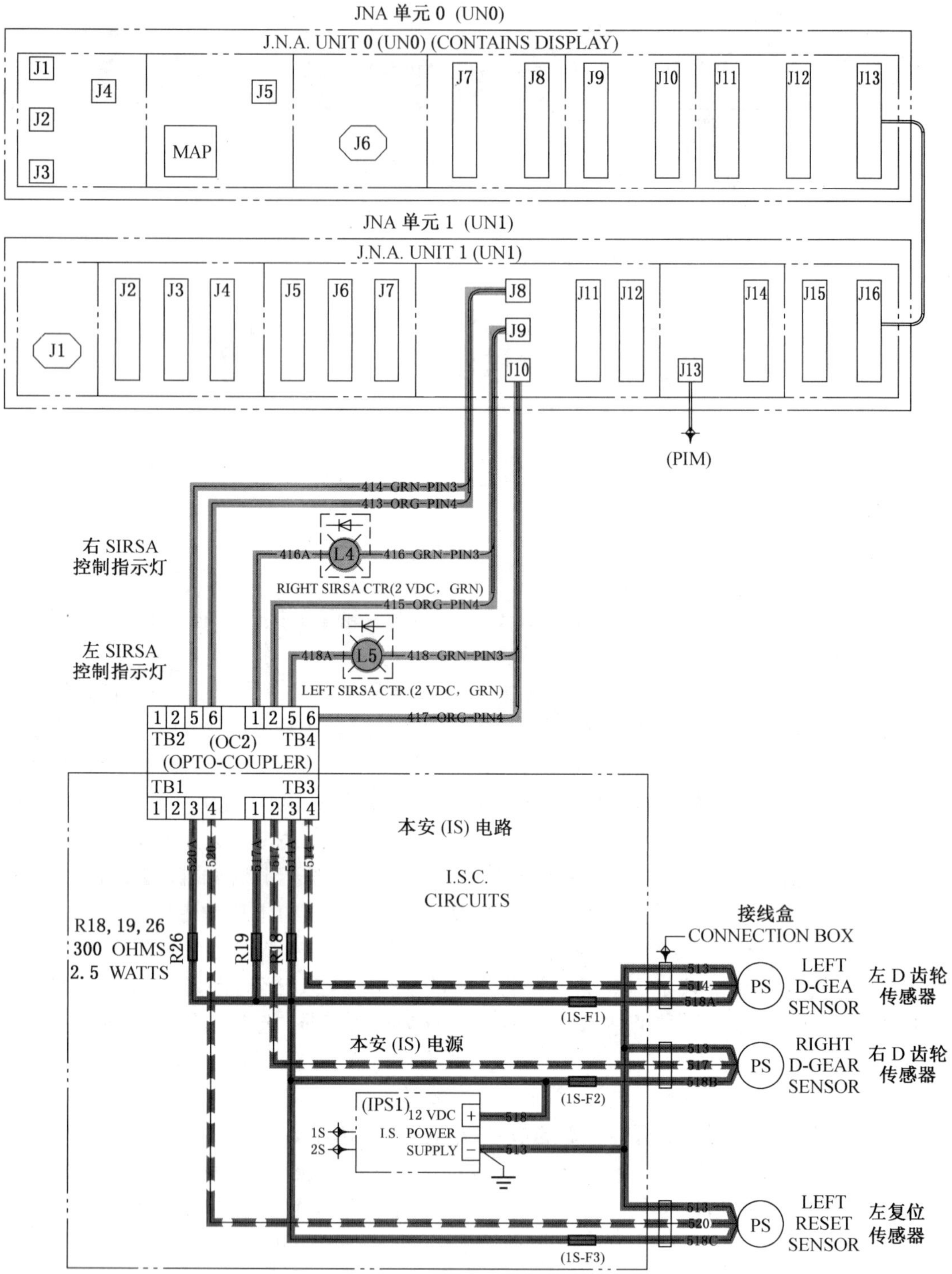

图 3－26　SIRSA 电路

耦合到高压 3300 V 线路的数据，顺槽开关通过耦合器再将这些数据摘取下来。

SIRSA 是 7LS6 型采煤机上的可选择系统。

任务六　7LS6 型采煤机的电气保护系统

7LS6 型采煤机电气系统具有过载保护、过热保护、短路保护以及漏电保护等功能。过载保护用电流传感器取得反映主回路电流大小的信号；过热保护用热敏电阻温度探测器 RTD 获得温度信号；短路保护是断路器对牵引与液压泵线路的短路作保护；漏电保护是采煤机在启动之前，对高压 3300 V 系统进行直流 3000 V 高压击穿试验以及 575 V 系统的接地保护。

一、过载保护

1. 电流传感器

电流传感器是用来向 JNA 单元提供电动机电流信号的，并使动力电路与 JNA 系统隔离。在油泵电动机回路、2 台截割电动机回路和破碎机电动机回路上都分别安装了电流传感器。电流传感器包括 3 个电流互感器、1 个三相二极管整流桥、负载电阻和滤波电容等。三相主回路电缆分别穿过电流互感器的 3 个圆孔，在互感器的二次侧感应出与一次主回路大电流成正比例关系的小电流，再由传感器内部的二极管整流桥变为直流，然后送到负载电阻上，并由滤波电容器滤波，输出 0 ~ 5 VDC 直流电压，这个电压与电动机电流成正比，信号送到 JNA 单元与预先调整好的过载电位值相比较，实施过载保护。电流传感器接线如图 3 - 27 所示。左截割电动机电路传感器 CSA 与右截割电动机 CSB 选用 720 A 规格，破碎机电路传感器选用 90 A 规格，油泵电动机电路传感器 CSD 选用 180 A 规格。

上述 4 个传感器可以进行试验，如图 3 - 27 所示，电控箱的主控制变压器 CT 输出的 120 V 电压，送到了 JNA 单元 1 的 J15，JNA 单元 1 正常工作。由 JNA 单元 1 的 J16 输出的 120 V 电压，经两并联的限流电阻 R1、R2（150 Ω/50 W）、电流互感器 CSE 到 4 个传感器二次侧的共用端子。因此，产生的交变电流在 CSE 二次侧产生的电流送至 JNA 单元 1 的 J2，这是 1 个检测信号。

左截割电动机电流传感器 CSA 二次侧接至 JNA 单元 1 的 J5，右截割电动机电流传感器 CSB 二次侧接至 JNA 单元 1 的 J6，破碎机电流传感器 CSG 二次侧接至 JNA 单元 1 的 J2，油泵电动机电流传感器 CSD 二次侧接至 JNA 单元 1 的 J6。如果这些传感器在送电情况下工作，则与检测信号比较，若油泵电动机电流传感器 CSD 无输出信号，自检失败，则所有的电动机则不准启动；若截割电动机或破碎机电动机电流传感器输出无信号，自检失败，则只是自身的电动机不准启动。

由于两台牵引电动机是变频变压的交流电动机，传感器特殊设计，它的电流传感器放置在变频器的逆变组件里，不参与送电情况下的传感器试验。

2. 过载保护

电动机输出功率超过额定功率时称为过载，或者说，电动机实际电流超过额定电流时，称为电动机过载。电动机一般应在额定负载下工作，也允许短时间过载，如果过载时间太长，电动机的温度升高超过其允许值，造成绝缘老化，寿命降低，严重时烧坏绕组。因此，为了防止电动机长时间过载而烧坏，要求过载保护能够模拟电动机的热积累效应，

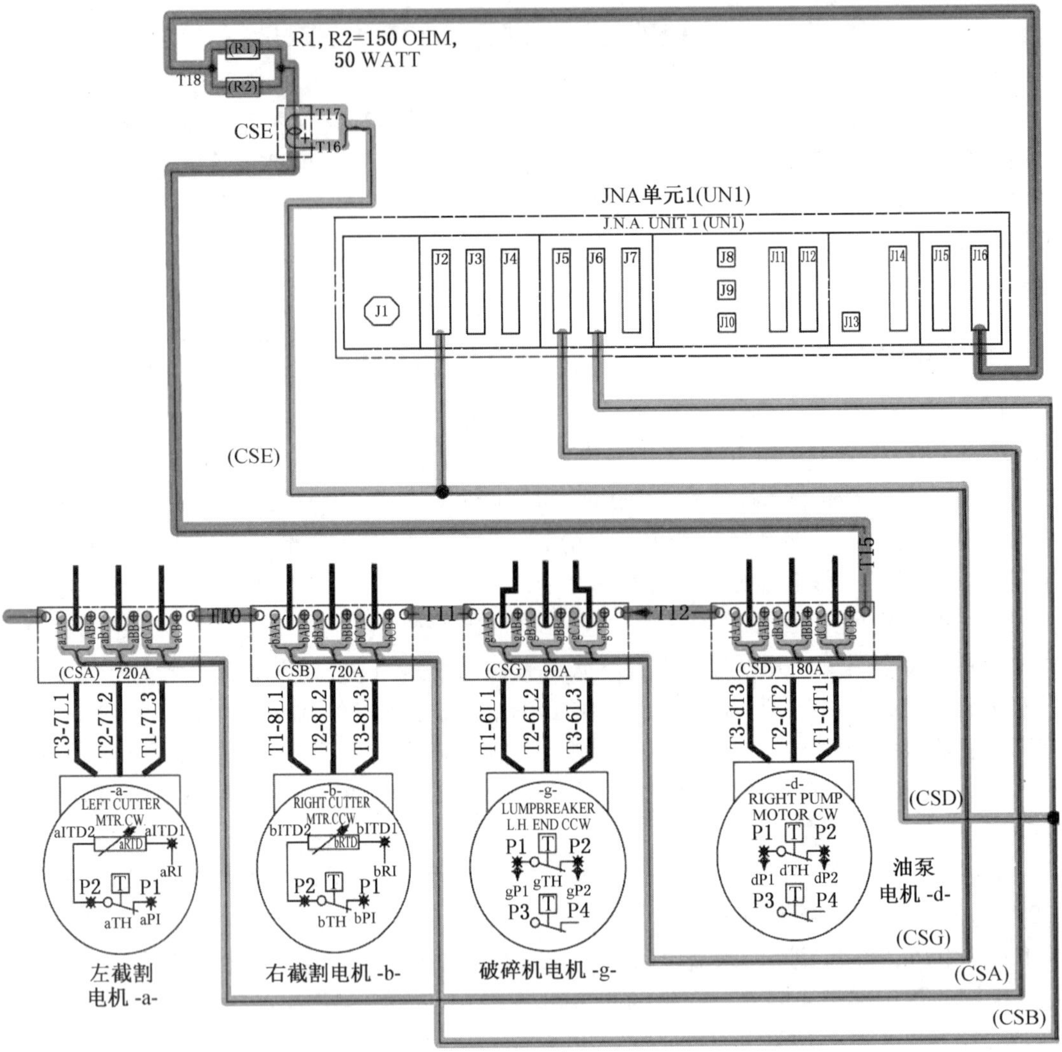

图 3－27　电流传感器接线图

其过载动作时间与过载电流倍数具有反时限特性。也就是说，当电动机的电流超过规定的某一值后，过载保护装置开始启动，即过载倍数小，动作时间长，过载倍数大，保护装置的动作时间短，呈反时限特性。一般来说，当电流为额定值的 120% 时，保护装置动作的延迟时间大约几分钟到几十秒，而电流为额定值的 6 倍左右，延迟时间仅为几秒或十几秒。

7LS6 型采煤机电动机的过载保护，分为热过载保护和阻塞过载保护两种。

热过载，是电动机连续承受超过电动机允许长时满载电流值，如果电动机的电流超过 100% 的额定电流，电动机的温度将升高，电流的百分比越高，温度上升的越快，电动机就变得越热。JNA 单元检测电动机的电流，如果电流保持在满载值的 100% 以上超过 JNA 系统预先设定的“满载电流百分数/时间曲线”上相应的时间，就产生热过载，过载保护应动作。

阻塞过载保护，是指电动机发生堵转时而引起短时承受比满载定额大几倍的电流，是一种瞬时的短时过载现象，所以，也称为瞬时过载。如果电流传感器输出的阻塞过载电流信号与设定曲线相比较，超过了 JNA 系统设定的过载参数，阻塞过载保护动作。

JNA 系统设定的过载保护特性曲线如图 3－28 所示，为一条反时限特性曲线，横坐标表示过载电流倍数，纵坐标表示保护装置作用下的跳闸时间。曲线与横坐标的交点是阻塞跳闸设定点。由图可见，电动机过载倍数越大，跳闸时间越短。这样的曲线对截割电动机、破碎机电动机和油泵电机都是相似的，但每一台电动机过载跳闸的最小电流设定值是由工作人员在 JNA 系统上调定的。JNA 系统还在电动机过载跳闸与再次启动之间设置了 4 min 的冷却时间，这个时间是不允许缩短或取消的，以保证电动机有足够的时间进行冷却。每次热过载后，JNA 系统的显示屏上要显示还需多长时间，急停继电器 ESR 才能重新有电吸合。如果截割电动机和破碎机电动机的实际电流超过了过载保护的设定值，JNA 系统将分别切断电动机的各自电源。如果液压油泵电动机的实际电流超过了过载保护的设定值，JNA 将使急停继电器 ESR 断电，控制回路断电，切断所有电动机的电源。

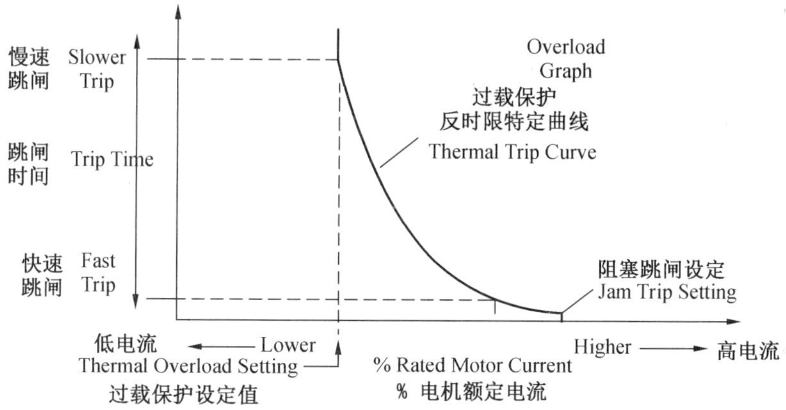

图 3－28　过载保护特性曲线

阻塞过载保护用于每台电动机，如果截割电动机和破碎机电动机的实际电流超过了阻塞过载保护设定值 2 s，JNA 系统将分别切断各自的供电电源，并停止牵引。如果液压泵电动机和牵引电动机实际电流超过了阻塞过载保护的设定值 2 s，JNA 将使急停继电器 ESR 断电，控制回路断电，切断所有电动机的电源。延时的目的是防止因频繁启动电动机而产生大的起动电流。因阻塞过载而跳闸断电，在急停继电器 ESR 复位之前不需要等待电动机的冷却。

电动机的三相电流不平衡也会影响热过载保护。三相电流不平衡系数越大，过载保护装置动作时间越短，当发生 100% 不平衡时，即一相电流为零，另两相电流会大大增加，使电动机严重过热，过载保护动作，切断电动机的电源。

二、短路保护

牵引/油泵断路器承担着牵引/油泵变压器二次侧的短路保护，变压器二次侧的负载为1台油泵电动机、2台牵引电动机以及变频器等。断路器2CB的短路保护设定值可以在一定范围内调节，本机设定值为1550 A。在发生短路故障时，断路器可在12.5 ms内脱扣跳闸，切除1550 A的故障电流。断路器跳闸后，可通过操作手把复位。断路器因发生3次短路故障而跳闸后，必须进行更换。

三、过热保护

1. 热敏电阻温度探测器与热敏开关

热敏电阻探测器RTD（也称为热敏电阻）和热敏开关是采煤机过热保护的重要元件。热敏电阻用铂丝封装而成，具有线性特性，当温度变化时，其阻值随温度呈线性关系变化。热敏电阻探测器RTD与热保护模块RTD连接，RTD模块经常检测各热敏电阻的阻值，把这些数据变换成反映电动机绕组温度的0～10 VDC信号，该信号送到JNA单元，JNA单元随时检测这些数据，避免电动机过热情况进一步发展。

1）热敏电阻温度探测器RTD装设的地方

（1）左右截割电动机定子绕组内，与热保护模块RTD单元的RU1连接；

（2）牵引/油泵变压器绕组内，与热保护模块RTD单元的RU3连接；

（3）左右牵引电动机、变频器的交－直整流桥公共电源模块BSM、变频器的直－交逆变器模块IN1与IN2，它们与热保护模块RTD单元的RU2连接。

2）热敏开关装设的地方

热敏开关，也称为恒温器或恒温器开关，每个热敏开关都有1个动作值，如果温度超过了热敏开关的动作值，开关断开，JNA单元将使急停继电器ESR断电，切断采煤机电源。装设之处如下所述。

（1）左右截割电动机定子绕组内，动作值145 ℃，它与定子绕组内的热敏电阻串联后与热保护模块连接；

（2）左右牵引电动机和油泵电动机定子绕组内，动作值均为145 ℃，它与隔离继电器模块IR1连接，隔离继电器模块IR1与JNA单元0的J4和J12连接；

（3）破碎机电动机定子绕组内，动作值为145 ℃，它与隔离继电器模块IR2连接，IR2再与JNA单元0的J4连接；

（4）电控箱器身左右两个位置，动作值为71 ℃，它与JNA单元0的J4连接；

（5）变频器的交－直整流桥公共电源模块BSM，动作值为100 ℃，它与JNA单元0的J4连接；

（6）变频器的直－交逆变器模块IN1和IN2，动作值为80 ℃，它与JNA单元0的J4连接。

2. 截割电动机RTD过热保护原理

截割电动机RTD过热保护如图3－29所示。保护装置使用了1个电子热保护模块RU1，电源为AC120 V。RU1的一端接截割电动机的热敏电阻，另一端与JNA单元1的J5和J6连接。热敏电阻用以检测截割电动机定子的温度，把温度信号转换0～10 VDC电压信号，送到 JNA 单元。如果温度在 -25 ℃时，热敏电阻的阻值为 90 Ω，信号电压为 -1.1 V；温度在 250 ℃时，热敏电阻的阻值为 200 Ω，信号电压为 10 VDC；如果信号电压超出了 JNA 单元预先设定的电压值，JNA 发出指示，降低牵引速度；如果发生了短路故障，线电压进入传感器，RTD 模块具有 3300 V 的绝缘能力，以保护 JNA 单元免遭损坏。左右截割电动机热敏电阻 RTD 回路还串联了热敏开关 T，热敏开关 T 的动作值为145 ℃，即电动机绕组超过 145 ℃时，热敏开关 T 断开，也就是说 RTD 模块检测到的电阻值是无穷大，JNA 则发出指令，急停继电器 ESR 断电，采煤机停机。

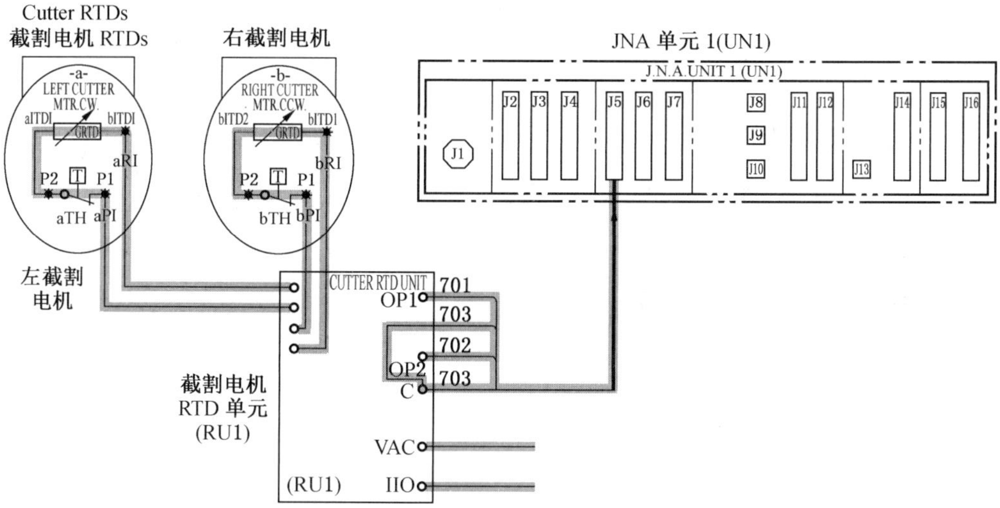

图 3-29　截割电机 RTD 过热保护

3. 牵引/油泵变压器 RTD 过热保护

牵引/油泵变压器 RTD 过热保护如图 3-30 所示。

4. 牵引电动机与变频器 RTD 过热保护

牵引电动机与变频器的 RTD 过热保护如图 3-31 所示。该保护使用了 1 个电子型的热保护模块 RU2。热敏电阻的阻值随温度成线性变化，把这些数据变换成 0～10 VDC 的电压信号，送到了 JNA 单元。如果温度在 -25 ℃时，热敏电阻的阻值为 90 Ω，信号电压为 -1.1 V；温度在 250 ℃时，电阻的阻值为 200 Ω，信号电压为 10 VDC。该保护系统仅显示各个检测点的温度，而不影响采煤机的操作；如果发生了短路故障，线电压进入了传感器。RTD 模块 RU2 具有 1500 V 的绝缘能力。

5. 电动机热敏开关保护

7LS6 型采煤机每一台电动机的热保护都使用了热敏开关，除了截割电动机外，其他 4 台电动机的热敏开关保护如图 3-32 所示。

热敏开关也称为自动恒温器，设定动作值为 145 ℃，这是因为电动机为 H 级绝缘。通常热敏开关是闭合的，当温度高于其动作值时，热敏开关是的接点断开。由于从液压油泵电动机、破碎机电动机、牵引电动机定子绕组引出的热敏开关引线，不能直接与 JNA

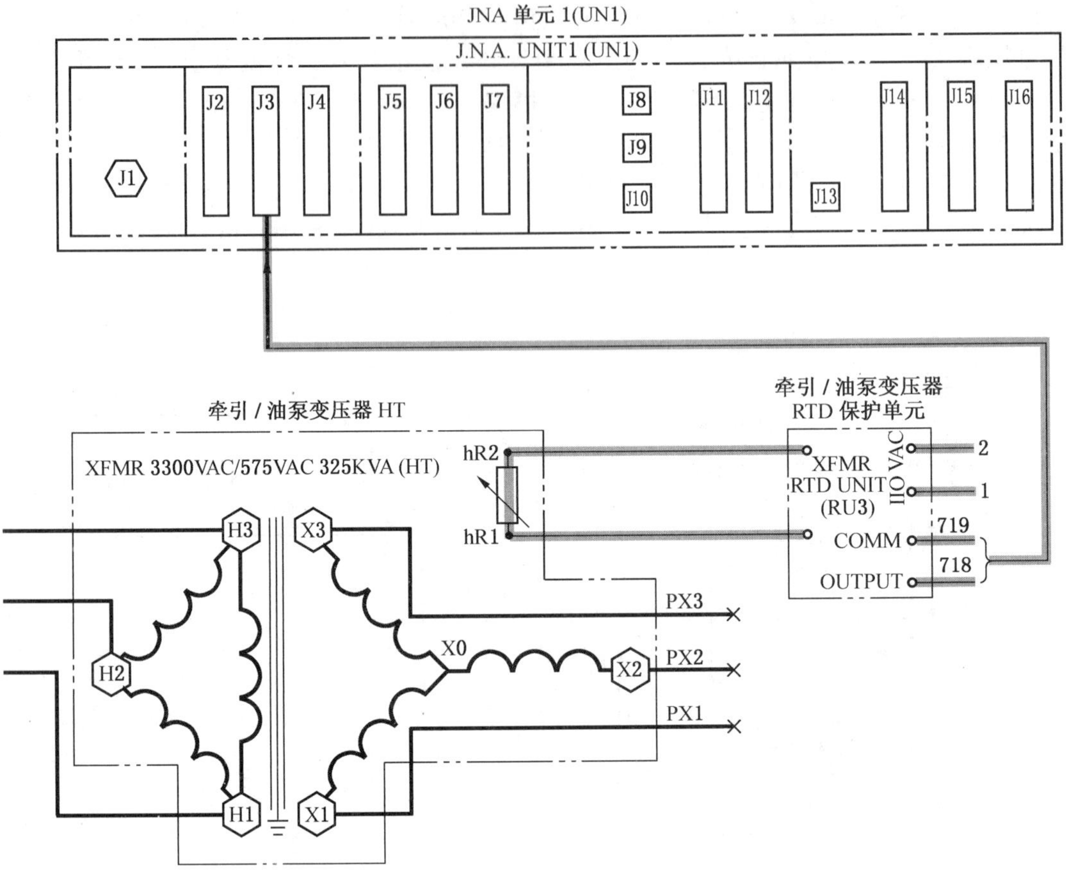

图 3-30　牵引/油泵变压器 RTD 过热保护

系统的本安（IS）电路连接，因此，电路中增加了隔离继电器模块 IR1 和 IR2。隔离继电器模块输出为继电器的常开接点接本安（IS）电路。继电器的动作信号是热敏开关的接点，是非本安型电路，隔离继电器模块的电源是 AC120 V。也可以说，热敏开关是通过隔离继电器模块 IR1 和 IR2 被连接到 JNA 单元 0 的。隔离继电器模块在端子 15 和 16 得到 AC120 V 电源，120 V 电源的 1 线分路接继电器的常开接点。当隔离继电器模块有电的时候，信号被送到电机的热敏开关。

液压泵电动机的信号接隔离继电器模块 IR1 端子 1 和 2，左牵引电动机的接隔离模块继电器 IR1 的端子 3 和 4，右牵引电动机的信号接隔离继电器模块 IR1 的 5 和 6，破碎机电动机的信号接隔离继电器 IR2 的端子 1 和 2。

如果电动机定子绕组温度低于 145 ℃，各电动机热敏开关的接点是闭合的，这将使与各电动机对应的隔离继电器常开接点闭合，隔离继电器 IR1 的液压泵电动机端子 9 和 10 通过引线 30 接到 JNA 单元 0 的 J4，左牵引电动机的 4 和 12 通过引线 31、右牵引电动机的 13 和 14 通过引线 32、隔离继电器模块 IR2 的破碎机电动机端子 9 和 10 通过引线 33 都接到 JNA 单元 0 的 J12。JNA 系统将这些信号用虚拟接点串联接在急停继电器 ESR 线圈回

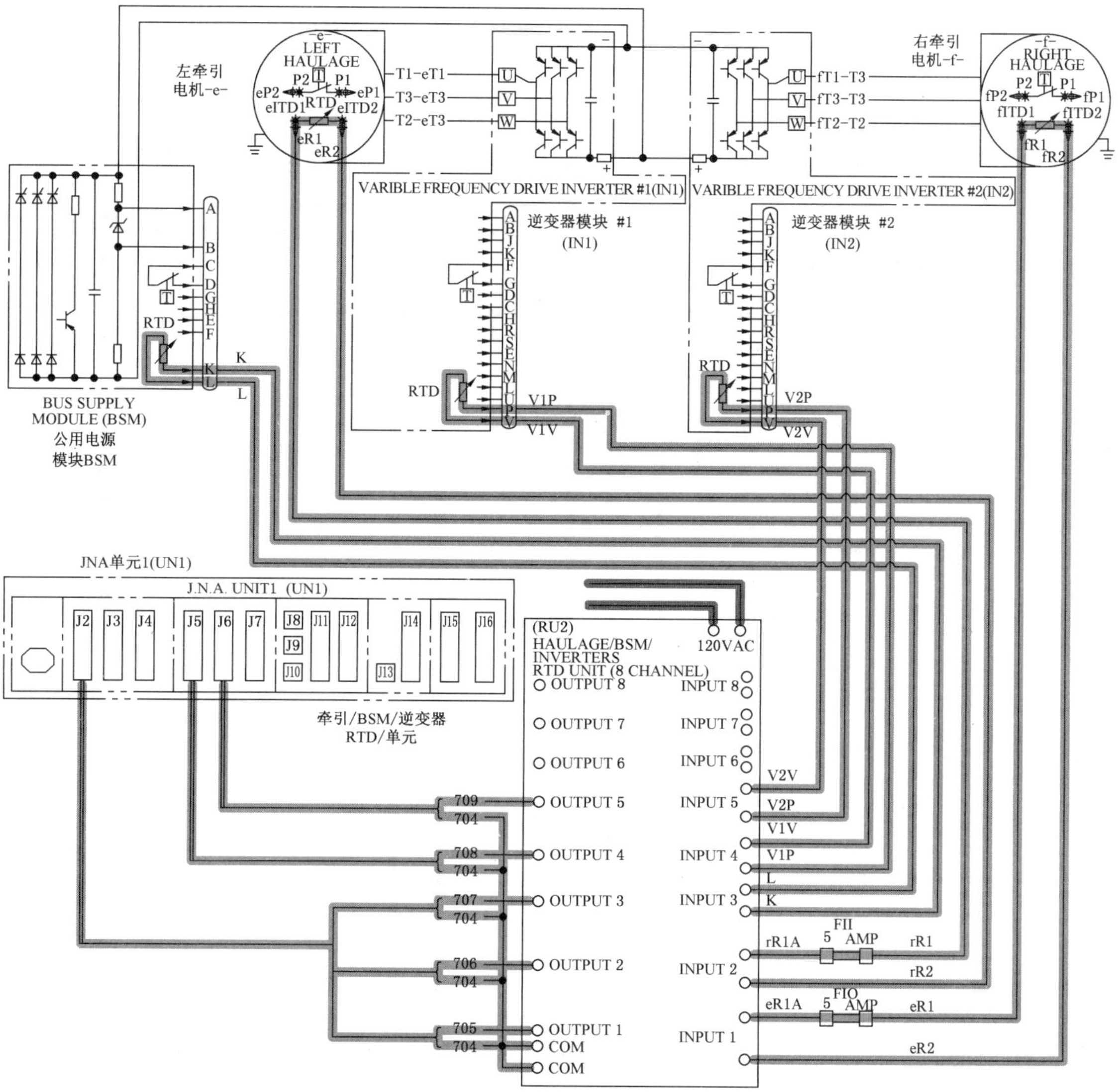

图3-31　牵引电机与频器的RTD过热保护

路里，如果有1台电动机因过热而热敏开关接点打开，急停继电器ESR断电释放，采煤机断电停机。

6. 变频器热敏开关保护

变频器热敏开关保护如图3-33所示。3个热敏开关分别设置在变频器的交-直整流桥公共电源模块BSM和直-交逆变器模块IN1与IN2的内部。交-直整流桥公共电源模块BSM的热敏开关动作值为100 ℃，直-交逆变器模块IN1和IN2热敏开关的动作值为80 ℃，正常情况下热敏开关是闭合的，当温度超过设定值时其接点打开。从主控变压器来的AC120 V电源端子1经过热敏开关送至JNA单元0的J4，是通过JNA单元来判断是否过热的。

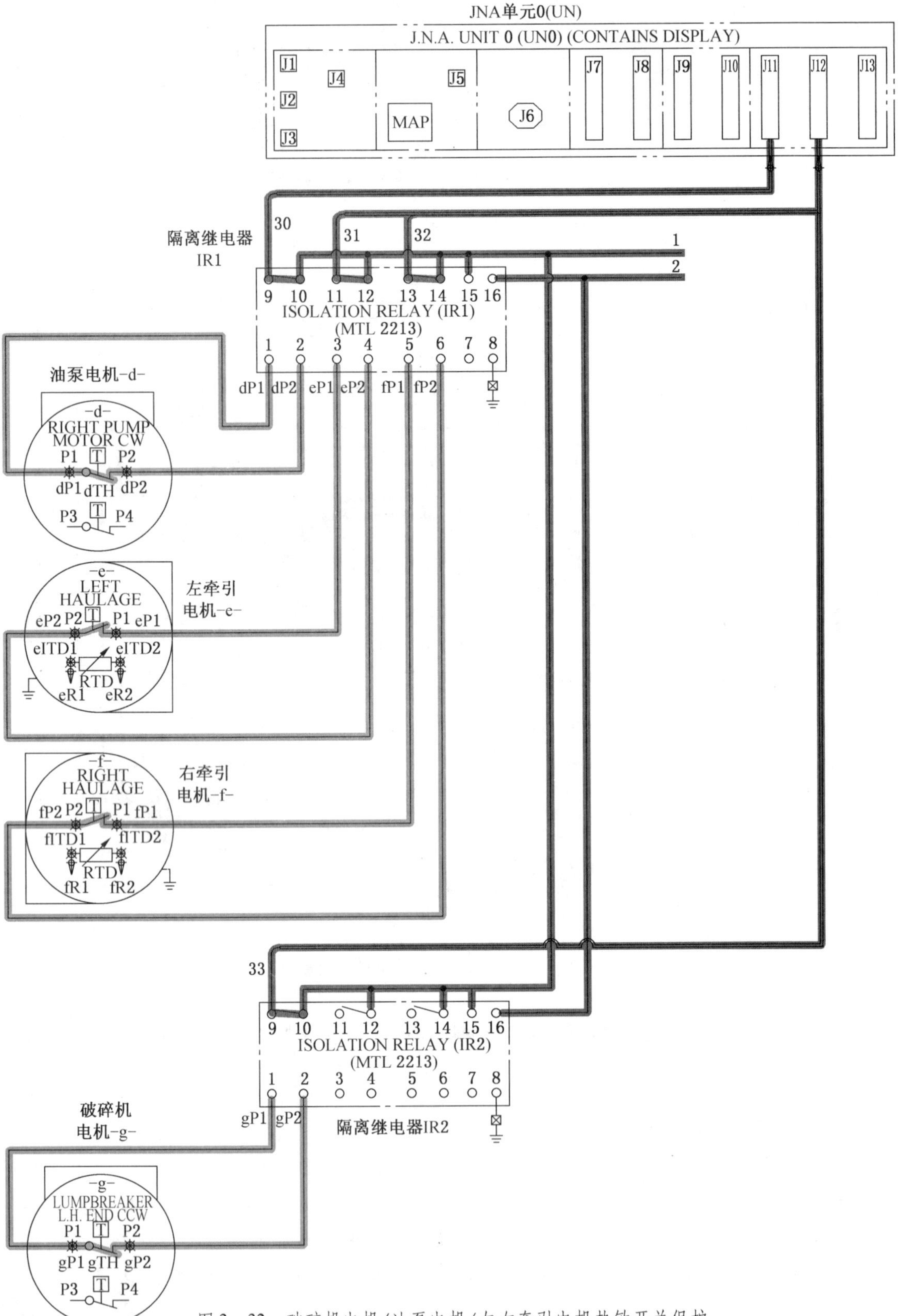

图3－32　破碎机电机/油泵电机/左右牵引电机热敏开关保护

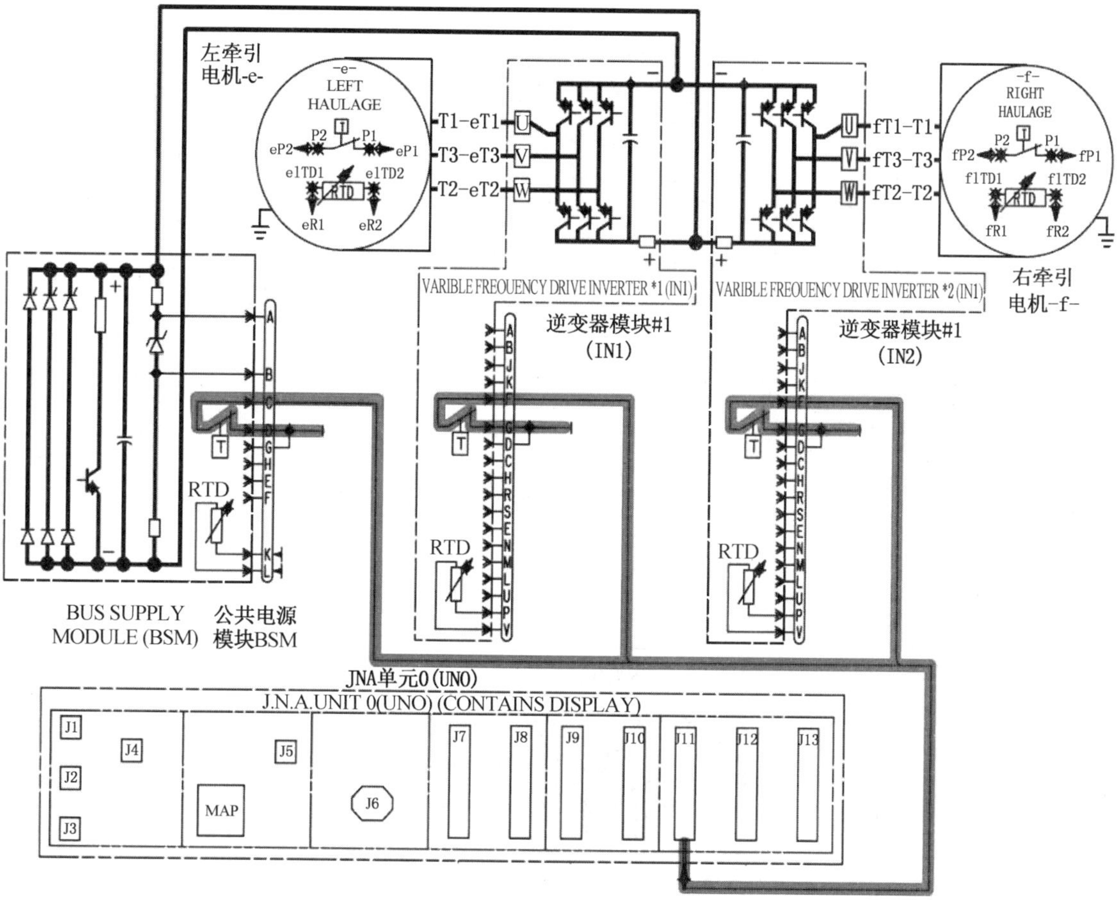

图 3－33 变频器热敏开关的过热保护

7. 电控箱热敏开关保护

电控箱热敏开关保护如图 3－33 所示。热敏开关 MCT1 位于电控箱底板的左侧，MCT2 位于电控箱底板的右侧，它们的动作值均为 71 ℃。在正常情况下，热敏开关的接点是闭合的，从主控变压器来的 AC120 V 电源端子 1 经热敏开关送至 JNA 单元 0 的 J4，当电控箱温度超过 71 ℃时，其接点打开。

四、油温与油位保护

采煤机液压系统的油箱内设置了油位和油温保护，以防止油箱的液压油出现油位过低或油温过高的现象。当油箱的油位下降至一个预先设定的最低液面或油箱的油温超过 65 ℃时，传感器接点闭合，最终使油泵电动机断电停机。电气原理如图 3－34 所示。

保护系统由本安电源 IPS1、油位/油温开关和光电继电器 OPR 组成。

光电继电器 OPR 与光电耦合器类似，通过光的传输将本安电路与非本安电路联系起来，光电继电器是以继电器接点输出的，具有输出功率大的特点。光电继电器 OPR 的电源是 DC24V，由引线 100 和 200 接端子 TB2 的 1 和 2。

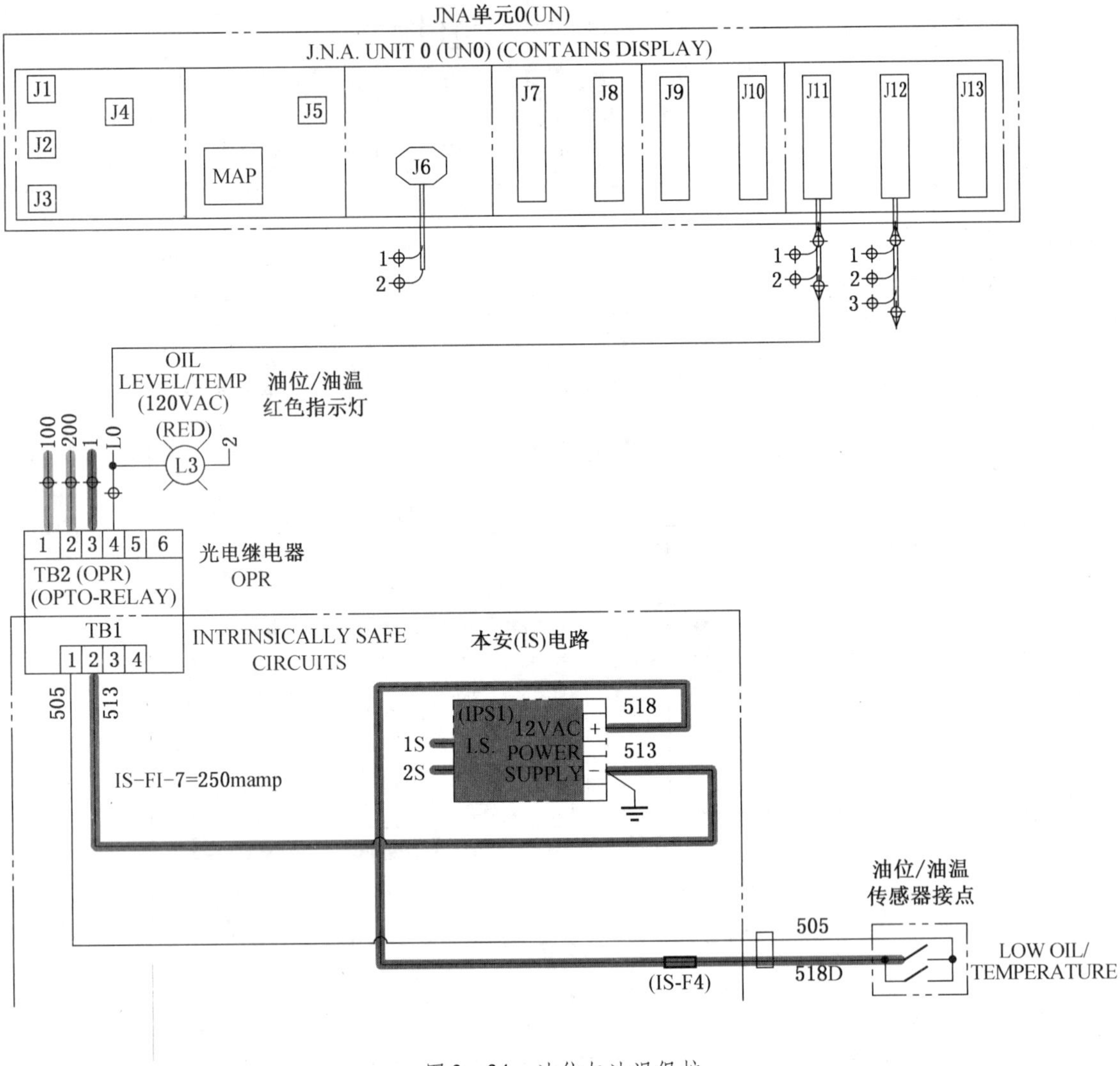

图 3-34　油位与油温保护

本安电源 IPS1 一次侧由主控变压器输出的 AC120 V 供给，二次侧输出 DC12 V 的本安电源接至油位/油温开关。油位/油温浮子开关的接点在正常情况下是断开的，当油箱的油位下降至预先设定的最低液面或油箱的油温超过 65 ℃时，浮子开关的接点闭合，DC12 V 本安电源的“+”端经 518 线、熔断器 IS-F4(250 mA)、油位/油温开关、505 线、光电继电器 OPR 的端子 1、光电继电器 OPR、光电继电器 OPR 的端子 2、513 引线回到本安电源 IPS1 的“-”。光电继电器 OPR 接收了输入端的光信号而动作，其输出端经引线 L0 将 AC120 V 的电压送到 JNA 单元 0 的 J4，JNA 系统内部油泵继电器逻辑电路里的油位/油温接点断开，最终使油泵电动机接触器 CC 从 JNA 单元 1 得到的 AC120 V 电源断开。与此同时，指示灯 L3 点亮，显示油位/油温故障，接触器 CC 跳闸。

五、漏电保护

采煤机 AC3300 V 系统的无载接地漏电检测与有载接地漏电保护均由顺槽开关箱承担，AC575 V 系统有载接地漏电保护由泵/牵引变压器二次侧接地故障继电器 GFR 来承担。

1. 有载漏电保护动作原理

采煤机 AC575 V 系统设置有漏电保护，对泵/牵引变压器二次侧、液压泵、牵引动力回路进行有载漏电保护。接地漏电保护原理如图 3 – 35 所示。由接地故障继电器 GFR、桥式整流器 BR2、接地故障试验/复位开关 GFT、接地电阻 RES2（470 Ω/200 W）、接地试验电阻 RES1（3 kΩ/50 W）等组成。接地故障继电器 GFR 的电源由主控制变压器 CT 输出的 AC120 V，经引线 1 和 2 输入给继电器 GFR 的端子 A1 和 A2。泵/牵引变压器二次侧的中性点 X0 经电阻 RES2，接地试验/复位开关 GFT 端子 8 与端子 7，到整流器 BR2 的 907 线，BR2 的另一端接地。桥式整流器 BR2 在电路中的作用是保证不论在什么极性的接地故障都能够检测到。整流器 BR2 的输出端并联一 470 μF 的电容进行滤波，其输出“+”端 908 接在接地故障继电器 GFR 的 E1 端子，输出“–”端 909 接在接地故障继电器 GFR 的 M 端子。

当 AC575 V 系统正常工作时，泵/牵引变压器二次绕组三相电流平衡，变压器 HT 二次侧中性点 X0 对地没有电压，X0 点电流的相量和为零，整流桥 BR2 没有输出电压，接地故障继电器 GFR 不动作，其串联在油泵接触器 CC 吸力线圈回路中的继电器接点 GFR 是闭合的，油泵正常运行。在运行中若 AC575 V 动力回路发生接地故障，泵/牵引变压器二次绕组三相电流不平衡，中性点 X0 对地有电压，即有电流经电阻 RES2 流过变压器中性点 X0，整流桥 BR2 有输出，即接地故障继电器 GFR 检测到这一电流，如果达到 90 mA 时，继电器 GFR 立即动作并锁定，串联在油泵真空接触器 CC 吸力线圈回路内的接点 GFR 断开，即 GFR 的接点（4，12）断开，（4，14）接通，切断了泵/牵引接触器线圈 CC 的 AC120 V 电源，使油泵与牵引回路断电。继电器 GFR 动作后，由端子 14 引出线 GF 到 JNA 单元 0 的 J12，将漏电跳闸的信息传输给 JNA 系统，进行记忆和显示，以便故障的排除。

接地故障排除后，用试验/复位开关 GFT 进行复位。即 GFT 旋转复“复位”（RESET）位，继电器 GFR 端子 B1、B2 经开关 GFT 短时间的断开，继电器 GFR 恢复无故障状态，放开 GFT 开关旋钮，在弹簧作用下自动回到“运行”（RUN）位。接地故障试验/复位开关 GFT 还有 1 个“旁路”（BYPASS）位，GFT 旋转到此位置时，由 JNA 单元 1 的 J15 控制油泵接触器 CC 线圈通道，绕过接地故障继电器 GFR，直接从接地故障试验/复位开关 GFT 的端子 5 与 6 接至接触器 CC 线圈，使接地故障继电器 GFR 旁路而不起作用。

2. AC575 V 动力回路接地漏电试验

AC575 V 动力回路有载接地漏电试验程序如下：

（1）确保液压油泵正在运行；

（2）旋转接地故障试验/复位开关 GFT 至“试验”（TEST）位，这时接地试验电阻 RES1 人为接地，其接地通道为：牵引断路器电源侧动力线 PX1→接地试验电阻 RES1（3 kΩ/50 W）→引线 912→接地故障试验复位开关 GFT 端子 3→GFT 端子 4→地。

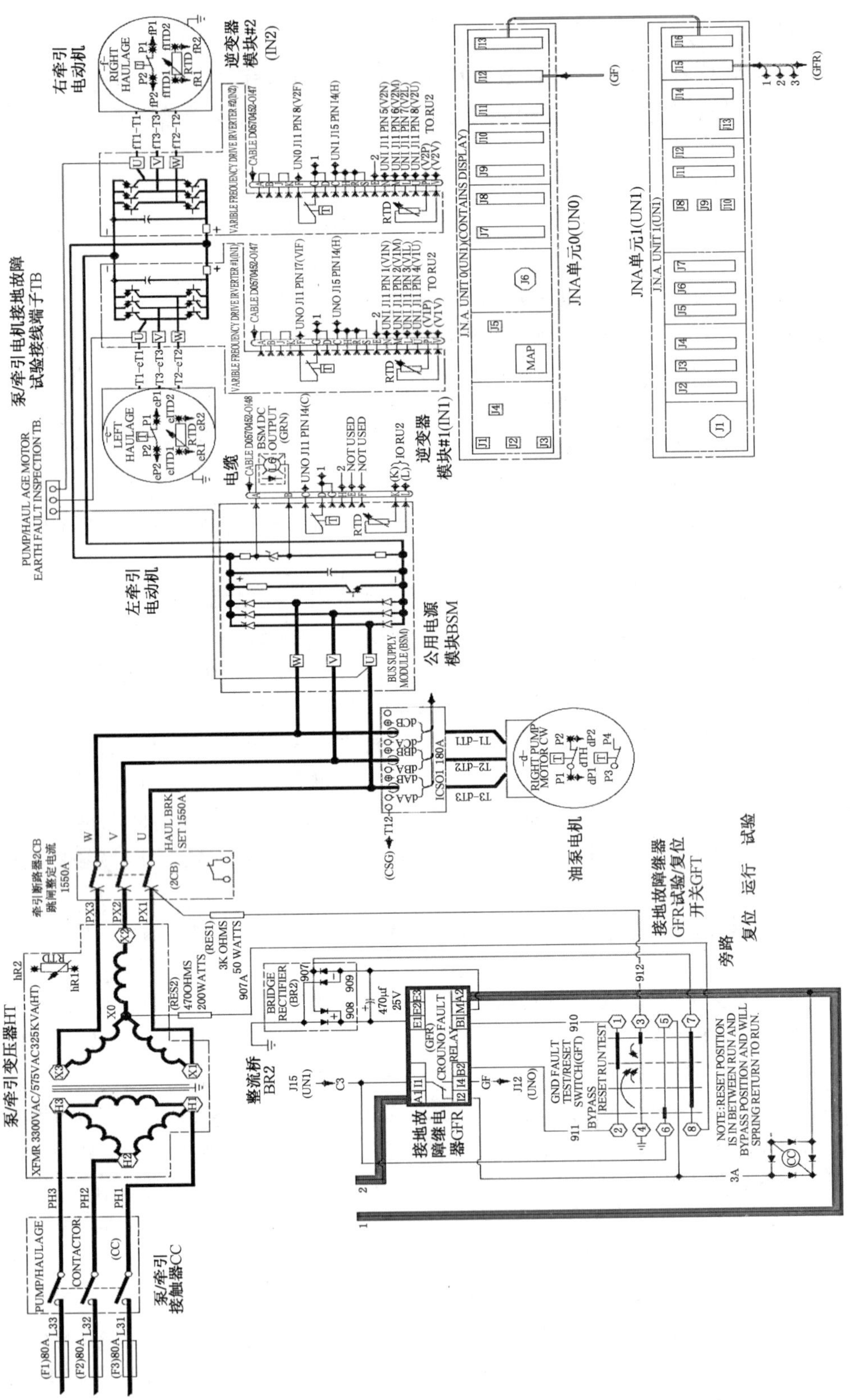

图 3－35　AC575 V 有载接地漏电保护

变压器 HT 二次绕组三相电流不平衡，变压器中性点 X0 对地有电压，则有电流经整流桥 BR2、接地漏电试验/复位开关 GFT、电阻 RES2 流回中性点 X0，整流桥 BR2 有输出，接地故障继电器 GFR 检测到这一电流，并超过了 90 mA，继电器 GFT 立即动作并闭锁，继电器 GFR 的接点断开了泵/牵引接触器 CC 吸力线圈的电源而跳闸，切断了油泵与牵引回路的动力电源。继电器 GFR 动作后，由端子 14 的引出线 GF 送给了 JNA 单元 0 的 J12，即将漏电跳闸信息传输给 JNA 系统。

液压泵电动机断电停机和继电器 GFR 动作后，将会在 JNA 荧屏状态行上显示。

旋转接地漏电试验/复位开关 GFT 至“复位”(RESET)，继电器 GFR 复位。

任务七　7LS6 型采煤机 JNA 控制系统

7LS6 型采煤机电气控制系统中的 JNA，为计算机的控制系统，是英文 Joy Network Architecture 的缩写，意思是“久益网络体系”。JNA 系统通过程序控制电磁阀，电磁阀控制采煤机液压系统的各个功能；JNA 通过程序控制变频器，给牵引电动机提供适宜的交流电压和频率；JNA 通过各种不同的 RTD 装置和电流传感器来检测所有电动机的运行状况，并实施必需的保护。

电动机的运行参数（过载保护的整定、热敏开关/热敏电阻的校验等）可由生产一线工程技术人员或久益公司的服务工程师在机器上调整。

一、JNA 控制系统组成

采煤机上 JNA 系统由 3 个单元组成，即 JNA 单元 0、JNA 单元 1 和 JNA 单元 3(JNA 单元 2 为顺槽计算机系统)。

1. JNA 单元 0

JNA 单元 0 是 JNA 系统的第 1 个单元，装在 1 个机箱内，如图 3－36 所示。箱内装有 6 个组件，其中 1 个是电源组件。这些组件是自成体系的可插件，包括 1 个微处理器和其他电路来完成某项功能。组件的具体功能由机器应用程序（MAP）盒里的软件决定。程序盒 MAP 插在 JNA 单元 0 背后的 1 个接插件上。

组件之间的通信是在机箱里完成的，不需要额外的连接或接口装置。

JNA 单元 0 负责输入/输出（I/O）电路板的接口控制、模块间的通信和有关的计算。它包含 1 个显示屏，显示一般信息或某项关于机器操作的具体信息，用来协助操作机器或寻找故障。

JNA 单元 0 的正面是 1 个显示屏，背面是与外界相连接的 13 个接插件 J1～J13。

（1）J6 是 JNA 单元 0 的电源插件，接电控箱内的主控变压器 CT 二次侧 AC120 V 电源，J6 也是 JNA 单元 0 在实验室进行系统调试的电源入口。

（2）J4 接急停继电器 ESR。

（3）J5 空置未用。

（4）J7 接 DC24V 电源，并控制电磁阀中的左右截割摇臂的升降。

（5）J8 空置未用。

（6）J9 接 DC24V 电源，并控制电磁阀阀组中破碎机的升降。

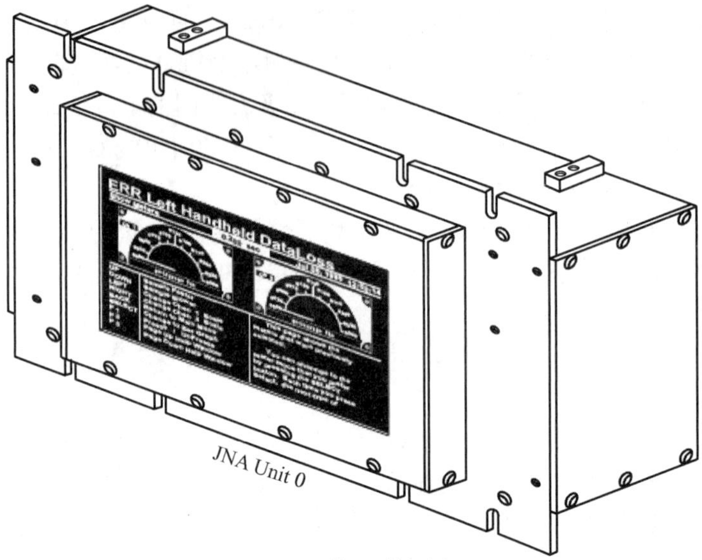

(a) JNA单元0前视图

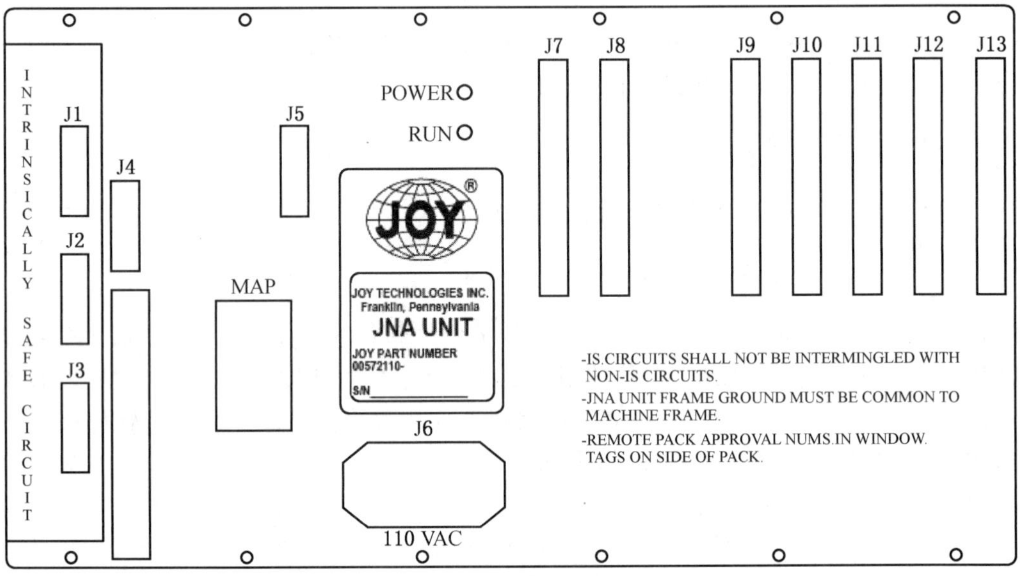

(b) JNA单元0背视图

图3－36　JNA单元0视图

（7）J10空置未用。

（8）J11外接有：从断路器2CB接入120 V的控制电压；从光电继电器OPR接入油位/油温的通/断信号；从隔离继电器IR1接入左右牵引电动机与油泵电动机热敏开关的通断信号；从隔离继电器IR2接入破碎机电动机热敏开关的通/断信号；从电控箱两侧接入电控箱箱体热敏开关MT1与MT2的通/断信号；从水预启动单元WPU接入左右两路水流量与水压力的通/断信号；从三相整流桥电源模块BSM和逆变器IN1、IN2接入热敏开关的通/断信号。

（9）J12 外接有：从液压泵开关 HP、截割开关 C、截割部选择开关 CS、破碎机开关 LB 接入通/断信号；通过接地故障继电器 GFR 控制油泵接触器 CC 的通/断，达到检测 AC575 V 电气系统的有载接地漏电保护作用；从隔离继电器 IR1 接入左右牵引电机热敏开关的通/断信号；J12 与 JNA 单元 1 的 J16 连接，进行两个单元之间的通信。

（10）J13 空置未用。J1、J2 与 J3 位于 JNA 单元 0 背后左侧的 1 个独立区域，是本安型（IS）电路的接插件。其中 J1 从遥控器选择开关（STATION SELECTOR）接入通/断信号；从光电耦合器 OC1 接到左有线遥控器或无线接收机的信号；J2 从光电耦合器 OC1 接到电控箱外部翻页器与内部翻页器的信号；J3 从遥控选择开关（STATION SELECTOR）接入通/断信号，从光电耦合器 OC1 接到右有线遥控器或无线接收机的信号。进行本安电路与非本安电路的隔离。

2. JNA 单元 1

JNA 单元 1 是 JNA 系统的第 2 个单元，它是 1 个输入/输出（I/O）接口，输入/输出设备通过串行数据电缆连接到 JNA 单元 1 上，给组件提供数据。图 3－37 是 JNA 单元 1 的后视图。

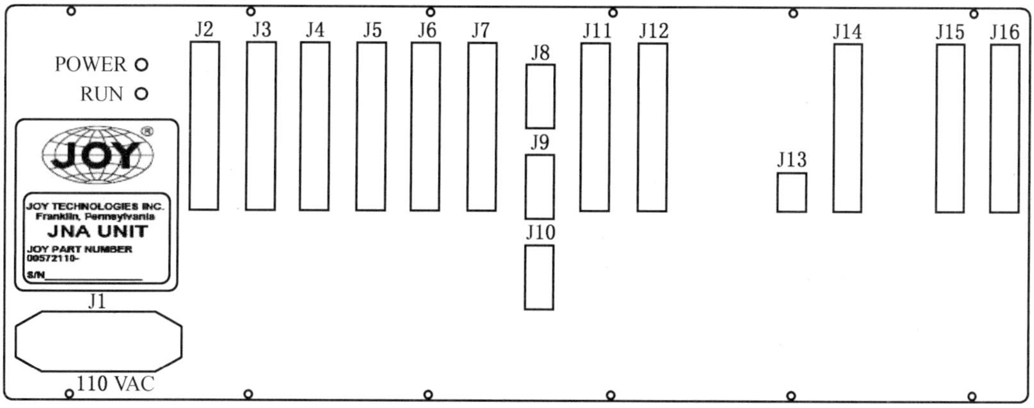

图 3－37 JNA 单元 1 的后视图

JNA 单元 1 的背后是与外界相连接的 16 个接插 J1～J16。

（1）J1 是 JNA 单元 1 的电源接插件，接电控箱内的主控制变压器 CT 二次侧 AC120 V 电源，J1 也是 JNA 单元 1 在实验室进行系统调试的电源入口。

（2）J2 从传感器 CSE 二次侧接入供试验 4 台电动机传感器用的检测信号；从电流传感器 CSG 二次侧接入破碎机电动机的传感信号；从热保护模块 RU2 接入三相整流桥电源模块 BSM 和逆变器 IN1、IN2 的 RTD 保护开关信号（由热敏电阻 RTD 输出的模拟值已由热保护模块 RU2 转换为数字开关信号输出）。

（3）J3 从倾斜度传感器 PRS 接入供自动控制用的走向倾斜/工作面倾斜的检测信号；从左角度传感器接入供自动控制用的左摇臂升降角度的检测信号；从右角度传感器接入供自动控制用的右摇臂升降角度的检测信号；从热敏保护模块 RU3 接入牵引/油泵变压器

RTD 保护的开关信号。

（4）J4 空置未用。

（5）J5 从电流传感器 CSA 二次侧接入左截割电动机的电流信号；从热保护模块 RU1 接入左截割电动机 RTD 保护的开关信号（由电机热敏电阻 RTD 输出的模拟值，已由热保护模块 RU1 转换为数字开关信号输出）。

（6）J6 从传感器 CSB 二次侧接入右截割电动机电流信号；从传感器 CSD 二次侧接入油泵电动机电流传感器信号；从热保护模块 RU1 接入右截割电动机 RTD 保护的开关信号（由电动机热敏电阻 RTD 输出的模拟值，已由热保护模块 RU1 转换为数字开关信号输出）。

（7）J7 空置未用。

（8）J8 通过光电耦合器 OC2 隔离耦合接到左复位传感器 PS 的开关信号。

（9）J9 通过光电耦合器 OC2 隔离耦合到右 D 齿轮传感器 PS 的开关信号。

（10）J10 通过光电耦合器 OC2 隔离耦合接到左 D 齿轮传感器 PS 的开关信号。

（11）J11 接逆变器 IN1、IN2 接线端子。

（12）J12 空置未用。

（13）J13 接隔离模块 PLM，将通信信号送出，再通过高压耦合器传输到顺槽计算机系统。

（14）J14 空置未用。

（15）J15 接左截割接触器 AC、右截割接触器 BC、破碎机接触器 GC 的线圈，分别控制它们的通/断。在右截割接触器 BC 回路里接有截割计时器 BHM；接地故障继电器 GFR 的接点，通过 GFR 接给油泵接触器 CC 提供 AC120 V 电源；接并联的 R1 与 R2 电阻器（150 Ω/50 W），给传感器 CSE 一次侧提供 AC120 V 电源，以便其二次侧产生供试验 4 台电机电流传感器的检测信号；接逆变器 IN1、IN2 接线端子。

（16）J16 与 JNA 单元 0 的 J13 连接，进行两个单元之间的通信。

3. JNA 单元 3

JNA 单元 3 是 JNA 系统的第 3 个单元，是专为本安型（IS）电路服务的 1 个小单元，与外界相连的 6 个接插件 J1～J6，仅用 4 个。

（1）J1 是电源接插件，接电控箱内的本质安全型变压器 ISCT 二次侧的 AC40 V 电压；

（2）J3 输出小的直流电压，J3 经熔断器 F5 输送给左有线遥控器或无线接收机；

（3）J5 输出小的直流电压，经熔断器 F6 输送给右有线遥控器或无线接收机；

（4）J4 经熔断器 F7 输送给外部翻页器。

二、JNA 系统的功能

作为 7LS6 型采煤机电气控制单元，JNA 具备以下功能：

（1）能够顺序控制或按优先次序控制液压系统的电磁阀。

（2）控制逆变器模块，从而控制采煤机的牵引速度。

（3）控制和监视液压泵电动机、破碎机电动机、截割电动机和牵引电动机的电流，控制截割电动机的反馈。

（4）通过温度检测器 RTD 提供的数据，控制和监测截割电机的温度、监测牵引电动机的温度、三相整流器公用电源模块的温度、逆变器 IN1 和 IN2 的温度、牵引变压器的温度。

（5）监测遥控器的状态。即连续的数据传输；液压控制数据；牵引挖掘数据；紧急状况停止信号。

（6）监测遥控器选择开关，将有故障或不需要的遥控器关闭，退出运行。

（7）对液压泵电动机、破碎机电动机、截割电动机、牵引电动机提供保护。即，防止热过载；防止阻塞过载；防止电动机相位不平衡。

（8）调整采煤机的有关参数。

（9）提供故障诊断数据到 JNA 的显示屏。

（10）提供记录数据的日志功能，以方便对机器进行检查。

三、JNA 系统的程序盒 MAP

JNA 系统的机器应用程序盒 MAP 的外形结构如图 3－38 所示。

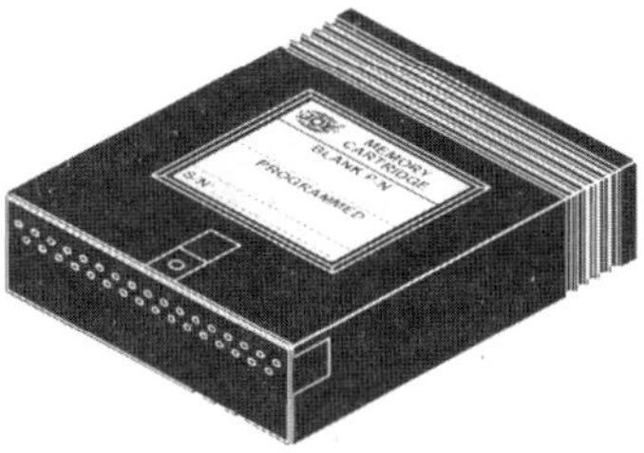

图 3－38　机器应用程序盒 MAP 外形结构

MAP 是一个外部装置，插在 JNA 单元 0 的 1 个插座内。盒内永久性存储芯片里的程序已经在出厂前编制好。JNA 使用其中软件来修改采煤机的工作，JNA 在通电时一次性读取这些数据，传送其中某些部分到组件上的临时存储器内。如果 JNA 发现 MAP 有缺陷，它将不启动。

在装入一个新的 MAP 盒之前，JNA 的单元必须先用一个特殊的 MAP 处理，这样做是为了在安装新程序之前清除 JNA 单元里面残存的旧程序。当新的 MAP 装上后，必须先执行一条 PARSINIALIZED（组件初始化）命令，清除任何可能还保存在系统里的数据。

7LS6 型采煤机在每次更换 JNA 单元或更新机器软件的时候，JNA 系统原有的程序软件必须被清空，只有清空了 JNA 存储器里的旧程序，JNA 系统才能接收新的程序。JNA 单元如有损坏，必须更换。作“清空处理”应用程序盒 MAP 时，只有被煤矿管理部门授权的人才能做。

采煤机清空旧程序，安装新程序的步骤如下：

（1）关掉采煤机的电源。

（2）从显示单元上（JNA 单元 0）取下 MAP 盒。

（3）把“清空程序盒”插到机器上。

（4）作为预防措施，让 1 人到采煤机的前级电源，即顺槽开关处看守开关，防止有人关断采煤机电源。

（5）重新给采煤机送上电源。

（6）等待 JNA 显示屏的中央出现 JOY 公司标志。

（7）当屏幕变成空白后或在屏幕上椭圆中心出现"Uninitialised Display"（未初始化）字样后，等候 10 min（不少于 10 min），然后用紧急停止开关或采煤机停机开关断开电源。

（8）插入新的 MAP 盒。

（9）接通采煤机电源。注意，显示屏会显示"Initialising new unit-wait for the number in the upper left hand corner to zero，then reset the power"（正在初始化新单元，等到左上角的数字计到零，电源复位），如果计数器停在 7 和 4 之间，电源复位，出现这种情况是因为 JNA 存储器不足。

（10）在电源复位之后，选择参数菜单。

（11）选择输入密码。

（12）输入正确的密码。

（13）选择 JNA 系统菜单。

（14）把"the pars initialized"（初始化的组件）从 1 改为 0。

（15）关断采煤机的电源。

（16）重新给采煤机送电源。

现在采煤机已一切准备就绪。

四、JNA 系统的显示屏与主菜单屏幕

7LS6 型采煤机控制系统使用 1 个装在机器上的显示屏，来显示一系列菜单驱动的屏幕，这些屏幕可以帮助司机和维护人员操作机器和寻找故障。屏幕为司机提供机器工作状态的具体信息。一些屏幕上的在线帮助框提供给司机和维护人员更多详细的信息，其他一些屏幕允许有授权的人根据具体采矿情况修改某些参数，使机器按规定的参数运转。

JNA 系统所有菜单和子菜单屏幕，以及大部分诊断屏幕都具有相同的屏幕基本格式。如图 3－39 所示，屏幕可分为 6 个分区。即，1 区为状态行，2 区为页标志，3 区为帮助框，4 区为输入控制框，5 区是日期行，6 区是菜单框。

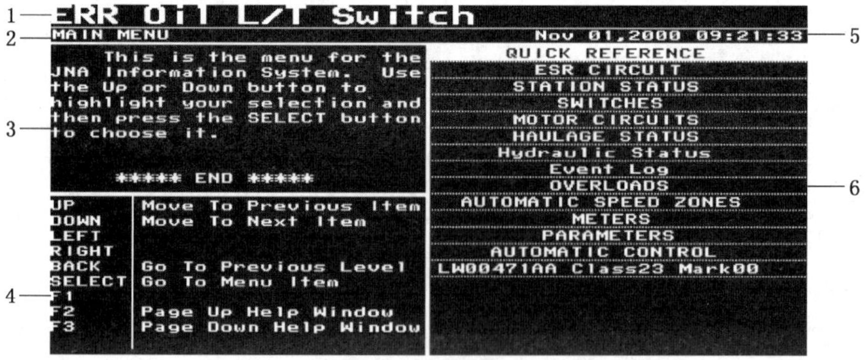

1—状态行；2—页标志；3—帮助框；4—输入控制框；5—日期行；6—菜单框

图 3－39　JNA_X 系统的显示屏

1. 状态行

状态行在每个屏幕的顶端，字体较大。其功能实时显示机器上发生事件。如“Pump On”(泵开起) 信息，告知司机泵正在工作。图 3－40 中状态行的信息指出急停继电器 ESR 被激活。

2. 页标志

标明现在被显示的 JNA 系统一页的名称。

3. 帮助框

帮助框里的信息协助司机操作 JNA 控制系统。如果出现故障，在事件日志页里的帮助框可以提供具体的信息，帮助维修人员寻找故障。

4. 输入控制框

输入控制框列出输入控制的硬键和软键。硬键指翻页器上的按钮，所有这些菜单上的按钮都是相同的。软键是指当按下硬键时机器运行的操作。

5. 日期行

显示当前系统的日期和时间。

6. 菜单框

菜单框里是可以访问的屏幕列表。菜单名字或者用大写字母或者用小写字母。大写字母的菜单是指下面还有一页关于状态和（或）控制屏幕。小写字母菜单会显示监视或控制信息。

五、JNA 系统的翻页器

JNA 系统的翻页器是一个通过电缆连接到电控箱上的小型手持设备。司机可以用翻页器上的功能键和方向键从 JNA 的屏幕上选择一些项目和选择菜单。翻页器并不控制机器本身，它的使用仅限定在 JNA 显示屏幕上查看。翻页器是一个独立的有 9 个按钮的遥控器，外形如图 3－40 所示。

F1——该键的功能列在具体屏幕的输入控制框里,在不同的屏幕,该键的功能不一样；

F2——在线帮助框的翻页；

F3——在线帮助框的翻页；

BACK——回到上一屏幕；

↑——使菜单框里某一菜单项高亮度显示；

METER SELECT——打开菜单框里高亮度显示的菜单项，JNA 将显示新屏幕；

←——关于该键的功能参考每一屏幕上帮助框里的文字；

↓——回到上一屏幕；

→——关于该键的功能参考每一屏幕上帮助框里的文字。

遥控器可以用一根像胶带似的电缆或者通过无线电连接到采煤机。在遥控器上，机器的操作按功能分为几类，典型的功能有牵引行走操作、液压系统操作和安全控制。每个手持遥控器必须与采煤机上的接收器相匹配，才能保证系统正常工作。遥控器的外形如图 3－41 所示。

遥控器也能实现翻页器的功能，当司机按下并保持遥控器上的“显示屏”(Display Page) 按钮时，遥控器最下面 9 个按钮的功能就像翻页器一样。也就是说，翻页器的功能用遥控器完全可以代替，司机通过遥控器能显示和选择 JNA 屏幕而不会影响机器的工作。

1. 遥控器的使用

根据遥控器按键上的图标进行操作。采煤机在运行中，数据不停地从遥控器上传输到机器上的 JNA 接收机，如果由于断电或电气元件损坏，使来自遥控器上的数据被中断，这个中断的信号，会被 JNA 系统发现，JNA 系统将使紧急停机继电器 ESR 断电释放，使采煤机停止运行。无线电遥控器的电源是 DC4.5 V，由 1 个矿灯电源提供。

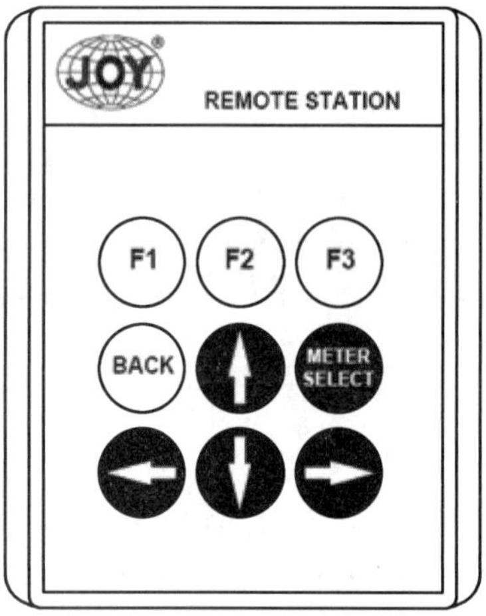

图 3-40　翻页器外形结构

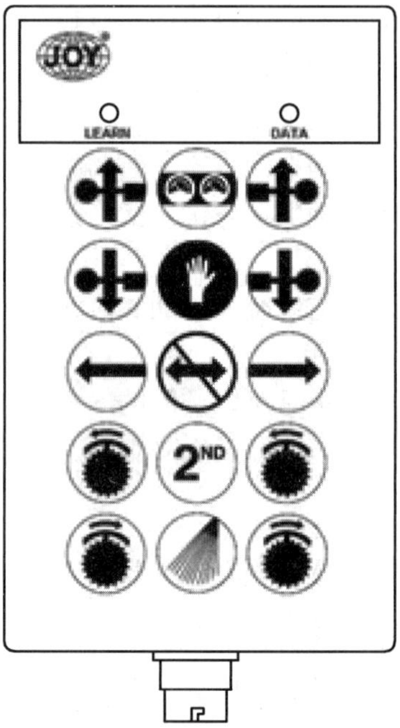

图 3-41　遥控器的外形结构

接收机收到的信号传输给 JNA 系统，然后由 JNA 系统来控制采煤机的各个功能，如滚筒的升降、采煤机牵引方向与牵引速度的调节等。无线电遥控器的有效范围大约为 15 m，如果任何 1 个遥控器超过了 15 m，JNA 单元将会发现信号的丢失而使急停继电器 ESR 断电释放，采煤机停机。再次启动必须重新操作采煤机上的开关方能恢复电器的电源，以保证安全。任何遥控器的过失行为，都会使采煤机停机。

两个遥控器同时使用时，如果其中 1 个发生故障，必须有将遥控选择开关打至剩下的那个遥控器位置，并将有问题的遥控器从机器附近移走，以免操作过程的混乱。

2. 遥控器的操作优先权

7LS6 采煤机的两个司机使用各自遥控器都可以操作采煤机的全部功能，比如右遥控器完全可以操作控制左侧截割摇臂的升降、破碎机的升降。但是，这里两个遥控器也有 1 个操作的优先权问题。所谓操作优先权就是位于所选择司机自己这一边的任一操作功能（如自己一边的截割摇臂升降），其操作控制优先于对边司机所选用此边功能的操作控制。例如，右边的司机在遥控器上按下“右滚筒升”键，使右滚筒上升，而左边操作者同时按下了“右滚筒降”键，欲使右滚筒下降，但采煤机将只对收到发自右遥控器的信号做出反应，使右滚筒上升。然而，“紧急停机”（EMER STOP）键的指令在任意遥控器上始终都享有优先权，使采煤机停机，而不管另一遥控器的操作者选用任何功能。

7LS6 型采煤机遥控器按钮开关的功能见表 3 – 3。

表 3 – 3　7LS6 型采煤机遥控器的功能及操作

图标	按钮开关	功　　能	操　　作
	紧急停止按钮	使急停继电器释放切断电机控制回路，关闭所有电机	按下此按钮，机器迅速停机，采煤机必须通过中间控制箱上的控制开关来重新启动
	左摇臂上升	升起左摇臂	按下并保持，摇臂上升到需要高度后松开，作为第 2 功能，用来选择菜单。 与对边（Side）键一同按下并保持，可升起破碎机，释放后破碎机停在原位
	右摇臂上升	升起右摇臂	按下并保持，摇臂上升到需要高度后松开，作为第 2 功能，用来选择诊断菜单
	左摇臂下降	降下左摇臂	按下并保持，摇臂下降到需要的高度后松开，作为第 2 功能，用来选择诊断菜单。 与对边（Side）键一同按下并保持，可升起破碎机，释放后破碎机停在中位
	右摇臂下降	降下右摇臂	按下并保持，摇臂下降到需要的高度后松开，作为第 2 功能，用来选择诊断菜单。 按下并保持，使液压动力加油系统工作，动力系统阀开启
	左或右滚筒挡煤板，顺时针旋转	未配置	
	左或右滚筒挡煤板，逆时针旋转	未配置	
	对边 Side	在启动时按下此键，闭合急停继电器 ESR，恢复遥控功能。 与水栅（Water Boom）键一起使用，可激活截割记忆功能	在启动时按下此键，闭合急停继电器 ESR，恢复遥控功能
	左牵引	采煤机向左牵引，同时加速，当采煤机向右牵引时减速	按下并保持，直至采煤机达到需要的牵引速度，松开后采煤机将保持该速度行走
	右牵引	采煤机向右牵引，同时加速，当采煤机向左牵引时减速	按下并保持，直至采煤机达到需要的牵引速度，松开后采煤机将保持该速度行走
	暂停	采煤机停止牵引	按下此键使采煤机停止牵引
	水栅	与对边（Side）键一同使用，可激活截割记忆功能	与对边（Side）键一同按下使对机器的手动控制转为学习和自动控制
	显示屏	将诊断显示转换为下页，在菜单和显示模式之间转换。 允许司机使用遥控器底部的 9 个按钮	按下此键到菜单页，使用上升（UP）下降（DOWN）选择。 再按下此键进入所选的页

任务八 7LS6 型采煤机的操作

一、7LS6 型采煤机控制开关

7LS6 型采煤机操作控制开关板面布置如图 3－42 所示。

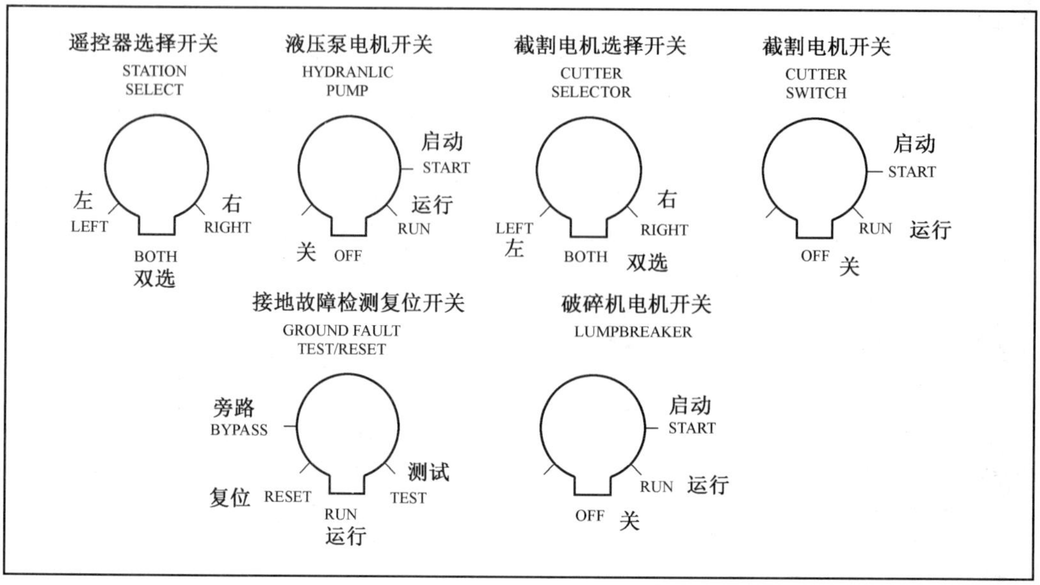

图 3－42 7LS6 采煤机控制开关组

1. 遥控选择开关（STATION SELECT）

通过左、右或双边（左右 2 个）遥控器来操作控制采煤机的工作。除非拆除 1 个遥控器，开关应位于“双选”(BOTH)。当机器上有 2 个遥控器时，请勿将其置于“左”(LEFT) 或“右”(RIGHT) 位上。

遥控选择开关所选择的位置必须与实际使用的遥控器完全一致，如果遥控器选择开关是在“双选”位，表明允许两个遥控器同时使用，JNA 单元将会处理从两个遥控器发来的信号。当遥控选择开关是在“左”位，表明只允许左边的遥控器使用，JNA 单元将只处理从左遥控器发来的信号，从右遥控器发来的信号会被当作是一个错误的或故障的信号，结果使急停继电器 ESR 断电释放，采煤机停机。同样，如果遥控选择开关是在“右”位，表明只允许右边的遥控器使用，JNA 单元只处理从右遥控器发来的信号，从左遥控器发来的信号会被当成是一个错误的或故障的信号，结果急停继电器 ESR 断电释放，采煤机断电停机。

采煤机在运行期间，若将遥控选择开关从 1 个工作位置转至另 1 个工作位置，如从“左”位转到“右”位，JNA 单元也会感觉到信号丢失，而使急停继电器 ESR 释放，采煤机停机。

2. 液压泵电动机开关（HYDRAULIC PUMP）

控制液压泵电动机，与截割电动机开关合用，启动截割电动机。顺时针旋转至“启动”(START）位，放手，复位弹簧将开关转至“运行”(RUN）位。逆时针转至“关”(OFF）位。

3. 截割电动机选择开关（CUTTER SELECTOR）

针对左、右或双边截割电动机的控制。根据需要可将此开关置于“左”(LEFT)、“右”(RIGHT）或“双选”(BOTH)。

4. 截割电动机开关（CUTTER SWITCH）

控制截割电动机，必须与液压泵电动机开关一起，合用双手启动截割电动机。顺时针方向旋转至“启动”(START）位，启动截割电动机。开关由于某种原因弹簧复位至“运行”(RUN）位。逆时针方向转至“关”(OFF）位。

5. 接地故障检测/复位开关（GROUND FAULT TEST/RESET SWITH）

顺时针方向旋转至“测试”(TEST）位，进行接地故障（E/L）检测。逆时针方向旋转至“复位”(RESET）位，使接地故障继电器复位。顺时针方向旋转至“旁路”(BY-PASS）位，使接地故障继电器复位。

6. 破碎机电动机开关（LUMP BPEAKER SWITCH）

控制破碎机电动机，与泵电动机开关一起，启动破碎机。顺时针旋转至“启动”(START）位，开关可弹簧复位至“运行”(RUN）位。逆时针旋转到“关”(OFF）位。

二、采煤机在启动之前的检查

为保证机器安全正常运转，采煤机在启动之前，司机必须进行下列项目的检查：

(1）确保机器上所有液压及电控开关必须位于“关闭”(OFF）位或中位。

(2）确保所有电控线路连接牢固可靠，电气设备的外壳必须接地。

(3）检查液压油箱及各齿轮箱的油位。

(4）检查机器上供电电压是否符合要求。

(5）检查各电动机的接线是否正确，确保它们的旋转方向正确。如检查液压泵电动机接线时，启动液压泵电动机，并在遥控器上按下摇臂“上升”(UP）键，如果液压泵接线相位不对，则摇臂不会升起。或者电动机启动后，观察压力计，如没有读数，应立即关机，改正相位连接即可。

(6）如果温度低于 −18 ~ 21 ℃(0 ~ 70 ℉)，在机器运行前，应操纵遥控器控制摇臂升降数次，以使摇臂齿轮箱中的润滑油的油温均匀，直至油温升至 27 ℃(80 ℉）以上才能开始工作。

(7）如果没有冷却水，电动机不允许连续运转时间超过 15 min。长时间无水运行会降低电动机的使用寿命。

(8）检查所有控制开关及紧急停止开关，在机器投入运行之前，应严格检查所有安全保护设施的功能是否正常。

三、7LS6 型采煤机启动程序

(1）确保移动变电站及开关供电电压正常。

（2）告知采煤机周边的相关人员，知道采煤机即将启动。

（3）检查拖曳电缆有无损伤、破口及磨损过度而使电缆绝缘下降，不合要求的予以更换。

（4）检查紧急停止按钮（Emergency Stop）应未被操作。

（5）将隔离开关 IS 逆时针旋转至“接通”(ON）位。

（6）将牵引断路器顺时针旋转至“接通”(ON）位。

（7）按下遥控停止/启动装置上的“启动”(START）按钮（先导控制），如果顺槽开关没有接地或其他故障，则 3300 V 交流电源送至采煤机。采煤机上电源的氖指示灯点亮。

（8）在遥控器上按下并保持“对边”键，机器内部的 1 个检查信号对遥控器进行检查，如果未发生故障，JNA 装置就会使急停继电器 ESR 通电吸合，表示一切正常。

（9）转动液压泵开关到“启动”(START）位并保持，直至听到泵电动机启动。

（10）松开液压泵开关，由弹簧复位至“运行”(RUN）位。

（11）转动冷却喷雾供水阀手柄到“开”位，接通水路。

（12）根据需要将截割电动机选择开关（CUTTER SELECTOR）置于“双选”(BOTH）位、“左”(LEFT）位或“右”(RIGHT）位。

（13）双手同时转动并保持泵电动机开关和截割电动机开关至“启动”(START）位，截割电动机启动。如果截割选择开关选择“双选”(BOTH）位，左截割电动机先启动，经过预先设定的延时时间，右截割电动机随后启动。

（14）手放开 2 个开关，使油泵电动机开关和截割电动机开关由弹簧复位至“运行”位。

（15）转动泵电动机开关和破碎机电动机开关至“启动”(START）位，破碎机电动机经过预先设定的延时时间后启动。

（16）手放开开关，使泵电动机开关和破碎机电动机开关由弹簧复位至“运行”(RUN）位，采煤机的其他功能，如截割臂的升降、采煤机的牵引方向等均可通过两个遥控器来操作。

四、7LS6 型采煤机正常情况下的关机步骤

（1）在遥控器上按下“暂停”(HALT）键，采煤机停止牵引；

（2）将机器中间电气控制箱上的截割电动机开关转至“关”(OFF）位；

（3）将机器中间电气控制箱上的破碎机电动机开关转至“关”(OFF）位；

（4）关闭喷雾冷却水路的输入截止阀，停止向电机供水；

（5）将采煤机摇臂降至底板；

（6）在机器中间电气控制箱上将油泵电动机开关转至“关”(OFF）位；

（7）将牵引断路器手柄转至“关”(OFF）位；

（8）将高压隔离开关 IS 手柄转至“关”(OFF）位。

在采煤机正常操作的过程中还应注意：

（1）如果机器正在牵引行走，请勿关闭截割电动机，这样将使牵引回路自动切断。

（2）当任何 1 台牵引或截割系统正在工作时，请勿关闭油泵电动机。由于截割及牵引电动机与液压油泵电动机有闭锁关系，如先关闭油泵电动机，截割电动机也同时关闭。

五、7LS6 型采煤机紧急情况下的停机

在采煤机工作过程中，如遇到紧急情况，有几种方式可实现紧急停机或关机。虽然有些开关从功能设计上并不是为紧急停机而设计的，但这些开关都可以在紧急情况下使机器及电动机停止运行。

（1）拉线停机开关（Pull Wire），拉绳索断开机器先导回路，关闭所有电动机。

（2）紧急停机键（Emergency Stop），按下该项键，切断电动机的控制回路，关闭所有电动机，机器上仍保持有电。

（3）液压泵电动机开关（Pump Switch），转至“关”（OFF）位，关闭所有电动机。

（4）机器高压隔离开关（IS），转至“断开”（OFF）位，切断电动机和控制回路，关闭所有电动机。只在紧急情况下使用，并未将电源从机器上切断。

复习思考题

1. 看图 3－3 久益 7LS6 型采煤机电气系统图，简述采煤机配置了哪些电机。

2. 久益 7LS6 型采煤机泵电机启动之前 JNA 必须验证哪些项目？

3. 说明久益 7LS6 型采煤机泵电机计算机控制工作原理。

4. 久益 7LS6 型采煤机破碎机电机启动之前 JNA 必须验证哪些项目？

5. 说明久益 7LS6 型采煤机破碎机计算机控制工作原理。

6. 久益 7LS6 型采煤机截割电机启动之前 JNA 必须验证哪些项目？

7. 说明久益 7LS6 型采煤机截割电机计算机控制工作原理。

8. 久益 7LS6 型采煤机电气系统具有哪些保护功能？

9. 久益 7LS6 型采煤机 JNA 系统由哪几个单元组成？其中急停继电器 ESR 和采煤机截割开关 C 分别与哪个单元的哪个接口相连？

10. 简述 JNA 控制系统的功能。

11. 久益 7LS6 型采煤机在起动之前，为保证机器安全正常运转，司机必须进行哪些项目的检查？

12. 简述久益 7LS6 型采煤机紧急停机的方法。

项目四　煤矿带式输送机电气控制技术

知识目标

1. 了解长壁式采煤工作面运输系统电气控制技术的发展概况。
2. 掌握基于 PLC 的煤矿带式输送机集控系统工作原理。
3. 了解煤矿带式输送机集控系统操作与维护的方法。

技能目标

1. 能够根据煤矿带式输送机电气控制图分析其工作原理和电气保护系统功能。
2. 了解带式输送机集控系统操作维护及常见故障诊断与排查的方法。
3. 能够根据输送机控制系统运行要求，结合工程实际，进行控制系统方案设计。

素养目标

1. 培养学生良好的道德情操、高度的责任意识和质量意识。
2. 增强学生对现代企业“安全法规、安全意识”理念的认知和理解，让学生了解煤矿行业现状，增长见识，塑造品格，努力成为德、智、体、美、劳全面发展的社会主义建设者和接班人。
3. 培养学生的工匠精神，通过实践操作、技能训练，引导学生掌握精湛的技艺和严谨的工作态度。

任务一　煤矿带式输送机

一、煤矿带式输送机

带式输送机是一种摩擦驱动以连续方式运输物料的机械，如图 4－1 所示。它可以将物料在一定的输送线上从最初的供料点到最终的卸料点间形成一种物料的输送流程，它既可以进行碎散物料的输送，也可以进行成件物品的输送。除进行纯粹的物料输送外，还可以与各工业企业生产流程中的工艺过程的要求相配合，形成有节奏的流水作业运输线。所以带式输送机广泛应用于现代化的各种工业企业中。在矿山的井下巷道、矿井地面运输系统、露天采矿场及选矿厂中得到了广泛的应用。

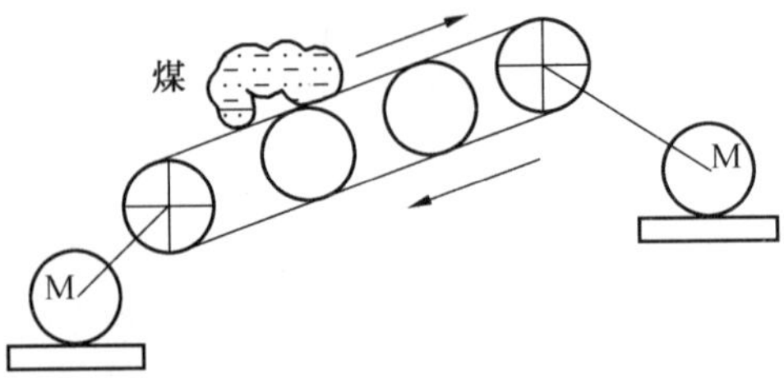

图 4－1　带式输送机示意图

二、煤矿带式输送机集控系统

煤矿带式输送机集控系统运行安全可靠与否直接影响矿井的经济效益。建立符合煤矿自身需要的地面系统是实现煤矿生产安全、设备长期稳定运行的重要组成部分，实施并实现系统的综合保护和集中监控，也是煤矿设备现代化管理的需要。

煤矿带式输送机集控系统是以《煤矿安全规程》为依据，总结矿山运输过程中所出现的事故，本着安全性高、实用性强、具有先进性的特点而研制开发的新一代综合控制系统。集控系统与网络系统一起，构成一个完整的操作、调度、监视网络，实现对整个系统的遥测、遥信、遥控。该系统可提高生产效率、降低事故率、减少故障处理时间、减少现场操作人员、提高经济效益。

煤矿带式输送机集控系统可实现远程和现场的操作控制。整个系统具有功能全、实时性和精度高、抗干扰能力强及可靠性高等优点，可以明显提高煤矿皮带运输设备自动化管理水平，保证皮带运输系统合理、稳定、安全的运行，有显著的经济效益。

任务二　基于PLC的煤矿带式输送机集控系统

一、煤矿带式输送机集控系统功能

煤矿带式输送机集控系统是根据煤矿现场要求设计的。它具有如下检测保护功能：跑偏、撕裂、急停、温度、堆煤、烟雾和速度等。整个系统实现逆煤流启动、顺煤流停止的远程集中控制。

对拉线开关（急停）、跑偏故障、堆煤故障、皮带撕裂故障、超温故障、速度故障（超速打滑和欠速保护）、烟雾故障，实现相应的顺序停车功能，同时将各类故障信号传输至控制中心实现监控。

为了防止误动作，当系统检测到跑偏、堆煤、速度这3种故障信号后，如果延迟一定时间后故障信号仍然存在则执行故障保护停车动作。当接收到烟雾故障信号或检测到拉线开关（急停）、皮带撕裂、超温等故障信号后，立即执行故障保护停车动作。

总之，该装置具有如下功能：

（1）实现系统集中监控，实时监控设备状态和运行参数，并显示数据曲线。

（2）控制方式分集控自动、集控手动、就地，3种方式可转换。正常运行时，使用集控自动方式，设备按工艺要求的顺序和流程由上位机自动启停；集控手动时，可在控制面上操作各设备，无闭锁和联动关系；就地时，在现场按钮盒上操作。

（3）启动设备前由集控台发预告信号，预告3 s后，若生产现场均满足集控自动启动条件，设备按顺序自动启动。现场可用停车按钮停止启动过程。

（4）现场信号箱设启、停车按钮，现场可随时停车。若设备由集控启动，控制系统接收到现场停车信号后可作急停处理，实施故障停车操作。

（5）按“技术规定”皮带机装设拉线开关、跑偏保护、低速保护等，这些信号均接入集控系统，实现生产设备故障时的紧急停车和闭锁停车

(6) 对设备故障和工艺参数的异常实时报警，并由指示灯提示。一般故障只报警，现场发生非正常停车或严重故障时，故障设备及其上游设备紧急停车，下游设备则实现顺煤流延时闭锁停车。

二、煤矿带式输送机集控系统电路

煤矿带式输送机集控系统主电路如图 4 -2 所示，控制线路如图 4 -3 所示。

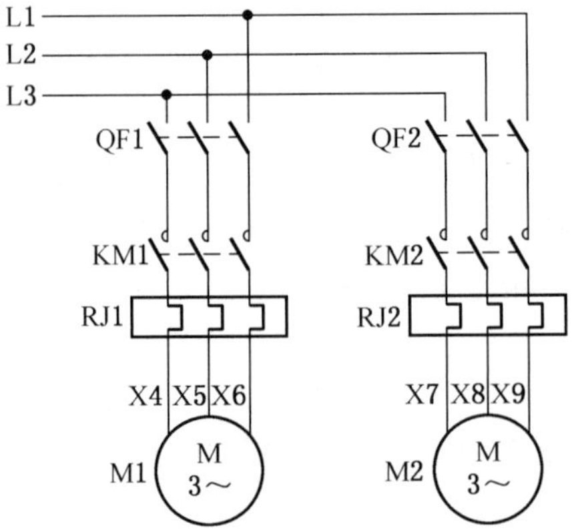

图 4 -2　煤矿带式输送机集控系统主电路图

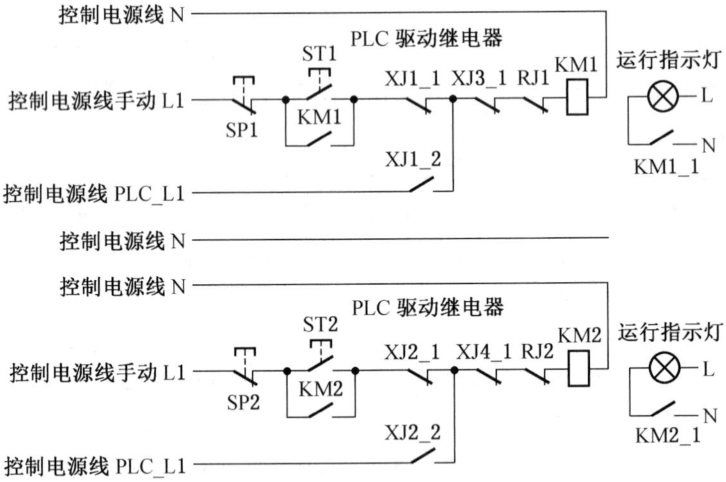

图 4 -3　煤矿带式输送机集控系统控制电路

PLC 控制系统以一台西门子 S7 -224PLC 为控制中心，控制所有数字和模拟 I/O 模块。设备状态通过数字输入模块（DI）读入，数字输出模块（DO）用于设备控制，电动机的温升经红外测温传感器变为 4 ~ 20 mA 的电流信号通过模拟量输入模块（AI1）读入。

PLC 基本配置：选用224XP 的 CPU 模块、EM221 型数字量输入模块、EM22 型数字量输出模块、EM235 型模拟量输入模块和 PC/PPI 编程通信电缆。PLC 控制系统的外围配置及作用：ZYJX－3 电动机（附传送带）、IRTP300L 型的红外温度传感器测量温度；LJ12A3－4－Z/BY 型的接近开关测量转速；SS－168P 型的烟雾报警器检测皮带上的烟雾信号；拉线开关采用行程开关，用微动开关来检测皮带的跑偏、撕裂、堆煤等故障。PLC 的接线如图 4－4 所示。

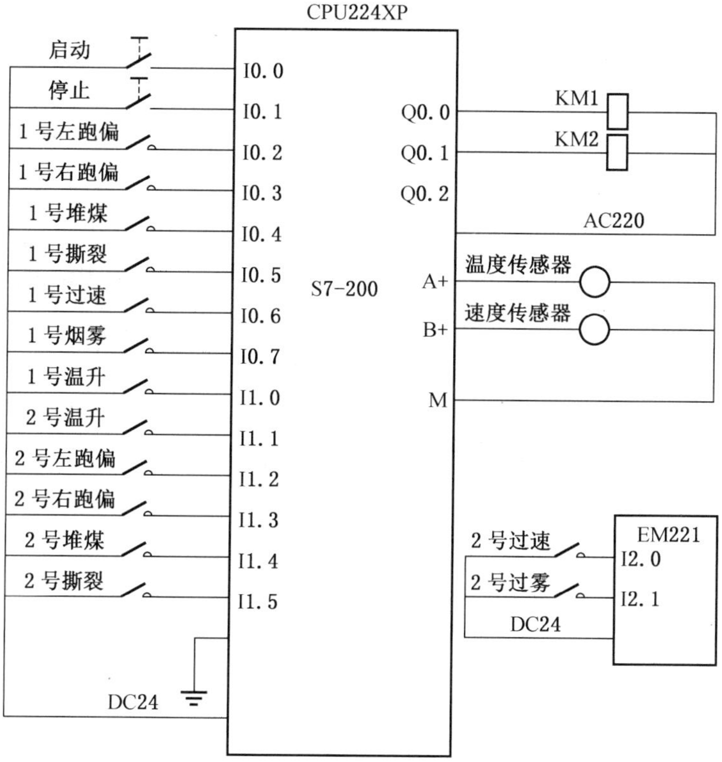

图 4－4　煤矿带式输送机集控系统 PLC 接线图

按下启动按钮，2 号电动机接触器 KM2 线圈接通并自锁，2 带式输送机开始工作，同时延时定时器 KT1 接通，5 s 后其常开触点闭合，1 号电动机接触器 KM1 线圈闭合，1 号皮带机开始工作。当按下停止按钮或者两台带式输送机有故障（跑偏、堆煤、撕裂、过速、温升）时，1 号电动机接触器 KM1 线圈断开，1 号带式输送机停止运转，同时停止延时器 KT2 接通，延时 5 s 后，其常闭触点断开，2 号电机接触器断开，2 号带式输送机停止工作。

三、部分元器件介绍

1. IRTP300L 红外线测温传感器

IRTP 系列是一款经济型，高性价比红外温度传感器，不受污染、潮湿以及电磁干扰环境的影响。IRTP 已应用于轻工纺织、造纸、陶瓷、橡胶、塑料，辊筒、电机轴承温度测量；电缆接头、开关柜、变压器和电气面板的故障监测等；汽车检测以及微波炉、食品等行业。

IRTP300L 红外线测温传感器主要技术指标：测温范围 0 ~ 150 ℃，响应时间 150 ms，距离系数 8 : 1，信号输出 4 ~ 20 mA/0 ~ 5 V/RS485，电源为 DC24V，探头尺寸 ϕ22 mm × 85 mm，螺纹部分 ϕ18 mm × 16 mm。应用电路如图 4 – 5 所示。

2. 接近开关

接近开关使用的是 Autewell LJ12A3 – 4 – Z/BY，如图 4 – 6 所示，其特点是灵敏度高，频率响应快，重复定位精度高，瞬变过程短，输出功率大，继电特性好，工作稳定可靠，红色 LED 显示可以检查传感器的状态，可替换小型开关和限位开关。

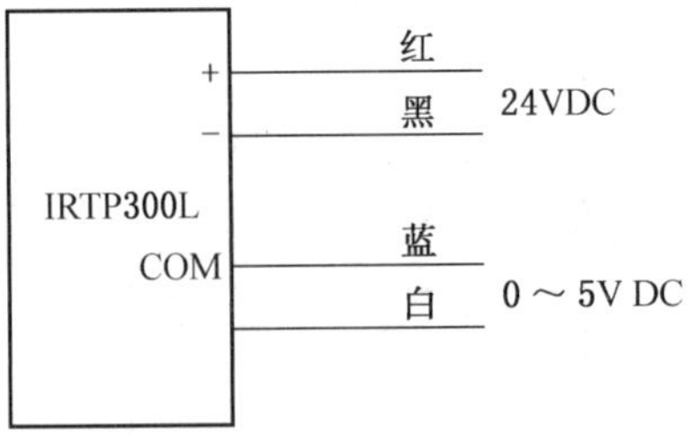

图 4 – 5　红外线测温传感器

图 4 – 6　接近开关 LJ12A3 – 4 – Z/BY

电源电压范围：直流 10 ~ 30 VDC、交流 90 ~ 250 VAC，检测距离 4 mm，输出电流 200 mA，输出模式可选 NPN 常开、NPN 常闭、PNP 常开、PNP 常闭、二线常开、二线常闭、交流常开、交流常闭。

3. 烟雾报警器 SS – 168P

烟雾报警器 SS – 168P 如图 4 – 7 所示，采用低功耗 CMOS 微处理器，使用光电探测方式，具有特殊防潮设计，具有独立/联网/无线输出方式，可进行手动测试、手动复位。电路接线图如图 4 – 7 所示。

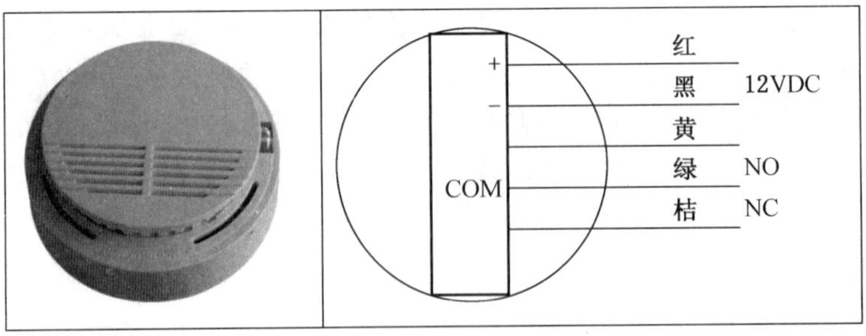

图 4 – 7　烟雾报警器 SS – 168P 外观与接线图

四、煤矿带式输送机集控系统主程序梯形图

PLC 端口配置见表 4－1。

表 4－1 带式输送机 I/O 分配表

序号	注 释	地 址	数据类型	注 释
1	启动	I0. 0	BOOL	
2	停止	I0. 1	BOOL	
3	1 号左跑偏	I0. 2	BOOL	
4	1 号右跑偏	I0. 3	BOOL	
5	1 号堆煤	I0. 4	BOOL	
6	1 号撕裂	I0. 5	BOOL	
7	1 号过速	I0. 6	BOOL	
8	1 号烟雾	I0. 7	BOOL	
9	1 号温升	I1. 0	BOOL	
10	2 号温升	I1. 1	BOOL	
11	2 号左跑偏	I1. 2	BOOL	
12	2 号右跑偏	I1. 3	BOOL	
13	2 号堆煤	I1. 4	BOOL	
14	2 号撕裂	I1. 5	BOOL	
15	2 号过速	I1. 6	BOOL	
16	2 号烟雾	I1. 7	BOOL	
17	KM1	Q0. 1	BOOL	1 号电机接触器
18	KM2	Q0. 2	BOOL	2 号电机接触器
19	KT1	T0	TIMER	启动延时器
20	KT2	T1	TIMER	停止延时器

温升值号 I1. 0、I1. 1 是经温度传感器转变后输出的逻辑结果（开关信号），当温度大于 100 ℃时，输出逻辑高电平信号，此时 I0. 1、I0. 2 常闭触点断开，从而起到保护作用；当温度小于 100 ℃时，输出逻辑低电平信号，此时 I0. 1、I0. 2 常闭触点无动作。

主程序梯形图如图 4-8 所示。

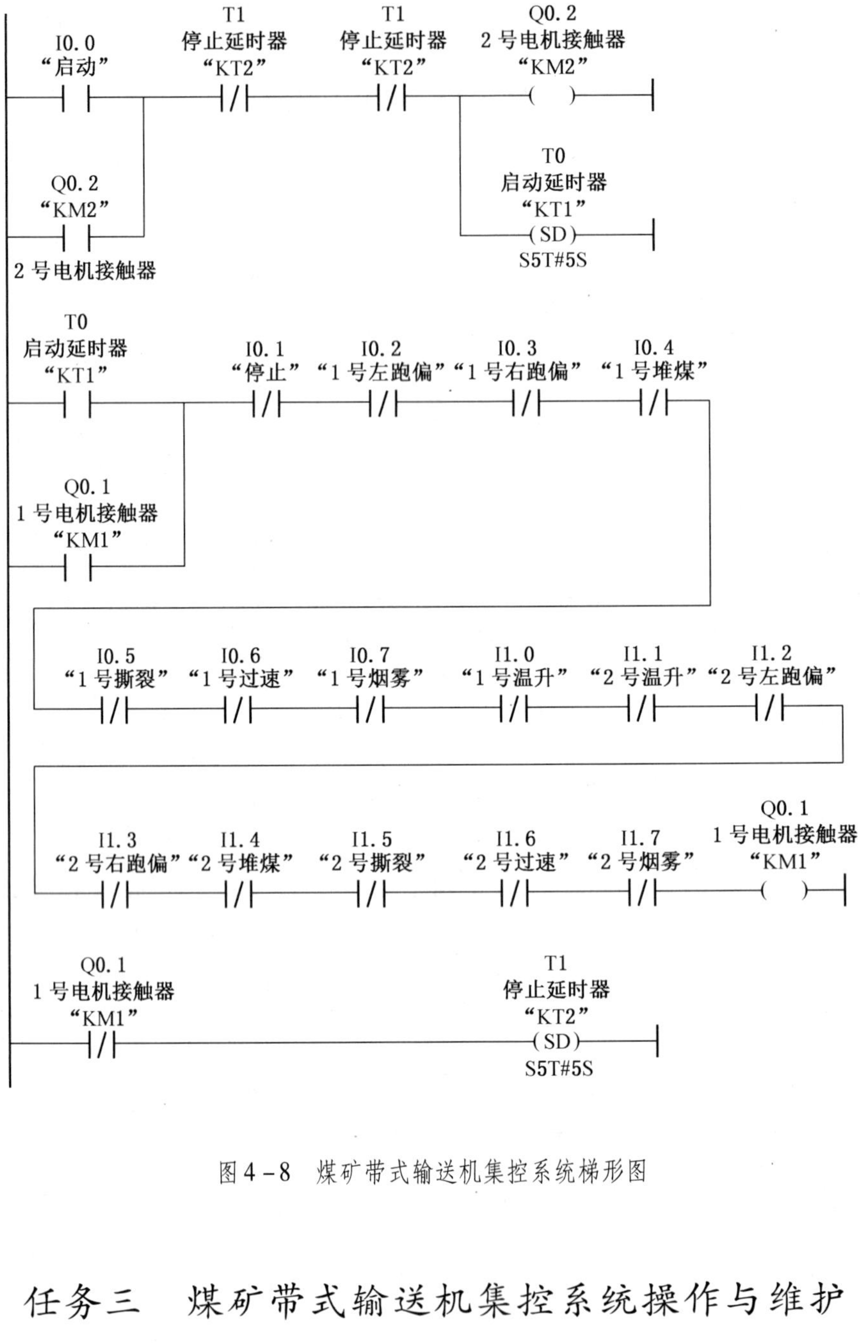

图 4-8　煤矿带式输送机集控系统梯形图

任务三　煤矿带式输送机集控系统操作与维护

该系统有两台小型带式输送机，一个控制箱。每台带式输送机都有两个跑偏传感器，一个拉线开关，一个堆煤传感器，一个撕裂传感器。其中一号带式输送机另加有用于测速的接近开关、烟雾报警器和红外测温传感器。上位机采用西门子的 WinCC 组态软件做的监控系统。控制箱里面装有控制按钮和指示灯，如图 4-9 所示。

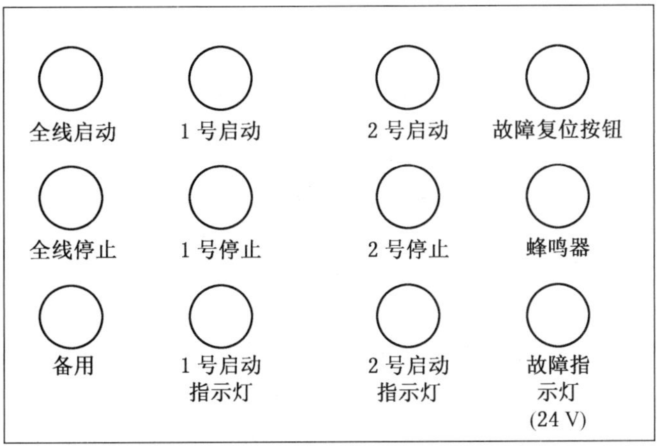

图4－9　皮带运输控制面板

一、煤矿带式输送机集控系统操作过程

1. 手动启动

此信号不经PLC，完全由外部继电器电路控制。

1号启动按钮：按下，则启动1号带式输送机，1号启动指示灯变亮。上位机主画面的1号启动指示灯由红变绿，1号电动机带动皮带开始旋转。

1号停止按钮：按下，则1号带式输送机停止，1号启动指示灯灭。上位机主画面的1号手动指示灯由绿变红，1号电动机连同所拖动的皮带停止旋转。

2号启动按钮：按下，则启动2号带式输送机，2号启动指示灯变亮。上位机主画面的2号手动指示灯由红变绿，2号电动机带动皮带开始旋转。

2号停止按钮：按下，则2号带式输送机停止，2号启动指示灯灭。上位机主画面的2号手动指示灯由绿变红，2号电动机连同所拖动的皮带停止旋转。

2. 自动启动

自动启动信号送入PLC，由内部逻辑电路控制。每台带式输送机都有一个启停按钮盒，其按钮称为就地启动按钮和就地停止按钮。

1号就地启动按钮：按下，则蜂鸣器响3 s，然后启动1号带式输送机；上位机主画面的1号自动指示灯由红变绿，1号带式输送机带动皮带开始旋转。

1号就地停止按钮：按下，则1号带式输送机停止。上位机主画面的1号自动指示灯由绿变红，1号电动机连同所拖动的皮带停止旋转。

2号就地启动按钮：按下，则蜂鸣器响3 s，然后启动2号带式输送机，上位机主画面的2号自动指示灯由红变绿，2号电动机带动皮带开始旋转。

2号就地停止按钮：按下，则2号带式输送机停止，上位机主画面的2号自动指示灯由绿变红，2号电动机连同所拖动的皮带停止旋转。

3. 全线启动

全线启动信号送入 PLC，由内部逻辑电路控制。

全线启动按钮：按下，蜂鸣器响 5 s，2 号带式输送机启动，上位机主面面的全线启动指示灯由红变绿，2 号自动指示灯由红变绿，2 号电动机带动皮带开始旋转；然后蜂鸣器又响 3 s，1 号带式输送机启动，上位机主画面的 1 号自动指示灯由红变绿，1 号电动机带动皮带开始旋转。

全线停止按钮：按下，则 1 号带式输送机停止，上位机主画面的 1 号自动指示灯由绿变红，1 号电动机连同所拖动的皮带停止旋转。等待 3 s。然后 2 号带式输送机停止。上位机主画面的 2 号自动指示灯由绿变红，2 号电动机连同所拖动的皮带停止旋转。

4. 故障检测

皮带运输系统各种参数分别出相应的传感器检测，把所测量的信号送至 PLC，由 PLC 内部逻辑电路控制，当出现故障时，故障指示灯变亮，上位机画面相应的故障指示灯由绿变红。报警文档会出现相应的故障信息，带式输送机自动停止运行。排除故障后，按复位按钮则故障指示灯灭，上位机的相应故障指示灯由红变绿。当出现紧急情况时，拉拉线开关，则带式输送机停止运行。

二、煤矿带式输送机集控系统维护应注意的问题

（1）应尽量避免在短时间内频繁启动输送机，正常情况下，输送机要求空载启动。

（2）用机尾移动装置移机尾，应注意挡链板的及时提放，以免损坏机器。

（3）必须经常检查液力联轴器和减速器有无漏油现象，定期检查油量是否合适，并及时调整补充。千斤顶应注意观察有无渗漏现象，伸缩动作是否灵活。

（4）传动卷筒处如有尖叫声，说明胶带打滑，应检查胶带是否张紧。

（5）输送带接头应经常检查，发现有受损处，应及时割除重做。重做时必须注意割口与胶带中心线相垂直。

（6）机头机尾清扫装置的刮板应紧贴胶带，不允许碎煤和煤粉越过清扫装置而黏附于卷筒表面，已黏附上的应及时予以清除。

（7）装载点应保持货载卸在胶带的中间位置，不允许在较大的高度内直接卸载，以防晒伤胶带和引起胶带跑偏。

（8）供游动小车、托辊小车和转载机行走的轨面上，不允许有杂物存在，以免阻碍行走，造成事故。

复习思考题

1. 什么是煤矿带式输送机？它有什么作用？
2. 煤矿带式输送机集控系统应具备哪些功能？
3. 基于 PLC 的煤矿带式输送机集控系统具有哪些电气保护功能？
4. 接近开关 LJ12A3 -4 -Z/BY 有什么特点？
5. 煤矿带式输送机集控系统维护应注意哪些问题？

项目五　矿井提升机电气控制技术

知识目标

1. 了解矿井提升机电气控制技术的发展概况。
2. 掌握基于 PLC 的矿井提升机电控系统工作原理。
3. 了解矿井提升机电控系统操作与维护。

技能目标

1. 能够根据矿井提升机电气控制图分析其工作原理和电气保护系统功能。
2. 了解矿井提升机电控系统操作与维护的方法。
3. 能够根据提升机控制系统运行要求，结合工程实际，进行提升机电控系统方案设计。

素养目标

1. 塑造学生的辩证思维方式，通过分析矿井提升系统的工作原理来提升学生严谨的学习态度、缜密的思维能力、优秀的学习习惯，激发学生通透理解控制电路的“四两拨千斤”，利用自己的专业理论知识进行创新能力和创新精神的提高。

2. 培养学生不怕苦、不怕难、勇于攻克难点的“钉子精神”。提升机的控制电路比较复杂，电气元器件较多，元器件的状态随着工作进程发生改变，要有条不紊、循序渐进地分析电路，做到不遗漏、不反复、不出错。

3. 培养学生实事求是的职业精神。电气故障诊断需要基于事实和证据进行判断，不能凭空臆想或盲目猜测。学生需要学会以事实为依据，以科学为指导，实事求是地分析问题、解决问题。

任务一　矿井提升机电气控制系统

一、矿井提升机的工作方式

矿井提升系统担负着矿井升降人员，提升矿物、矸石及输送材料设备等任务，是矿井生产的重要设备，矿井提升设备电控系统的工作方式主要决定于提升设备的功用、提升高度、提升容器的形式、提升水平数目和它们的间距。所有的提升设备都应当能够实行两种运行速度，一种是高（全）速运动，另一种是低速运动。高速运动用于提升煤炭、升降人员和设备等。低速运动用于检查井筒，钢绳，下炸药、下长材料及其他辅助操作。有时若各水平之间的距离不大时，低速运动也可作为两水平之间运行的速度。

提升机电控系统分为自动控制系统和手动控制系统。自动控制系统的特点是提升机按给定的程序自动完成提升循环而不需要司机参与。专提货载的主井提升设备最宜于采用这种控制系统。手动控制系统的每个提升循环都需要司机参与控制。生产现场习惯于把加速阶段能够用控制电器自动进行的电控系统统称为半自动控制系统，实际上它也只是一种手动控制系统。

按实行控制的地点分为就地操纵系统和远距离操纵系统。就地操纵台安装于提升机房内；远距离操纵台则可安装在井底、井口，甚至直接装在罐笼内，由有关人员在这些地方直接发出开停指令。

对于多水平提升的提升设备，其电控系统与电梯相似，可以从任何水平召唤，到某水平时自动停车。

目前，我国矿井提升系统有直流调速系统、变频调速系统、基于继电器接触器实现的有触点电控系统和采用 PLC 控制改造后的有触点电控系统。

矿井提升机制动系统电气技术应用概况

二、矿井提升机的运行要求

矿井提升设备属于大功率，恒转短负载，在运行过程中需要频繁启动、加速和制动，故必须采用交流绕线转子电动机拖动，采用改变定子电源电压、频率或改变转子回路串接电阻的方式进行启动、调速和制动。其各个运行过程要按一定的运行规律和要求进行控制。

提升设备在一次提升过程中，提升速度、转矩等运行参量随提升时间变化的曲线，称为提升工作图。提升工作图是根据提升设备运行的安全性、可靠性和经济性要求确定的。

提升工作图有三阶段、五阶段、六阶段或更多阶段之分，阶段数的多少决定于提升容器的类型和装卸载装置的结构及提升方式。双箕斗提升速度如图 5－1 所示，它包括提升过程的 6 个阶段，故称为六阶段速度图。图中 t_0 段为初加速阶段。在提升刚开始，箕斗运行在卸载曲轨内，为减小提升容器通过卸载曲轨时对井架的冲击，提升容器在曲轨内的速度和加速度不能太大，一般要将速度限制在 $v_0 = 1.5$ m/s 以下。

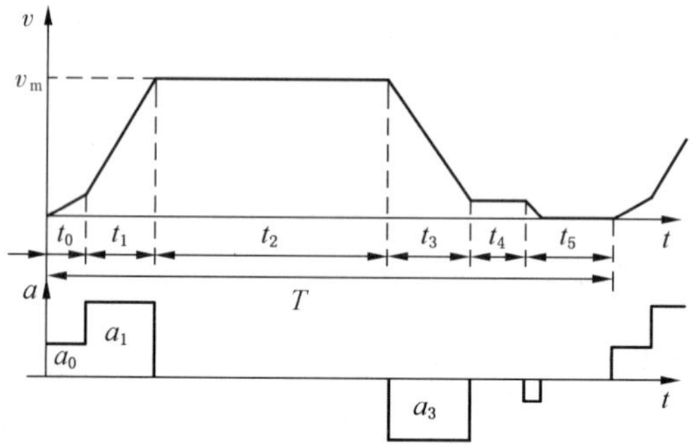

图 5－1　提升机六阶段速度图

t_1 段为主加速阶段。当箕斗离开卸载曲轨后，可以按较大的加速度运行，直至达到最大提升速度 v_m。对于箕斗提升，加速度 a_1 一般不大于 1.2 m/s^2。

t_2 段为等速阶段。提升容器以规定的最大速度 v_m 运行。

t_3 段为减速阶段。这时重载箕斗已接近井口，空箕斗接近装载点，提升容器以减速度 a_3 运行。a_3 一般不大于 1.2 m/s^2。

t_4 段为爬行阶段。提升容器进入卸载曲轨，为减小冲击并且便于停车，容器一般要以 0.4～0.5 m/s 速度低速爬行。

t_5 段为停车休止阶段。提升容器到达终点，提升机抱闸停车，井底箕斗装载，井口箕斗卸载。

以上 $t_0 \sim t_5$ 的 6 个阶段组成提升系统的一个提升过程。

罐笼提升因无卸载曲轨，故没有 t_0 阶段。但为准确停车，仍有爬行阶段，因此罐笼提升一般为五阶段速度图，如图 5 - 2 所示。当提升人员时，加速阶段的 a_1 和减速阶段的 a_3 斜井提升不得大于 0.5 m/s^2，立井提升不大于 0.75 m/s^2。

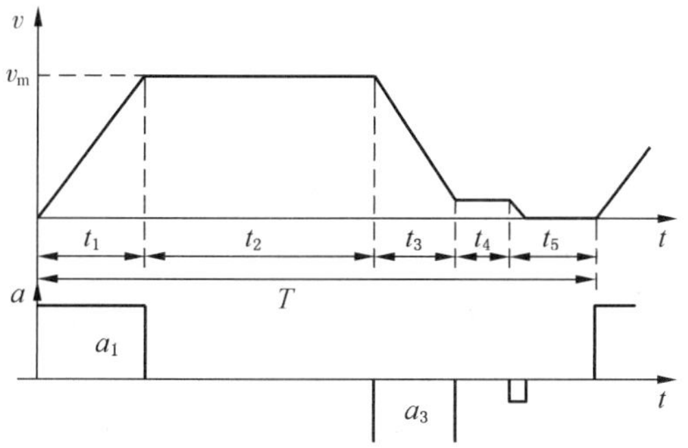

图 5 - 2　提升机五阶段速度图

三、矿井提升机的供电方式

矿井提升机的供电方式一般有单回路供电、双回路供电和环路供电几种方式。这些供电方式适用于高压电动机或低压电动机拖动，至于选用哪种供电形式，视具体情况而定。

四、提升机电力拖动方式的选择

提升机拖动方式的选择应满足生产工艺的要求，即满足各种可能出现的运行速度图和力图。在这个前提下对各种可能的拖动方案作技术经济比较，然后选择最合理的一种。

在选择拖动方式时，首先要决定的是采用交流拖动还是直流拖动的问题。一般来说，交流拖动比较简单、设备和安装费用低、建筑面积小，但电气调速性能差、减速和爬行阶段需要附加拖动装置。直流拖动则相反，调速性能好、不需要附加其他拖动装置、容易实现自动化，尤其适用于多绳摩擦轮提升，缺点是设备和安装费用高、建筑面积大等。

在我国目前条件下，交流拖动受到容量的限制，主要是生产的磁力控制站最大额定电流为 900 A、电压为 900 V、拖动最大容量约 1000 kW，双机拖动可到 2000 kW。

拖动容量大于 1000 kW 和提升速度大于 10 m/s 时，采用直流拖动比较合适。特别是对于多绳提升机，常常要求较高的电气调速性能，1000 kW 以下也可以考虑选用直流拖动方式。

在交流拖动方式中，应当尽量选用同一个附加拖动装置去满足速度图中的各个阶段，例如采用晶闸管交 - 交变频的低频拖动装置，它既可用于减速段，又可用于爬行段等。

在直流拖动方式中，F - D 机组拖动系统运行效率低、金属消耗量和用铜量大，以及建筑费用高等限制它的发展，而晶闸管供电的拖动系统则具有广阔的发展前途。

任务二　矿井交流提升机电气控制

一、提升机电力拖动的主要形式

矿井提升机的拖动和控制方式应当经济，在必要的精度范围内保证按设计的提升工作图工作，在任何工作情况下保证设备工作的可靠和安全。矿井提升机电力拖动方式很多，其主要形式如下：

1. 按电流的种类分

按电流的种类可分为交流拖动和直流拖动两大类，交流拖动主要采用绕线转子异步电动机，通过改变转子回路的电阻来控制转矩或转速，也有的采用饱和电抗器或串级调速方式进行转矩或速度控制。随着电力电子技术的发展，交流调速系统越来越受到人们的重视，如交－交变频调速系统和大型无整流子电动机用于矿井提升机的拖动，直流拖动有直流发电机－电动机组和晶闸管供电两种形式，主要用于大型提升机的拖动。

2. 按电机的数量分

按电机的数量可分为单机拖动和双机拖动两种。

3. 按连接形式分

按连接形式可分为带减速器和直联式两种。由于提升机大部分选用高速电动机，所以需经减速器进行减速，达到所设计的提升速度，但为提高传动效率和工作的可靠性，可以不用减速器，而采用低速电动机与提升机直联，虽然低速电动机的造价高且效率低，但可以免除减速器的损失。因此，目前在我国低速直联的直流提升机得到了广泛使用。

二、提升机拖动形式的选择

矿井提升设备的选型是否合理，直接影响矿井的基础投资、生产能力、安全可靠性以及吨煤成本，在选型时主要考虑以下几个因素：

1. 初期投资费用

一般交流拖动系统初期投资便宜，但控制性能和调速性能不如直流拖动系统。

2. 运行费用（包括维护费用）

交流拖动启动、调速需要转子附加电阻，特别是在爬行二次给电阶段大部分能量消耗在电阻中，运行费用较高；直流系统调速性能好，运行费用比较低。变频调速系统可与直流调速相媲美。

3. 控制性能

从传统意义上来说，直流电动机的启动和调速性能优于交流电机。但随着电力电子技术的发展，采用晶闸管变频的交流拖动系统也具有较好的调速性能，因而很有发展前途。

4. 容量的限制

绕线转子异步电动机转子回路串电阻交流拖动最大容量为 1000 kW，双机拖动可达 2000 kW。拖动容量大于 1000 kW 和提升速度在 10 m/s 以上时，一般采用直流拖动比较合适。直流拖动中，由于发电机－电动机拖动系统的运行效率低，金属消耗量大，建筑费用高，因而限制它的发展，而晶闸管供电的直流拖动系统已得到了广泛应用。拖动容量大于

300 kW 时，既可以采用双机拖动的直流系统，也可以采用交 – 交变频供电的同步电机拖动系统。

三、提升机的运行特点

1. 具有周期性

提升机的运行情况如图 5 – 3 所示。在 t_1 时刻，提升机启动，容器 A 开始上提，容器 B 开始下放，属于初加速阶段。从 t_2 时刻开始到 t_3 时刻止，提升机由静止开始加速直到最高运行速度 v_m。从 t_3 时刻始到 t_4 时刻止，提升机开始匀速运行。从 t_4 时刻开始到 t_5 时刻止，提升机开始减速运行，直至爬行速度。爬行速度是为使容器准确停在需要的位置而设置的。当容器 A 到达最终位置，提升机停车，而容器 B 到达井底，下一次提升是容器 B 按照上述速度图运行，如此按规律往返周期运行。

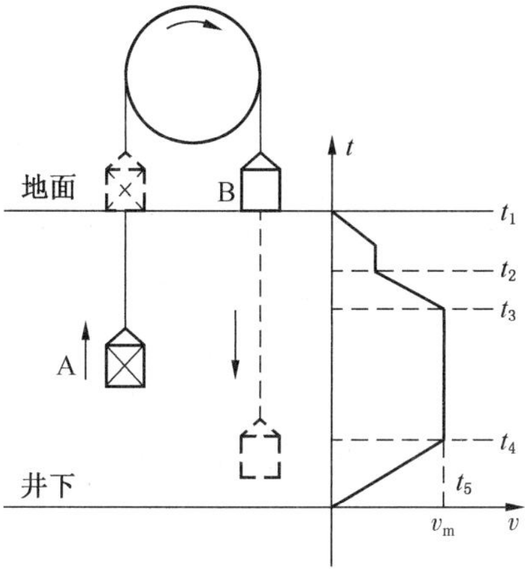

图 5 – 3　提升机运行示意图

2. 电动机存在的两种运行状态

根据电动机负载情况的不同，电动机轴上的受力方向有时与容器的运动方向相反，有时与容器的运动方向相同，如向上提升重物，就需要电动机产生拖动转矩，即为电动状态，称之为正力，此时，轴上的受力方向与容器运动方向相同；如提升机下放重物，此时为限制下放重物的速度，可采用制动状态，使电动机产生的转矩方向与重物方向相反，称之为负力。

绕线式异步电动机转子回路串电阻交流拖动系统在减速阶段，电动机的运行状态有三种情况：自由滑行、负力减速、正力减速。

（1）自由滑行，减速时，电动机从电网断开，电动机的拖动转矩为零，系统在阻力作用下逐渐减速。

（2）负力减速。减速时，电动机产生的力矩方向与运动方向相反，此时电动机工作在制动状态，保证系统按照要求的减速度进行减速。

（3）正力减速，此时电动机仍处于电动状态，只不过产生的转矩小于负载转矩，使提升系统按要求的减速度减速，避免减速度过大。

在位能负载的情况下，正力减速出现在电动机由额定转速提升时，通过串入转子电阻，导致电动机处于电动状态的电磁力矩小于负载力矩所致；负力减速出现在电动机由额定转速提升时，通过电枢反接或动力制动产生制动力矩（也需串入转子电阻），导致电动机处于正转而电磁力矩为负所致。

3. 加速度、减速度的限制

由于提升系统存在有钢丝绳（弹性环节），多数情况下还存在着减速器齿轮间隙，加速度过大则会产生过大的机械振动应力，对机械有害。《煤矿安全规程》第四百二十六条规定，当升降人员时，加、减速度斜井提升不得大于 0.5 m/s^2，立井提升不得大于 0.75 m/s^2，而在主井提升中，一般根据设计规定，加、减速度也最好不大于 1.2 m/s^2。

为改善钢丝绳在启动、制动过程中可能出现的动态张力，近年来采用变加速度控制，或称加速度变化率限制，这样就可以在加、减速阶段减小冲击，同也可减小钢丝绳的摆动。

四、提升机对拖动系统控制性能的要求

（1）调速范围较宽，可高达 100%。

（2）箕斗容器处卸载曲轨的速度应受到限制，一般不超过 15 m/s，否则冲击太大。

（3）升降人员时，加、减速度受到限制，这与升降货物时的速度图不同。

（4）启动和制动过程实现加、减速度的自动控制。

（5）便于实现自动、半自动控制，以减轻工人的劳动强度，避免由于人工操作造成的事故，提高运行的安全性，充分发挥提升设备的能力。

（6）各种保护要完善。

任务三　基于 PLC 的矿井提升机电控系统

一、控制方案的设计

1. 控制方案选择

控制系统采用 PLC 为信号处理装置，PLC 对控制系统各种输入及反馈信号进行分析后，向变频器发出速度给定信号和正转、反转及启动和停车命令信号，变频器提供变频电源驱动电动机。控制系统的硬件接线如图 5－4 所示，系统结构图如图 5－5 所示。

2. PLC 的选择

1）硬件选型

提升机控制系统的开关量输入、输出信号较多，PLC 还需要连接模数（A/D）、数模（D/A）转换器及计数器等模块，因此控制系统选用 FX2N－64MR 型 PLC。该型号 PLC 输入点数 32，输出点数 32，可以扩展多种模块，如输入量扩展模块，输出量扩展模块，FX2N－4AD 模数转换模块和 FX2N－4DA 数模转换模块等。

2）端口配置

矿井提升控制系统的 I/O 端口分配见表 5－1。

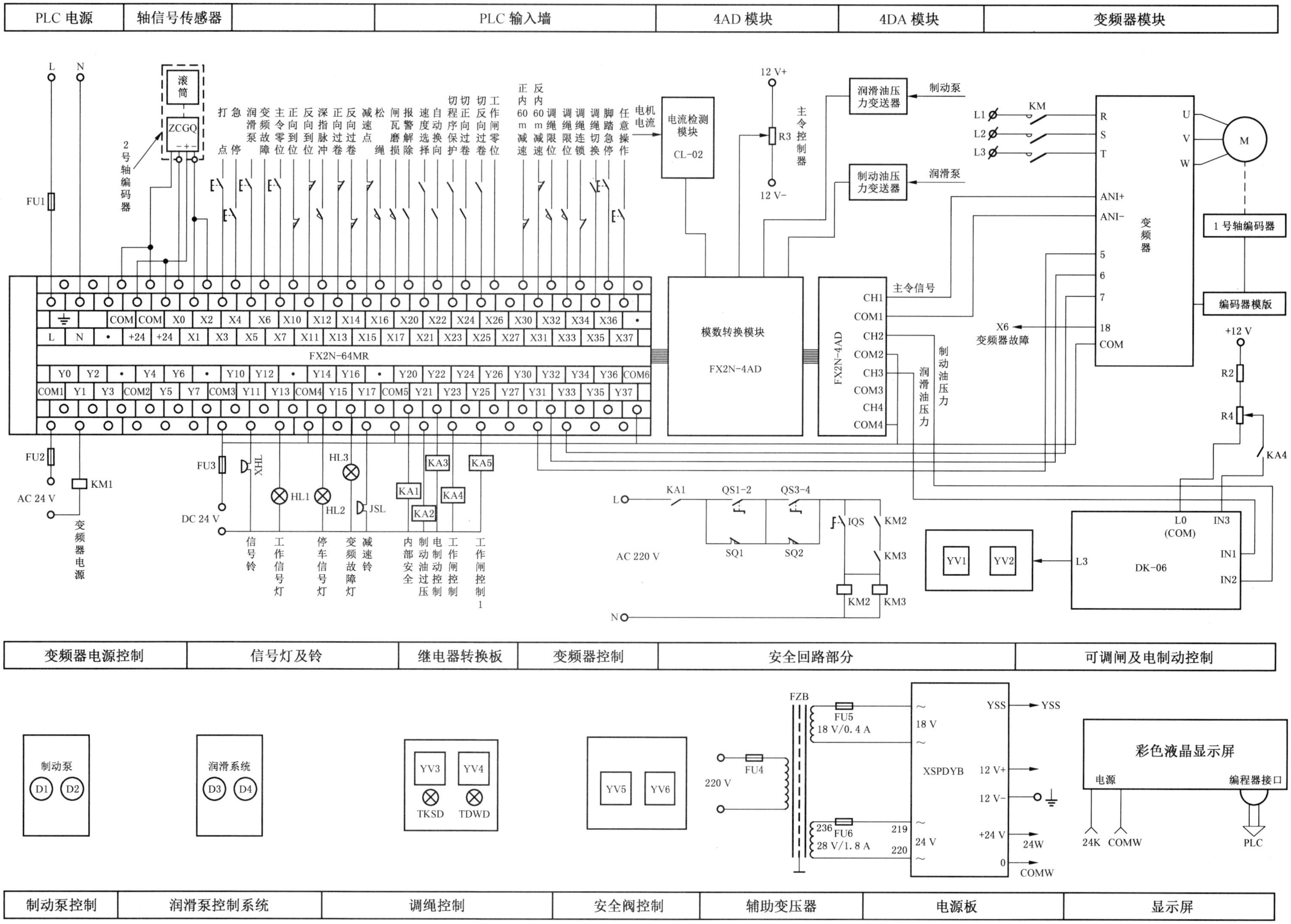

图 5-4　基于 PLC 的矿井提升机变频调速系统硬件接线图

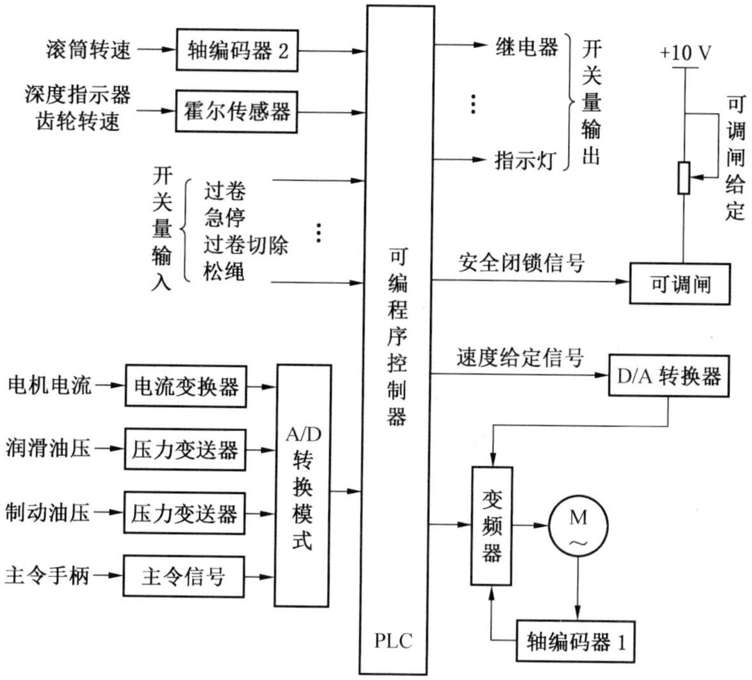

图 5-5　基于 PLC 矿井提升机变频调速系统组成

表 5-1　矿井提升机控制系统 I/O 配置表

元件	注释	元件	注释	元件	注释
X000	行程 A 相	X020	报警解除	Y001	变频器电铃
X001	行程 B 相	X021	速度选择	Y011	信号铃
X002	速度测量	X022	切自动换向	Y013	工作信号灯
X003	打点	X023	切程序保护	Y014	停车信号灯
X004	急停	X024	切正向过卷	Y016	变频故障灯
X005	润滑泵开	X025	切反向过卷	Y017	减速铃
X006	变频故障	X026	工作闸零位	Y020	内部安全回路
X007	主令零位	X030	正向 60 m 减速	Y021	制动油过压
X010	正向到位	X031	反向 60 m 减速	Y022	电制动控制
X011	反向到位	X032	调绳限位	Y023	工作闸控制
X012	深度脉冲	X033	调绳限位	Y025	工作闸控制 1
X013	正向过卷	X034	调绳联锁	Y031	正运行信号
X014	反向过卷	X035	调绳切换	Y032	反运行信号
X015	减速点	X036	脚踏急停	Y033	变频封锁
X016	松绳	X037	任意操作		
X017	闸瓦磨损				

二、程序设计

控制程序主要由1个主程序和6个子程序嵌套组成，这里主要介绍3个子程序：速度信号的给定，位置、速度检测与控制程序，开车打点程序。

（一）速度信号的给定

1. 信号分类

电子电路中的信号分为两类，一类是随时间连续变化的物理量，称为模拟量；另一类信号是不随时间连续变化的物理量，称为开关量或数字量信号。

用数字方法处理模拟信号时，必须先将模拟量转变成数字量，这是由A/D转换器完成的。处理后的数据若需还原成模拟量，则由D/A转换器完成。

主令控制器通过齿轮驱动滑动电位器给出初始给定信号，初始给定信号是随时间连续变化的模拟信号，其数值范围为 -10 ~ +10 V，初始给定信号进入FX2N -4AD模数转换模块的通道2，模数转换后的数字量信号存入D105单元，经过程序处理为0 ~5 V信号后转存入D20单元。D20中的给定信号根据控制要求作进一步变换后送入D191，之后再通过FX2N -4DA数模转换模块的通道1将D191的数据还原为模拟信号，该模拟信号送入变频器中，作为变频器的频率给定信号。

FX2N -4DA模数转换模块和FX2N -4AD数模转换模块通过扩展电缆连在PLC主单元的右边。FX2N -4AD模数转换模块的编号为"0#"，直接连在PLC主单元右边；FX2N -4DA数模转换模块的编号为"1#"，连在FX2N -4DA模数转换模块的右边。

2. FX2N -4AD数模转换模块

FX2N -4AD模数转换模块是四通道A/D转换器，有4个数据输入通道，数据输入通道接收模拟信号并将其转换为数字量，其最大分辨率为12位。基于电压或电流的输入/输出选择通过用户配线来完成，可选用的模拟值范围是 -10 ~ +10 V（分辨率5 mV），或者4 ~20 mA，或者 -20 ~20 mA，FX2N -4AD和FX2N主单元之间通过缓冲存储器交换数据，FX2N -4AD共有32个缓冲存储器，每个存储器为16位，其所有的有用信息全部存放在32个缓冲存储器中。

FX2N -4AD模数使用时首先必须进行4个A/D转换通道工作方式的设定，A/D转换通道的选择和其工作方式的设定是由0号存储器的内容决定的，0号存储器中的4位16进制数字从低位到高位分别控制1、2、3、4四个A/D转换通道的信号输入方式，4位16进制数字不管哪一位都只能设定0、1、2、3四个数值。具体控制情况是："0"对应" -10 ~ +10 V"电压输入。"1"对应"4 ~20 mA"电流输入，"2"对应" -20 ~ +20 mA"电流输入。"3"对应通道关闭。例如，0号存储器数值设定为H3210的意义是；通道1" -10 ~ +10 V"电压输入，通道2对应"4 ~20 mA"电流输入，通道3对应" -20 ~ +20 mA"电流输入，通道4关闭。

FX2N -4AD模块1 ~4号存储器中的内容用来设置4个通道的采样数。

FX2N -4AD模块5 ~8号存储器中的内容对应通道1 ~4的平均输入值。

FX2N -4AD模块29号存储器中的内容为出错状态，A/D转换无错时，29号存储器中的内容全为0。

FX2N -4AD模块30号存储器中的内容为FX2N -4AD模块的识别码，其数值为

K2010。借助于识别码可以在 PLC 与该模块交换数据前确认此特殊模块。

3. FX2N－4DA 模数转换模块

FX2N－4DA 模拟量输出模块的作用是将 FX2N 可编程控制器 CPU 的数字信号按 12 位数字量的方式转换成 4 点模拟输出（电压输出或电流输出），用以控制现场设备，转换的通道为 4 通道。

FX2N－4DA 也通过 32 个缓冲存储器与 PLC 交换数据。0 号对存储器中的 4 位 16 进制数字从低位到高位分别控制 1、2、3、4 四个 D/A 转换通道的信号输出方式，4 位 16 进制数字不管哪一位都只能设定 0、1、2 三个数值。具体控制情况是，“0”对应“－10～＋10 V”电压输出，“1”对应“4～20 mA”电流输出。2 对应“0～20 mA”电流输出。例如，0 号存储器数值设定为 H2100 的意义是通道 1、2 为“－10～＋10 V”电压输出，通道 3 为“4～20 mA”电流输出，通道 4 为“0～＋20 mA”电流输出。

FX2N－4DA 模块的 1～4 号缓冲存储器分别用来对应通道 1～4 的输出数据。

FX2N－4DA 模块的 29 号缓冲存储器的 b0～b12 位用来指示 D/A 转换是否出错，该缓冲存储器的内容可用 FROM 指令读出，b0～b12 中任何一位为“1”就意味着 D/A 转换出错。

FX2N－4DA 模块的 30 号缓冲存储器存储 FX2N－4DA 模块的标识 K3020，该标识码可使用 FROM 指令读取，PLC 与 FX2N－4DA 模块交换数据之前可以在程序中使用标识码来确定模块是否正确。

4. PLC 与模数转换/数模转换模块的通信

PLC 与所有特殊模块的信号交换均通过 FROM 与 TO 指令进行，FROM 用于 PLC 从特殊模块读取数据，TO 用于 PLC 向特殊模块传送数据。应用 FROM 与 TO 指令的关键是要弄清楚如下问题：

（1）跟哪个特殊模块交换数据；

（2）跟特殊模块的哪个或哪几个数据单元交换数据；

（3）从特殊模块来的数据放在 PLC 的什么位置；

（4）从 PLC 来的数据放在特殊模块的什么位置。

初始给定信号经由 FX2N－4AD 模数转换模块与 FX2N－4DA 数模转换模块的处理程序如图 5－6 所示。程序工作情况如下：

1）FX2N－4AD 模块的工作

PLC 开始运行，M8002 常开触点接通时，PLC 首先读取 0 号特殊模块即 FXzN－4AD 模块的识别码并将其与 K2010 比较，若模块选择没有错误则辅助继电器 M51 接通，以后的相关操作如下：

（1）将常数 H3303 送入 0 号模块的 04 单元，确定其通道 2 为。－10～＋10 V。电压输入，通道 1、3、4 关闭。

（2）将常数 K4 送入 0 号模块的 2 号单元，确定其每次采样数据为 4 个。

（3）将 0 号模块 29 号单元的内容取出送 K4M60，若 A/D 转换无误则 K4M60 每一位均为 0。

（4）M60 与 M70 常闭触点接通，即 A/D 转换无误时将 0 号模块 6 号存储器的内容即通道 2 的 A/D 转换结果取出送 D105。

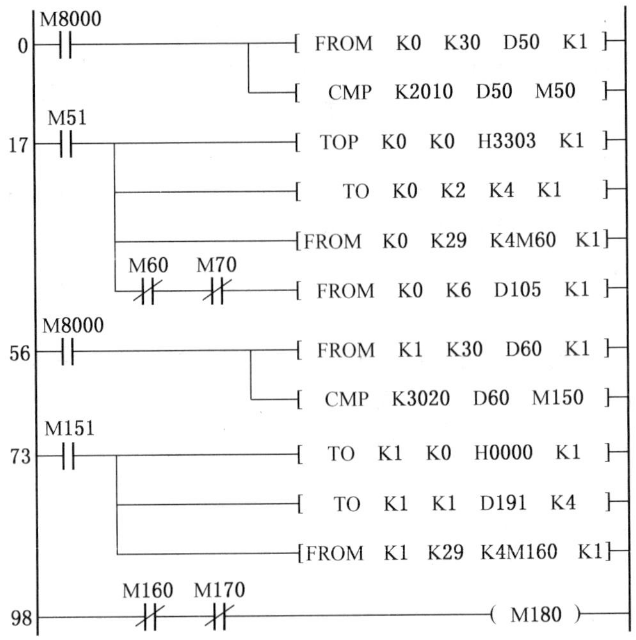

图 5－6　初始信号模数转换/数模转换程序

2）FX2N－4DA 模块的工作

（1）PLC 运行状态，M8000 常开触点接通时，1 号模块 30 号存储器的内容（型号码）传到数据寄存器 D60，当其型号码与 3020 相等时 M151 的常开触点接通。

（2）M151 的常开触点接通后，首先通过往 1 号模块的 0 号存储器传送数据 H0000 将 FX2N－4DA 模块的 4 个输出通道均设定为“10～＋10 V”电压输出。

（3）通过［TO K1 K1 D191 K4］指令将 PLC 数据寄存器 D191～D194 的内容转变为－10～＋10 V 电压模拟量并由 FX2N－4DA 模块的 4 个输出通道输出。

（4）读出状态数据。若 D/A 转换出错，则 M180 线圈断电。

（二）提升机位置、速度检测与控制

测速回路用以测量提升机的转速，并进行过速保护。

1. 光电编码器测速原理

测速回路的核心元件是光电式轴编码器，本控制系统所用轴编码器是 E6A2－CWZ6C360P/R 型轴编码器。电动机每转一圈该编码器可以产生 360 个脉冲，若定位精度要求更高，可以用输出脉冲数更多的编码器。该编码器可以生成 A、B 两相脉冲，分别对应电动机的正转和反转，利用轴编码器测速时电动机的转向可以由 PLC 的特殊辅助继电器 M8251 指示，M8251 常开触点闭合时电动机正转，M8251 常闭触点闭合时电动机反转。

光电编码器是一种通过光电转换将转轴的机械几何位移量转换成脉冲或数字量的传感器。光电编码器的工作原理如图 5－7 和图 5－8 所示。典型的光电编码器由码盘、检测光栅、光电转换电路（包括光源、光敏器件、信号转换电路）、机械部件等组成。在码盘上有规则地刻有透光和不透光的线条，在码盘两侧，安放发光元件和光敏元件。当码盘旋转时，光敏元件接收的光通量随透光线条同步变化，光敏元件的输出波形经过整形后变为脉冲，每转一圈输出的脉冲个数与码盘上透光线条数相等。如果在一个参考点后面脉冲数被累加，计算值就代表了转动角度或行程的参数。

脉冲编码器分为光电式、接触式和电磁感应式三种。光电式的精度与可靠性都优于其他两种，因此矿井提升机电控系统使用光电式脉冲编码器。

光电式脉冲编码器的结构如图5－7所示。在一个圆盘的圆周上刻有等间距线纹，分为透明和不透明两部分，称为圆光栅。圆光栅与工作轴一起旋转。与圆光栅相对，平行放置一个固定的扇形薄片，称为指示光栅，上面制有相差1/4节距的两个狭缝（辨向狭缝）。此外，还有一个零位狭缝（每转发出一个脉冲）。脉冲发生器通过十字连接头或健与伺服电动机相连。

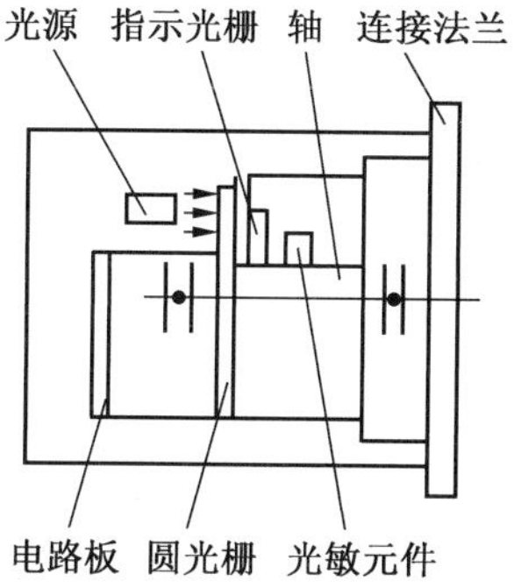

图5－7　光电式脉冲式编码器的结构

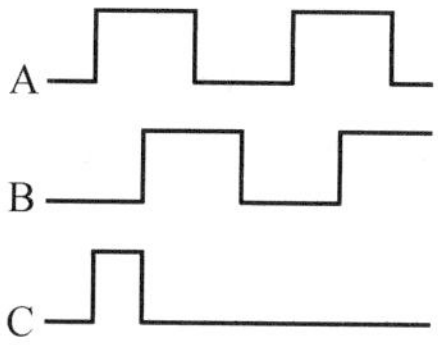

图5－8　脉冲编码器的输出波形

当圆光栅与工作轴一起转动时，光线透过两个光栅的线纹部分形成明暗相间的条纹。光电元件接收这些明暗相间的光信号，并转换成交替变换的电信号。该电信号为两组近似于正弦波的电流信号，经放大和整形变成方形波，如图5－8所示，A相和B相信号相位相差90°。通过两个光栅的信号，还有一个“每转脉冲”，称为Z相脉冲，该脉冲也是通过上述处理得来的。Z相脉冲用来产生定位的基准点，后来的脉冲被送到计数器，根据脉冲的数目和频率可测出工作轴的转角及转速，其分辨率取决于圆光栅的圈数和测量线路的细分倍数。

光电脉冲编码器在矿井提升机电控系统中用作提升罐笼位置及速度检测，将检测信号反馈给控制系统，再由PLC进一步处理。其反馈给控制系统有两种方式：一是适应带加减计数要求的可逆计数器，形成加计数脉冲和减计数脉冲；二是适应有方向控制和计数要求的计数器，形成方向控制信号和计数脉冲。

本控制系统中与轴编码器配套使用的是PLC内部的可逆高速计数器，其计数方向与专门的特殊辅助继电器的状态对应。如本节内容中提到的高速计数器C251，与2号轴编码器配套使用，用来检测提升机滚筒转速，C251的计数方向与特殊辅助继电器M8251的状态对应，罐笼在井筒中上行时C251加计数，M8251常开触点接通；罐笼在井田中下行时C251减计数，M8251常闭触点接通。

2. 提升容器在井筒中的位置测量

滚筒转速及提升容器在井筒中的位置由 E6A2 - CWZ6C360P/R 型轴编码器测量，编码器与 PLC 的连接如图 5 - 9 所示。

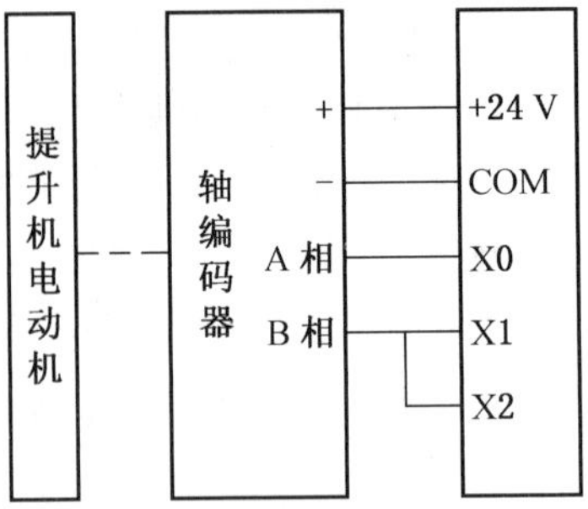

图 5 - 9　编码器与 PLC 连接图

由于 E6A2 - CWZ6C 型轴编码器电机每转一圈产生 360 个脉冲，脉冲频率较高，故对脉冲计数需要用到 PLC 的高速计数器。这里选用的高速计数器是 C251。提升机初次使用高速计数器时必须进行行程校对，行程校对的方法是在切除程序保护的前提下手动低速运行一个循环，从而得出满行程时 C251 的当前值，即满行程对应的脉冲数，然后利用比例关系分析计算即可知道罐笼在井筒中的当前位置。

设井筒深度为 H，井口停车位标高为 h_1，井底停车位标高为 h_2。若提升罐笼从井口下放到井底高速计数器 C251 记录的全程脉冲数为 C，则当提升容器下放时，若 C251 的当前值是 X，则提升容器在井筒中的位置标高 h 为

$$h = h_1 - X\frac{H}{C}$$

当容器上提时，若 C251 的当前值是 X，则提升容器在井筒中的位置标高 h 为

$$h = h_1 - H - X\frac{H}{C}$$

当容器在井筒中的位置测量 PLC 梯形图程序如图 5 - 10 所示。

3. 提升容器速度检测

提升容器在井筒中运行速度测量的原理是将 2 号编码器输出的比较编码脉冲信号对时间求积分，积分时间为 T。速度测量的 PLC 程序如图 5 - 11 所示。

梯形图程序中 D125 中的数值为速度值，单位为 m/s。计算方法如下：

$$D125 = D100\frac{H}{TC}10^3$$

（三）开车打点信号

《煤矿安全规程》规定，每一提升装置，都必须装有从井底信号工发给井口信号工和从井口信号工发给绞车司机的信号装置。井口信号装置必须与绞车的控制回路相闭锁，只有当井口信号工发出信号后，绞车才能启动。

这里规定，打点信号 1 点停车，2 点为正向上提，4 点为正向慢上提，3 点为反向下放，5 点为反向慢下放。开车打点信号的 PLC 程序如图 5 - 12 所示。由图 5 - 12 可以看

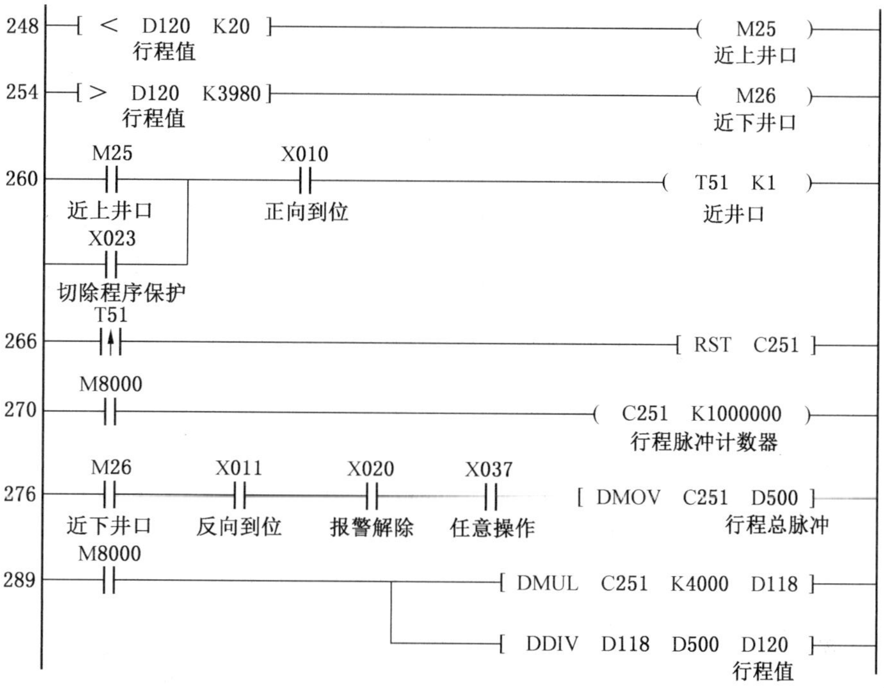

图 5－10 提升容器在井筒中的位置测量 PLC 梯形图程序

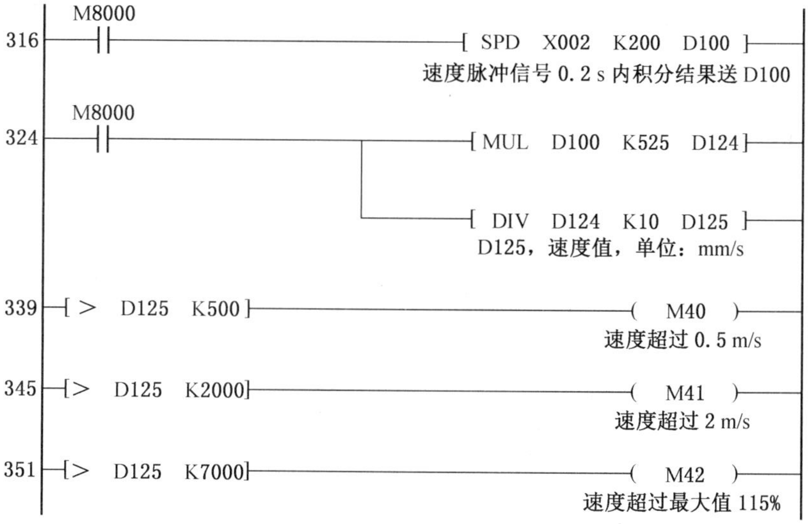

图 5－11 提升容器运行速度测量 PLC 程序

出，打点按钮每按一下，打点信号铃响一次，计数器 C0 记一个数。C0 当前值小于等于 1 或者大于 5 时，辅助继电器 M101 置 1，发出停车信号；C0 当前值等于 2 时，辅助继电器 M102 置 1，发出正向提升信号；C0 当前值等于 3 时，辅助继电器 M103 置 1，发出反向下放信号；C0 当前值等于 4 时，辅助继电器 M104 置 1，发出正向慢提信号；C0 当前值等于 5 时，辅助继电器 M105 置 1，发出反向慢放信号。

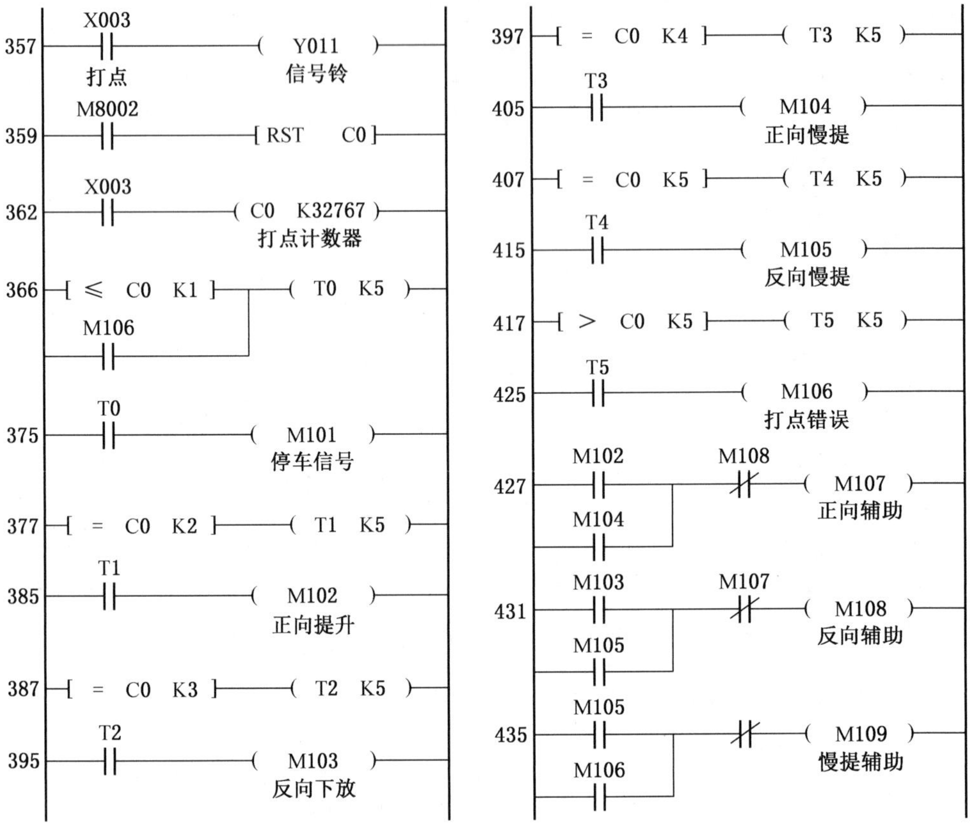

图 5-12　开车打点信号 PLC 程序

任务四　矿井提升机系统安装操作与维护

一、矿井提升机系统安装

（1）系统应安装在设备要求的工作环境中，周边应留有足够的空间，便于设备操作和散热。

（2）系统安装前应首先检查各紧固件、接线头是否松动，并清除内部灰尘，注意不要使部件有任何损坏。

（3）系统要安装在稳固的基座上，保证设备在工作过程中的安全性。

（4）系统外壳接地螺栓应接地良好，方可进行接线。

（5）接线时必须参看交流提升机变频电控系统的电缆布置图。

（6）接线时请按规定选择线径、线型，将线头处理后接到图示相应位置，并加以紧固。

（7）接入 PLC 的输入输出端子要各走其路，特别是要与高压隔开，最好用接地的金属管或专用电缆沟各自走线，不可互相并行，若受现场条件限制，应尽量拉开距离，以防短路或干扰。

二、矿井提升机电控系统调试

1. 通电调试前应对系统进行下列各项检查

（1）检查有无连接错误（特别是主电路和接地电路）。

（2）确认各连接端子导线没有短路或对地短路等情况。

（3）检查所有的螺钉和接线端子连接是否紧固，有无松动。

（4）检查有无导线屑、螺钉、工具等散落于变频器中。

（5）检查柜体、柜门等接地是否可靠。

2. 送控制电源

（1）送电前先确保控制回路第一级开关是断开的。

（2）送控制电，用万用表测量第一级开关前端电压是否在允许范围内，若是则进行下一步，若不是则应立刻切断电源端，检查电源输入端。

（3）合上控制回路第一级开关。

（4）高压变频器初始化启动完毕后，查看用户界面，看是否有故障告警，各部分通信是否畅通。

（5）在高压变频器程序中设定基准频率、额定电流、电机时间参数、电机空载电流、电机极数、光电编码器转速、加减速时间、提升转矩、限流倍数等重要参数。

（6）试验主控台在不提升情况下确保各项保护装置正常。

3. 送高压电源

（1）送高压电前，所有无关人员不要靠近变频器柜体，运行方式选择“正常状态”。

（2）送高压电正常后，变频器显示“系统待机”，高压指示灯也点亮。

（3）试验高压变频器高压分断自锁按钮是否能分断高压断路器（这一点很重要，确保故障时能可靠分断高压电源），并重复试验 5 次，保证每次都能可靠分断。

（4）用主控台的手闸控制器和主令控制器控制整个电控系统工作，开始时主令给定小一些，先低速空载调试，确认电机转向和设定转向是否一致，不一致的话更改变频器输出接线相序。

（5）在低速情况下监视外部传感器是否工作正常，若不正常应及时查找原因并处理。

（6）低速正常后，逐渐升高速度，最终达到电机额定转速。

（7）高速运转也正常后，系统带载调试。

（8）观察系统运转情况，及时调整系统各项参数，使提升机工作在最佳状态。

（9）系统能正常工作后，再仔细地试验一遍各项保护装置。

三、矿井提升机电控系统操作

1. 开车前准备工作

将各转换开关置于正常状态，主令控制器、工作闸手柄在零位，安全条件具备指示灯亮，按一下制动泵启动按钮，安全继电器指示灯亮，制动泵开启，指示灯亮。

2. 开车

当信号工发出正确的开车信号后，显示屏显示打点信号的次数，2 点或 4 点信号为上提，3 点或 5 点信号为下放，绞车司机必须看清打点次数，并且“信号已发”指示灯亮，主令控制器慢慢向前推或向后拉，慢慢松闸，主令控制器向前推或向后拉到底，绞车进入全速运行状态。绞车全速运行到减速点后自动减速，到停车位自动停车。

3. 紧急停车

当司机发现紧急情况需要紧急停车时，用右脚踏下右下角的脚踏开关，此时安全回路断电，提升机抱闸。

4. 安全回路掉电后恢复开车

如果安全回路掉电，查清原因后，将切除程序保护按钮按一下，安全条件具备指示灯亮了以后，将安全继电器工作按钮按一下，使安全继电器指示灯亮，方可进入开车状态。

为了确保提升机的正常安全运行，司机接班时，应对各种保护装置做试验，特别是过卷保护。过卷后应把切除过卷开关打上，才具备安全条件，当恢复过卷后，应把开关复位。

5. 控制系统的工作过程

（1）井下、井口发出开车信号，主控台逻辑电路对信号进行处理，即可进入相应的开车程序。

（2）司机按照正确的开车方向，将主令手柄向后或前推至终端，同时将手动闸手柄推向全松闸位置，经内部程序处理，再经过 4DA 数模转换模块，使工作闸推出的数字量转换成模拟量，工作闸线圈接通，提升机松闸，同时主令控制器控制输出的 0～10 V 信号加到高压变频器的模拟给定端，高压变频器按照设置的加速时间开始工作，频率由 0 Hz 升至 50 Hz，电机转速由低速上升到高速。提升系统进入等速段工作。

（3）提升机等速运行至内、外减速点，装在深度指示器上的限位开关动作，其常闭触点断开，减速信号输入 PLC，经内部运算处理后输出相应的控制信号，使减速信号铃响，同时高压变频器的模拟给定降为 1 V（可根据现场速度做适当修改），变频器输出频率由 50 Hz 按照减速时间降为 5 Hz，提升机速度也相应地降下来，待稳定在一个低速后，系统进入爬行段工作。

（4）提升容器爬行至卸载位置时，容器到位开关常开触点闭合，使工作闸回路断电，工作闸制动停车，完成一次提升过程。

四、矿井提升机电控系统使用维护

（1）主控台 PLC 输出电路设有熔断器，因此当某一路输出不动作时，首先应检查熔断器是否发生熔断，并查出熔断原因，用相同容量的熔断器更换即可。

（2）电控系统的给定信号和工作闸信号由主控台的主令控制器和手闸控制器产生，主令控制器和手闸控制器的工作状况直接决定电控系统是否能正常工作，所以任何人都不得乱动主令控制器和手闸控制器。

（3）系统运行中出现的问题一般是由外部各传感器和控制开关引起的。因此，在查找故障时，首先应观察 PLC 各输入端是否正常。指示不正常就检查开关外设，各外设指示正常仍存在问题，再通过编程器调出内部程序一个节点一个节点寻找，根据梯形图分析后再处理。

（4）运行后，专职维护人员要定期检查系统的工作情况，发现问题必须及时处理，绝不允许非专业人员维修。

（5）专职维修人员必须学会用编程器调出PLC程序逻辑，会修改程序，会看梯形图，会用编程器监视各输入输出接点的内部辅助继电器、专用辅助继电器、定时器、计数器、数据存储器等的变化。

（6）定期检查各导电部件的发热和各紧固件的紧固情况。定期清扫设备内部卫生，防止因灰尘而引起短路，损坏设备，破坏设备安全运行。

五、提升机司机日常操作及检查注意事项

（1）司机在操作时禁止和其他人员交谈，不准吸烟。做到“四要”，即：思想要集中，信号要听清，开车要稳，停车要准。在提升机运转中及调绳操作期间严禁司机替换操作。

（2）井口设备进行检修时，提升机必须停电，挂好停电牌，并由一名司机看守操作台。井筒检修工作结束恢复生产前，应取得原联系人的同意。

（3）值班司机对过卷开关、松绳信号及脚踏开关等，在交接班时应做一次人工试验，检查其动作是否灵敏可靠。

（4）人员上、下（交接班）和井筒检修时，必须做到一人操作，一人监护。

（5）提升机在运转中，不担任操作的司机每小时应按巡回检查路线检查一次。

（6）电气方面，应检查电动机、发电机等运转设备的声音与温度是否正常，换向器、接触器、继电器等的动作是否灵活，线圈温度是否超过规定，起动电阻有无过热、发红、“刺火”等现象。

（7）机械方面，应检查轴瓦的温升及润滑情况是否正常，各处螺栓及销轴有无松动现象，制动系统的工作是否正常、可靠。

（8）安全保护装置，应检查过卷、松绳、紧急停车开关，紧急制动开关等工作情况是否正常。

复习思考题

1. 简述提升机电力拖动的主要形式。
2. 简述提升机对拖动系统控制性能的要求。
3. 简述光电编码器测速原理。
4. 矿井提升机速度信号如何给定？
5. 矿井提升机深度检测如何实现？
6. 简述矿井提升机开车过程。
7. 矿井提升机日常维护应注意哪些事项？

项目六　矿用空气压缩机电气控制技术

知识目标

1. 了解矿井空气压缩机电气控制技术的发展概况。

2. 掌握基于 PLC 的矿井空气压缩机电控系统工作原理。

3. 了解矿井空气压缩机操作与维护。

技能目标

1. 能够根据矿井空气压缩机电气控制图分析其工作原理和电气保护系统功能。

2. 了解矿井空气压缩机电控系统操作维护的方法。

3. 能够根据矿井空气压缩机控制系统运行要求，结合工程实际进行电控系统方案设计。

素养目标

1. 培养学生勤劳、敬业的人生观。

2. 弘扬工匠精神，引导学生掌握精湛的技艺，树立严谨的工作态度。工匠精神强调对技艺的追求、对品质的精益求精以及对工作的敬畏和热爱。通过实践操作、技能训练引导学生端正工作态度，掌握精湛的技艺。

3. 培养学生的安全意识。电气故障诊断涉及设备的安全运行，学生需要具备强烈的安全意识，严格遵守安全规程和操作规程，确保操作安全可靠。这种安全意识有助于学生在未来的工作中更好地保障人身和设备安全。

任务一　矿 用 空 压 机

压缩空气是重要的动力源之一。在煤炭生产中，使用的各种风动工具，如凿岩机、风镐、锚喷机及气锤等，都是以压缩空气作为动力的。空压机电气控制系统可靠性的高低将直接影响各项生产任务的完成，在生产中起着至关重要的作用。现代化矿井建设需要全矿建立综合自动化系统，要求矿井各主要环节都实现计算机自动控制和管理。空压机控制系统就是要实现从空压机房各设备的检测、控制、使用状态到自动统计、报告处理等全过程的动态管理，实时提供快速、准确、全面的信息，保障设备安全、可靠的运行。

旧的空压机电气系统采用无系统故障指示的常规继电器方式，线路混乱，仪表系统联锁复杂，造成设备管理复杂困难，技术要求较高，故障无法短时排除。应用 PLC 控制系统可实现空压机电控系统操作简单、维修维护方便、系统安全可靠。

一、空压机的用途

随着科学技术的发展，空压机的用途越来越广，把空气作为传递力能的介质，其动力用途主要有以下几方面：

（1）传统的空气动力，如风动工具、凿岩机、风镐、气动扳手、气动喷砂，一般 0.6～1.5 MPa。

（2）仪表控制及自动化装置，如加工中心的刀具更换等，一般0.6 MPa。

（3）车辆制动，门窗启闭，一般0.2～0.6 MPa。

（4）喷气织机中用压缩空气吹送纬纱以代替梭子，一般0.1～0.2 MPa。

（5）食品、制药工业，利用压缩空气搅拌浆液，一般0.2～0.6 MPa

（6）大型船用柴油机的启动，一般2.5～6.0 MPa。

（7）风洞实验，地下通道换气，金属冶炼，一般60～10 MPa。

（8）油井压裂，一般15 MPa。

（9）高压空气爆破采煤，一般80 MPa。

（10）武器系统，导弹发射、鱼雷发射，一般150～300 MPa。

（11）轮胎充气，一般0.20～0.25 MPa。

（12）喷漆，一般0.3～6.0 MPa。

（13）吹瓶机，一般3.0～4.5 MPa。

二、空压机的类型

空压机的种类很多，按工作原理可分为容积式空压机、往复式空压机、离心式空压机。容积式空压机的工作原理是压缩气体的体积，使单位体积内气体分子的密度增加以提高压缩空气的压力。离心式空压机的工作原理是有一个或多个旋转叶轮（叶片通常在侧面）使气体加速，使气体分子具有的动能转化为气体的压力能，从而提高压缩空气的压力，主气流是径向的。往复式空压机（也称活塞式空压机）的工作原理是直接压缩气体，当气体达到一定压力后排出，其压缩元件是一个活塞，在气缸内作往复运动。

现在常用的空压机基本类型有往复式、回转式、离心式。

1. 往复式空压机

往复式空压机是变容式空压机，这种空压机将封闭在一个密闭空间内的空气逐次压缩（缩小其体积）从而提高其气压，往复式空压机以气缸内的一个活塞作为压缩位移的元件来完成以上的压缩过程。往复式空压机有喷油和无油两种，具有压力和气量的广泛选择余地。

2. 回转式空压机

排气量范围为0.85～85 m^3/min，最普通的回转式空压机是单级喷油螺杆式空压机，这种空压机在机腔内有两个转子，通过转子来压缩空气，内部没有阀门。这种空压机一般为油冷，油起到了密封的作用。回转式空压机是连续工作制，也可设计成风冷或水冷机组。由于结构简单易损件少，回转式螺杆空压机很容易维护、操作，并具有安装灵活的特点。

3. 离心式空压机

排气量范围为11.2～420 m^3/min，离心式空压机是动力型空压机，通过旋转的涡轮完成能量的转换，转子通过改变空气的动能和压力来实现以上的转换。由静止的扩压器降低空气的流速来实现动能向压力的变换。离心式空压机是无油空压机，运动齿轮的润滑油由轴密封和空气隔离。离心式是连续工况式空压机，移动件很少，特别适用于大气量无油的要求。离心式空压机是水冷式的，典型机组包括后冷却器和所有的控制装置。

活塞式空压机适用的压力范围大，特别适用于压力较高的中小流量场合。目前仍是应用广泛的一种空压机。螺杆式，离心式空压机运转平稳，排气均匀。螺杆式适用于低压力，中小流量的场合，离心式则适用低压力、大流量的场合。

三、空压机的选择

空压机的选择是根据气动系统所需要的工作压力和流量两个主要参数来决定，空压机的额定压力应略高于气动系统的工作压力。

目前，一般气动系统的工作压力为 0.5 ~ 0.8 MPa，可选用额定排气压力为 0.7 ~ 1 MPa 的低压空压机。特殊需要时，也可选用中压（1 ~ 10 MPa）、高压（10 ~ 100 MPa），甚至超高压的（100 MPa）以上的空压机。流量则需要由现场使用情况计算确定。

任务二　基于 PLC 的矿井空压机电控系统

基于 PLC 的矿井空压机电控系统

一、基于 PLC 的空压机电控系统控制要求

1. 控制系统工作过程

现有 1 台 AA2 – 220 W 型 220 kW　380 V、40 m^3/min、0.7 MPa 螺杆式空压机，由交流异步电动机驱动，启动方式为软起动器启动。

空压机系统组成如图 6 – 1 所示。

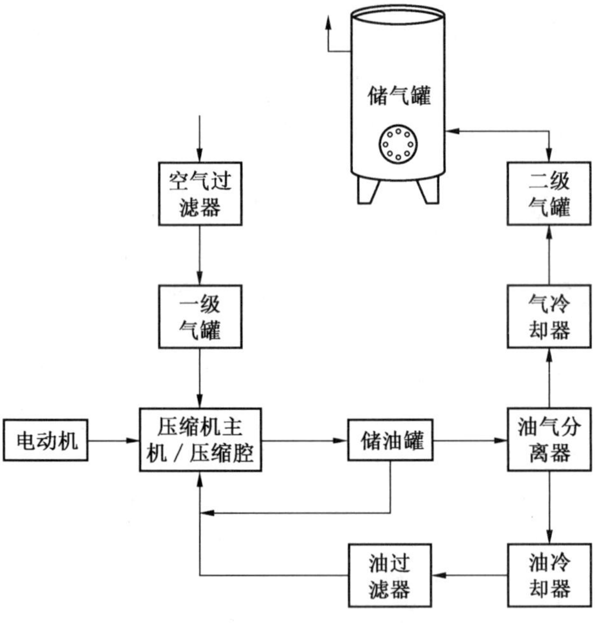

图 6 – 1　空压机系统组成

在空压机系统中，采用在空压机后端出气管道上安装压力传感器来控制空压机的压力。空压机启动时，加载电磁阀处于关闭状态，加载气缸不动作，软起动器拖动电动机空载运行一段时间（可由控制器任意设定，如设置为 10 s）后，加载电磁阀打开，空压机带载运行。当空压机启动运行后，如果后端设备用气量较大，储气罐（俗称气包）和后端

管路中压缩气压力未达到压力上限值，则控制器动作加载阀，打开进气口，电动机负载运行，不断地向后端管路产生压缩气。如果后端用气设备停止用气，后端管路和储气罐中压缩气压渐渐升高，当达到压力上限设定值时，压力传感器发出卸载信号，加载电磁阀停止工作，进气口滤清器关闭，电动机空载运行。

空压机运转后，不是马上产生压缩空气，而是要等到打开进气阀后，才逐步产生压缩空气。同样，在交流异步电动机仍处在运转的情况下，关闭进气阀后，才逐步停止产生压缩空气。

2. 控制要求

控制系统应具有启动功能、停止功能、保护及故障报警功能。当系统在自动集控工作方式时，根据设定的供气压力值，当冷却水压力、空压机润滑油油压满足要求时，自动控制卸荷或加载。在储气罐压力达到设定值 0.7 MPa 时空压机进气阀关闭，自动停机。当储气罐压力下降到 0.65 MPa 时，自动打开进气阀，再次进行充气。

为保证空压机运行可靠、安全，对于排气量大的空压机，在运行过程中有以下基本控制要求：

（1）空压机的润滑油压油温超出规定范围时，应有相应的保护。

（2）空压机的冷却水出现间断时，应有断水保护。

（3）排气温度超过规定范围时，要有温度保护。

（4）空压机气压超过规定范围时，要有压力保护。

根据用户提出的要求，本系统分手动和自动两种运行方式，而且手动方式优先于自动方式。一般情况下，系统处在自动运行方式。当自动运行的工作条件满足时，按一下自动方式的启动按钮，根据测得的压力，将其与设定值比较，就会自动启动或停止空压机。当设备需要检修、保养或发生紧急情况时，需要切换到手动方式。控制室操作面板上还设有故障解除按钮和报警解除按钮。当设备发生故障时，蜂鸣器响，按一下报警解除按钮，蜂鸣器停止工作。整个控制系统结构如图 6－2 所示。

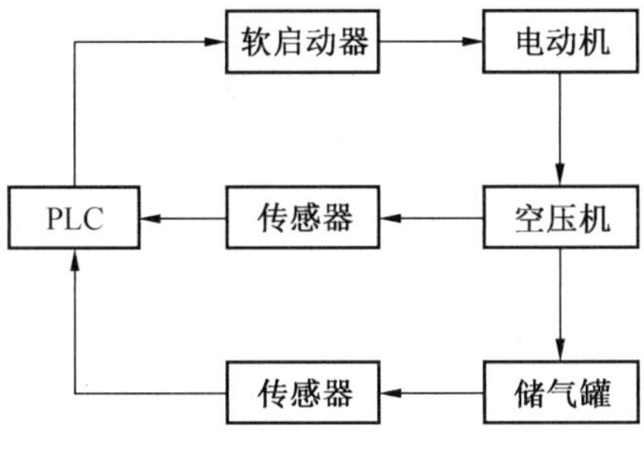

图 6－2　空气压缩机 PLC 控制系统结构

二、基于 PLC 的空压机电控系统设计

1. 确定检测参数

一级排气压力检测范围为 0～0.6 MPa，储气罐储气压力为 0～0.7 MPa，润滑油压力

检测范围为 0 ~ 0.6 MPa，二级排气温度检测范围为 0 ~ 200 ℃，润滑油温度检测范围为 0 ~ 200 ℃，冷却水断水检测，冷却水压不得超过 0.5 MPa，冷却水出口温度应保持低于 40 ℃，见表 6 – 1。

表 6 – 1　空压机监控系统检测参数

<table>
<tr><td rowspan="3">压力</td><td></td><td>储气罐压力</td><td>润滑油压力</td><td colspan="2">一级排气压力</td><td>冷却水压</td></tr>
<tr><td>报警值</td><td>0.7 MPa</td><td>0.1 MPa</td><td colspan="2"></td><td></td></tr>
<tr><td>停机值</td><td>无</td><td>0.09 MPa</td><td colspan="2">0.25 MPa</td><td>0.5 MPa</td></tr>
<tr><td rowspan="3">温度</td><td></td><td>二级排气温度</td><td colspan="2">润滑油温度（缸体）</td><td colspan="2">冷却水出口温度</td></tr>
<tr><td>报警值</td><td>160 ℃</td><td colspan="2">60 ℃</td><td colspan="2">40 ℃</td></tr>
<tr><td>停机值</td><td>无</td><td colspan="2"></td><td colspan="2">40 ℃</td></tr>
</table>

数字量输入设备由旁路开关、启动按钮、停车按钮、自动、非自动、手动给水、消音按钮、检修按钮等组成。

数字量输出设备主要由启动软起动器、停止软起动器、排气压力高指示灯、油压低指示灯、超温指示灯、断水指示灯、故障报警输出灯、声音报警输出、运行灯、检修灯、卸荷电磁阀等组成。

2. 传感器选型

1）温度变送器

缸体温度、二级排气温度选用 PT100 一体式温度变送器，其测量范围为 0 ~ 200 ℃，采用 DC +24 V 电源供电，输出为 DC4 – 20 mA 信号，误差为 0.5% 。

温度变送器配以二线制 RVVP 电缆单独传输到 PLC 的 AI 模块的一个通道，AI 模块把此温度信号转换成数字量，然后通过底板总线传到 CPU 模块，CPU 接到此信号后，把此信号存入到一个相应的寄存器中，与相应的报警值进行比较并作出判断。压力信号传输过程与此类似。

冷却水温度出口温度检测使用 PT100 一体式温度变送器，测量范围为 0 ~ 80 ℃，采用 DC +24 V 电源供电，输出为 DC4 – 20 mA 信号，误差为 0.5% 。

2）压力变送器

二级排气压力、一级气压检测和冷却水压检测均选择通用型压力变送器，量程为 0 ~ 1 MPa，误差为 0.5% ，其工作电源为 DC24V，满量程输出 DC4 – 20 mA 信号。

压力变送器把空压机二级排气压力信号转换成 4 ~ 20 mA 电流信号，然后通过屏蔽电缆把此信号传输到 PLC 的 AI 模块，AI 模块把此信号传输到 CPU 模块，CPU 接到此信号后，把此信号通过 PLC 的梯形图与相应的卸荷值和增荷值进行比较，当测量值大于卸荷值，PLC 会控制相应的卸荷电磁阀动作，使空压机卸荷，从而二级排气压力下降；当测量值小于增荷值时，PLC 会控制相应增荷电磁阀动作，使空压机增荷，从而二级排气压力上升。

一级气压报警值为 0.25 MPa，冷却水压报警值为 0.5 MPa。

3）冷却水断水检测

通过流量计来检测冷却水是否中断，通常管路中水的压力可分为水的全压、水的动压和水的静压。一般压力表所测得的压力只是水管中的静压，它并不能真实反映出实际冷却水流量的大小。故此处选用流量计来判断冷却水是否中断。系统选用流速报警流量开关，设定流量报警值为 1 m/s。

温度变送器、压力变送器、流量开关的外观如图 6－3 所示。

(a) 温度变送器　　(b) 压力变送器　　(c) 流量开关

图 6－3　温度变送器、压力变送器、流量开关的外观

3. PLC 选型与扩展模块

S7－200 系列的 CPU224 集成了 14 点输入、10 点输出，共有 24 点数字量 I/O，且具有 2 路模拟电压输入，从满足数字 I/O 端口的角度，是能够完成空压机的基本控制功能的。但考虑一定的扩展性，故在空压机监控系统中选用 S7－200 系列的 CPU226CN（AC/DC）继电器作为其控制器。其中 AC/DC 继电器表示该款 CPU 是交流电源供电，输入是 DC24V，输出为继电器输出。该机集成了 24 点输入、16 点输出，共有 40 点数字量 I/O。它可以连接 7 个扩展模块，最大扩展至 248 点数字量 I/O 或 35 路模拟量 I/O。CPU226 配有 2 个 RS－485 通信/编程口，具有 PPI 通信、MPI 通信和自由方式通信能力，是具有较强控制能力的小型控制器。为了配合采集现场传感器的模拟量输入信号，为 CPU226CN 扩展了 2 块 EM231CNAI4 × 12 位模拟量输入模块。

EM231 开关设置见表 6－2。

表 6－2　EM231 开关设置

Sw1	Sw2	Sw3	Sw4	Sw5	Sw6
ON	OFF	OFF	OFF	OFF	ON

模拟信号范围设为单极性 0 ~ 20 mA，分辨率 5 μA，数据范围为 0 ~ 32000，其数据格式见表 6－3。

表 6－3　模拟信号数据格式

	MSB					LSB
	15	14	3	2	1	0
AIWXY	0	12 位数据值		0	0	0

该系统的开关量输入包括每台空压机的选择开关和按钮开关的输入信号，外设运行与否的反馈信号，反映设备发生故障的输入信号以及系统运行所需的选择开关和按钮开关的输入信号。

该系统需输入开关量 9 点，输出开关量 11 点，主要是控制每台空压机的输出信号，以及系统所需的输出信号，扩展 2 块 4 路模拟量输入模块 EM231，系统地址见表 6－4。

表 6－4　CPU226 及 EM231 地址

CPU226				EM231	
DI		DO		AI	
I0.0	旁路开关	Q0.0	启动/停止开关	AIW0	储气罐压力
I0.1	启动按钮	Q0.1	启动指示	AIW2	润滑油压力
I0.2	停止按钮	Q0.2	旁路接触器 KM10	AIW4	二级排气温度
I0.3	转换开关－SA1 自动	Q0.3	运行指示	AIW6	润滑油温度
I0.4	转换开关－SA1 非自动	Q0.4	气包放空电磁阀	AIW8	冷却水压
I0.5	手动给水	Q0.5	冷却水电磁阀	AIW10	冷却水温
I0.6	消音按钮	Q0.6	音响报警输出	AIW12	一级排气气压
I0.7	检修按钮	Q0.7	故障灯	AIW14	备用
I1.0	断水检测	Q1.0	工作指示灯		
I1.1－I1.07	备用	Q1.1	检修		
I2.0－I2.07	备用	Q1.2－Q1.7	备用		

4. S7－200 系统的电源需求分析

S7－200CPU 模块提供 DC5 V 和 DC24V 电源，当有扩展模块时 CPU 通过 I/O 总线（扁平电缆）为其提供 5 V 电源，所有扩展模块的 5 V 电源消耗之和不能超过该 CPU 提供的电源额定值。若不够用，不能外接 SV 电源，但一般情况下 5 V 电源是够用的，不需要外接。每个 CPU 都有一个 DC24V 的传感器电源，它为本机输入点和扩展模块输入点及扩展模块继电器线圈提供 DC24V，如果电源要求超出了 CPU 模块的电源额定值，可以增加一个外部 DC24V 电源来提供给扩展模块。

CPU226 的集成 24 V 负载电源可提供给传感器 400 mA 电流输出，＋5 V 背板提供 1000 mA 电流，CPU226 的 40 个数字量如果全部使用 CPU226 的集成 24 V 需 160 mA（40 × 4 mA），模拟量模块 EM231 需要背板电源＋5 V 提供 20 mA 电流，24 V 电源需 60 mA 电流，可以计算得知仅靠 CPU226 就可以满足 1 个 EM231 和基本数字量的电源供应。

5. 空压机控制线路

如图 6－4 所示，空压机软起动器型号为 SS2－160/380 V，S1、S2 为控制端子，该端子为启停信号控制端子，为无源信号输入。当 Sl、S2 导通时，软启动器开启，当 S1，S2 分断时，软起动器停止。S3、S4 为输出端了，该端子为旁路信号输出端子，为继电器自动输出，S3 为电源输入，S4 为电源输出。

1）启动

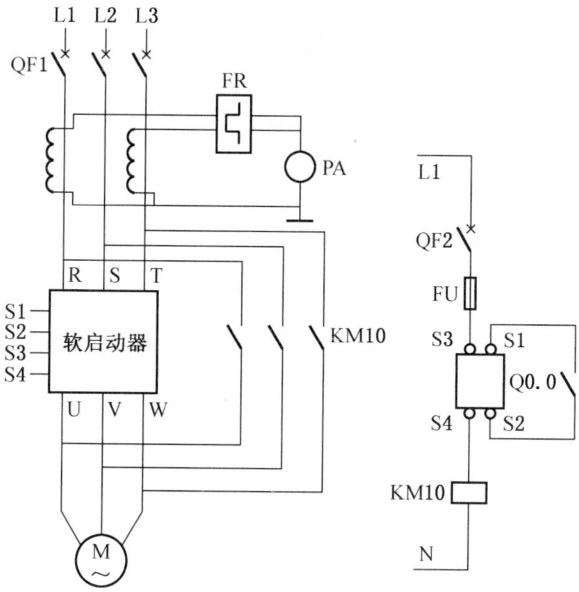

图6-4 空压机控制线路

当断路器 QF 闭合通电后，按下 SB1，PLC 输出 Q0.0 使得 S1、S2 导通，软起动器工作，当启动时间达到设定的值后，软起动器输出全压，同时旁路端 S3、S4 自动闭合输出，旁路接触器 KM10 得电吸合，再过 5 s 后软起动器由全压变为关断，系统处于旁路工作状态，软启动过程结束。

2）停止

当按下 SB2 时，PLC 控制输出端 Q0.0 断开，使得 S1、S2 分断，软起动器停止，同时旁路接触器断开，系统处于自由停车状态。

6. 控制方式

CPU226 使用的内部寄存器说明见表 6-5。

表6-5 内部寄存器

M1.0 储气罐压力低	M0.1 自动允许
M1.1 储气罐压力高	M2.0 故障停车标志
M1.2 润滑油油压高	M2.1 中间继电器
M1.3 润滑油油压低	M2.2 故障报警标志
M1.4 冷却水中断	M3.0 冷却水压高
M1.5 润滑油油温高	M3.1 冷却水温高
M1.6 二级排气气温高	M3.2 一级排气气压高

空压机控制启动时，有自动和非自动两种方式，由转换开关控制，启动前闭合电源开关 QS。

1）非自动控制

非自动控制时，先将转换开关打至“非自动”位置，其触点104接通，启动时，按下启动按钮SBl，I0.1闭合，PLC内部寄存器M0.5闭合形成自保，Q0.0导通控制开关S1、S2闭合，软起动器开始工作。

I0.0闭合导通，表示启动过程结束，Q0.2导通，KM10闭合，电动机全压运行，当Q0.0导通时，使润滑油温、二级排气温度及断水延时等保护随即投入运行。

2）自动控制

自动控制时，将转换开关SA1打至“自动”位置，其触点I0.3闭合，按下启动按钮SB1，M0.5继电器得电吸合并自保。但由于M0.1未闭合，故电动机暂不启动，当空压机储气罐压力低于整定值时，使M1.1、M0.1相继得电吸合，Q0.0闭合，S1、S2闭合，以后的过程同非自动控制一样，完成启动过程。

当空压机储气罐压力达到规定压力并偏高时，M12导通并自保，其触点M1.1打开，M0.1断开，Q0.0断开，S1、S2断开，电动机自由停车。可见，这时电动机的启动和停转是根据储气罐的压力大小进行自动控制的。

7. 减荷启动和自动供水

为使电动机轻载启动，电路设置放空电磁阀Y1，由Q0.4控制。电动机启动时，随着Q0.0闭合，启动过程结束之前I0.0闭合，Q0.4闭合，控制电磁阀Y1有电，打开阀门，减轻电动机卸荷。启动结束后，I0.0闭合，其常闭触点所开，Q0.4断开，自动关闭电磁阀Y1。

空压机冷却水的供给由Q0.5控制冷却水电磁阀Y2来实现，在空压机启动的同时，Q0.0闭合，Q0.5导通，控制电磁阀Y2得电，打开供水阀门。停机时，按下按钮SB2，I0.2导通，其常闭触点断开，Q0.0断开，Q0.5断开，电磁阀Y2自动关闭供水阀门。

8. 空压机的保护

系统设有空压机一级排气压力过高、润滑油压力过高或过低、冷却水中断等紧急停车保护。当发生以上任一故障时，相应的M3.2、Ml.2、M1.3、M1.4闭合动作，通过M2.0停机；同时触点Q0.6闭合，发出音响信号，按下消音按钮I0.6，M2.1得电吸合，其常闭触点断开音响信号Q0.6，同时Q0.7闭合发出灯光信号。

当空压机发生二级排气温度过高或润滑油温过高、冷却水压高、冷却水温高等故障时，M1.6、M1.5、M3.0、M3.1闭合，M2.2闭合动作，电路仅发出故障信号，空压机继续运行。另外，定时器T38定时3 min用于空压机的断水延时保护。

9. 模拟量滤波后的数据格式转换

系统中使用了EM231模拟量模块，由于压力传感器和温度传感器采样后得到的数据格式不同，故而转换成实数的方法也不一样。因为A－D（模数）、D－A（数模）转换之间的对应关系，S7－200CPU内部用数值表示外部的模拟量信号，两者之间有一定的数学关系。这个关系就是模拟量数值量的换算关系。

模拟量转换的目的显然不是在S7－200CPU中得到一个0～32000之类的数值。对于编程和操作人员来说，得到具体的物理量数值（如压力值，流量值），或者对应物理量占量程的百分比数值要更方便，这是换算的最终目标。由于该系统没有设计显示器，故省路转换物理量的计算，只是计算相应的上下限数值对应的模拟量字变量，便于进行相应的判断。

模拟量的输入输出都可以用下列的通用换算公式换算：

$$O_v = [(O_{sh} - O_{sl}) * (I_v - I_{sl})/(I_{sh} - I_{sl})] + O_{sl}$$

式中，O_v 是换算结果；I_v 是换算对象；O_{sh}是换算结果的高限；O_{sl}是换算结果的低限；I_{sh}是换算对象的高限；I_{sl}是换算对象的低限。

如储气罐压力上限为 0.7 MPa，压力变送器测量范围为 0 ~ 1 MPa，变送器输出 4 ~ 20 mA，则对应的模拟字变量为 VW0 = [(0.7 − 0)/(1 − 0)] × (32000 − 6400) + 6400 = 24320。其他参数计算过程类似，模拟字变量参数见表 6 − 6。

表 6 − 6　CPU226 模拟字变量参数

压力	储气罐压力	润滑油压力	二级排气压力	冷却水压	温度	二级排气温度	润滑油温度（缸体）	冷却水温
上限	24320	8960	12800	19200	报警值	26880	14080	19200
下限	23040	8704			停机值	无		

模拟量通道默认设置是为所有的模拟量输入使用滤波器，可以不用另行设置。

10. 空压机电控系统部分梯形图程序

图 6 − 5 所示为系统梯形图。

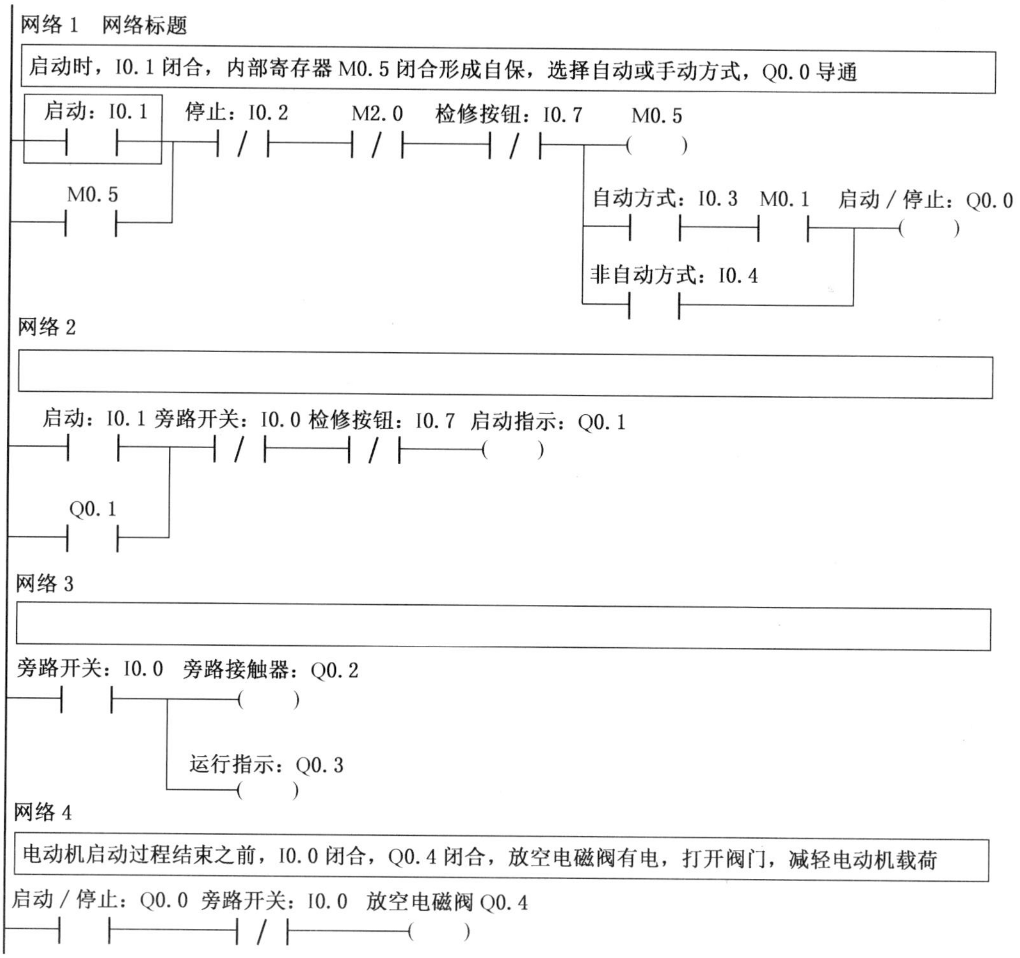

网络 5

空压机启动时，Q0.0 闭合，Q0.5 导通，打开供水阀门，停机时 I0.2 断开，电磁阀自动关闭供水阀门

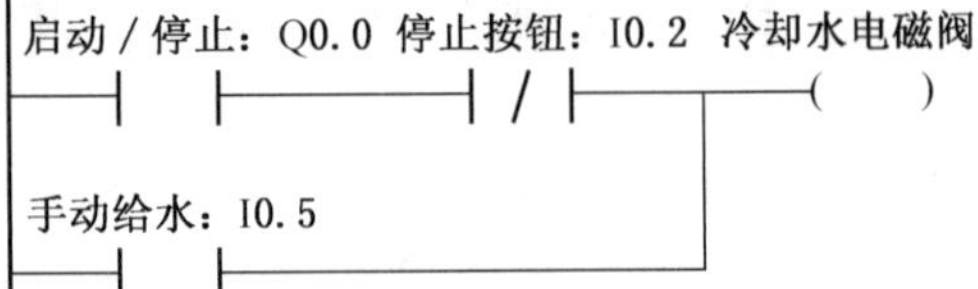

网络 6

空压机一级排气压力过高、润滑油压力过高或过低、冷却水中断等时，通过 M2.0 停车

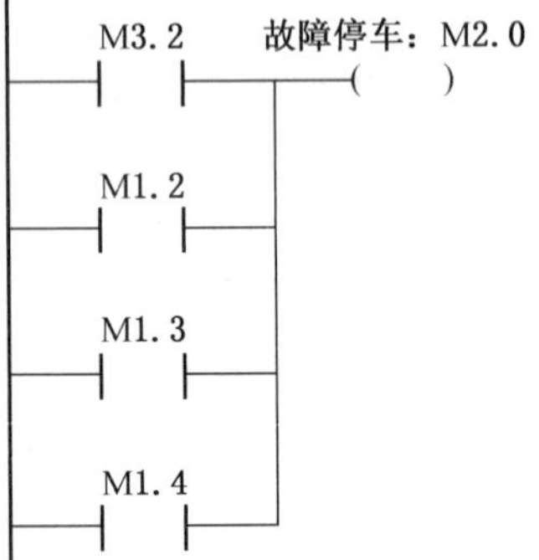

网络 7

故障停车时，发出音响信号

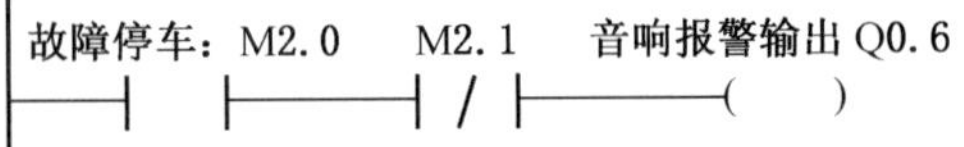

网络 8

按下消音按钮 I0.6，断开音响信号 Q0.6，故障灯显示

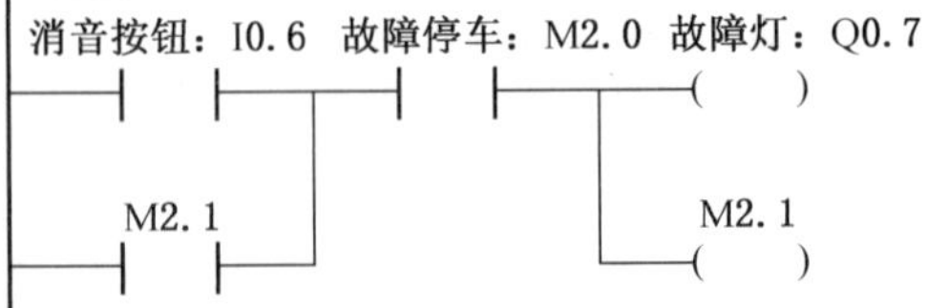

网络 9

当空压机发生二级排气温度过高或润滑油温过高、冷却水压高、冷却水温高等故障时，M2.2 闭合动作，发出故障信号

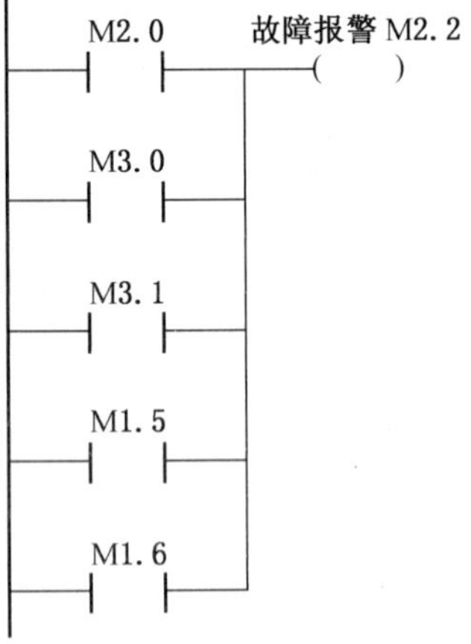

网络 10

VW30 用于存放储气罐压力

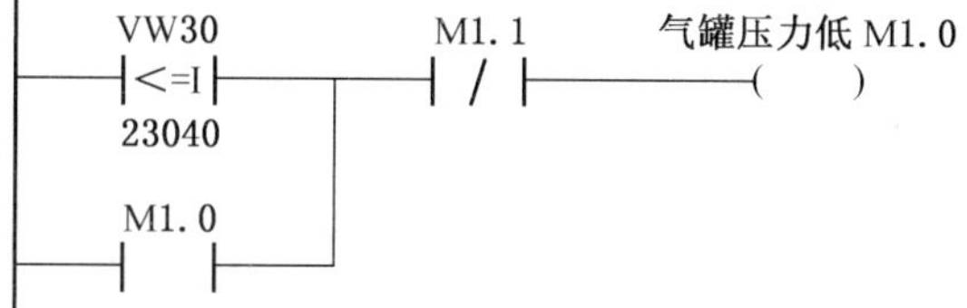

网络 11

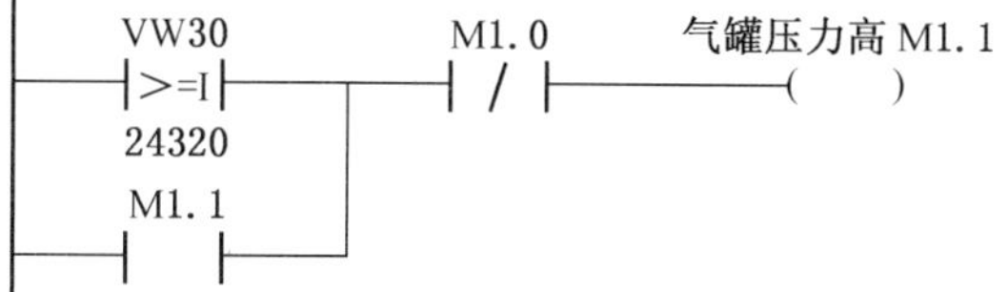

网络 12

当空压机储气罐压力值正常时，M0. 1 导通，自动允许

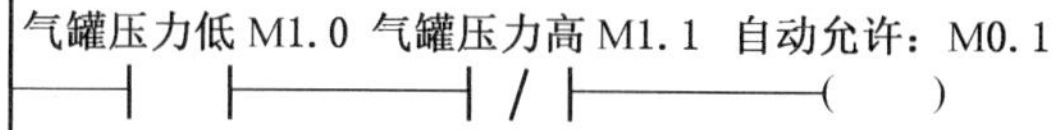

网络 13

VW32 存放润滑油压力，VW34 存放二级排气温度，VW36 存放润滑油温度；当 Q0. 0 导通时，使润滑油温、二级排气温度及断水延时等保护随即投入运行

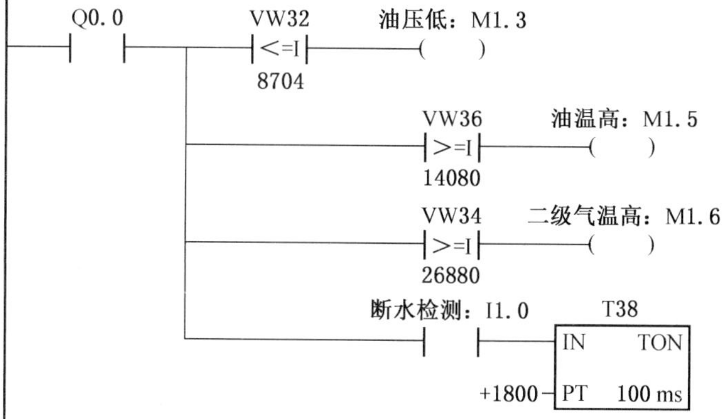

网络 14

定时器 T38 定时 3 分钟用于空压机的断水延时保护

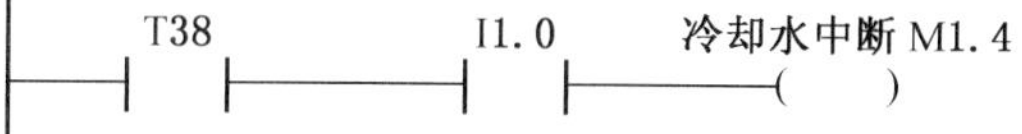

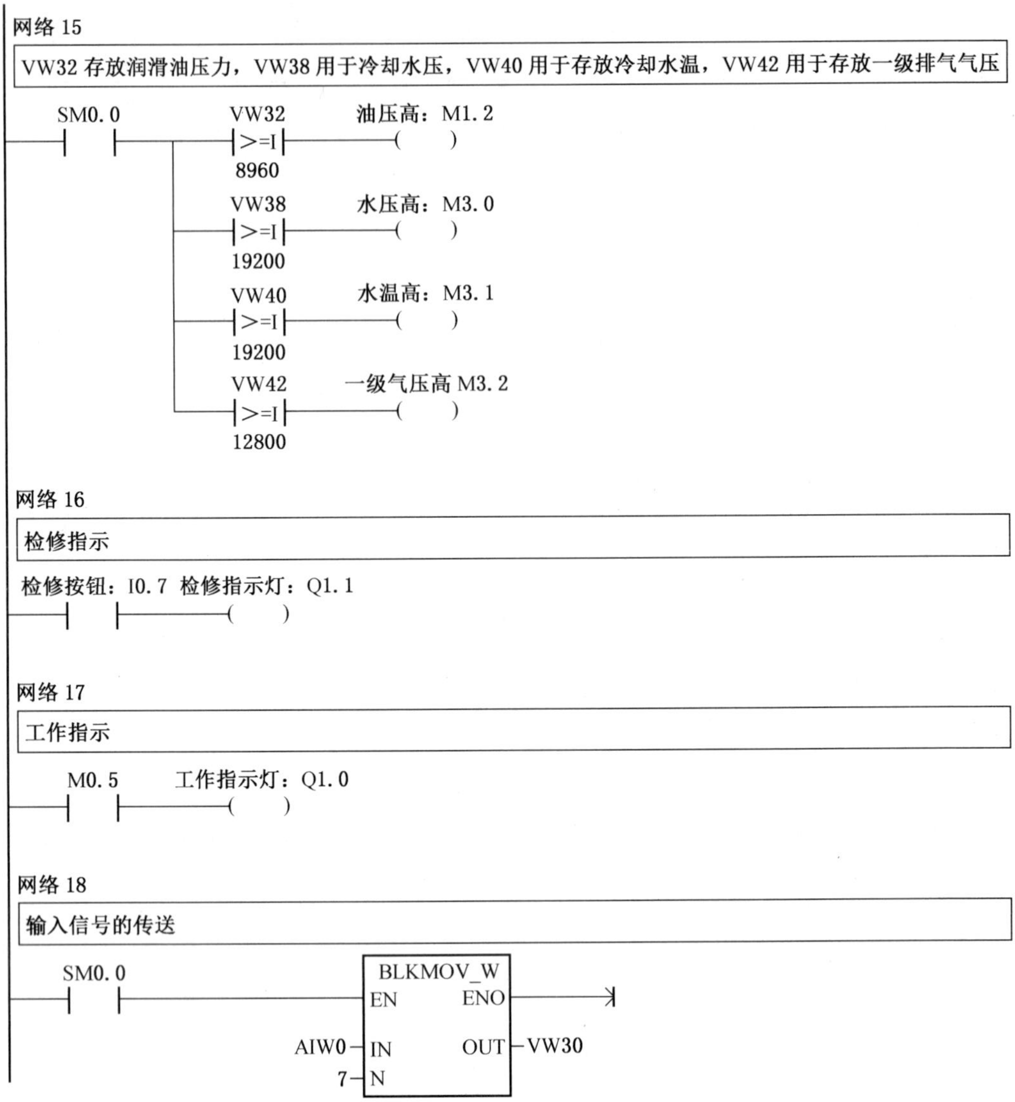

图 6-5　空压机控制系统梯形图

任务三　矿井空气压缩机操作与维护

一、矿井空气压缩机操作规范

为避免发生伤害人身及损毁机器的事故，用户须根据实际运作环境制定详细的安全操作规程。

（1）操作人员事先应经过严格培训。

（2）机器安装、使用和操作应遵守国家和当地的相关法律和法规。

（3）严禁随意改动机组的结构和控制方式等，除非有制造厂的书面许可。

（4）发现异常情况，应立即停机，并切断电源。

（5）周围环境中不应存在易燃、易爆、有毒和有腐蚀性的气体。

（6）维修或调整机组之前，必须停机卸压，并切断电源。

二、空压机开机前准备工作

开机前的检查能避免压缩机发生重大故障，是提高使用效益所必须做的前期工作。

（1）定期打开油桶及水分离器的手动泄水阀，将停机时的冷凝水排除，若忽略此工作，则润滑油使用寿命会缩短，容易造成轴承烧损。请注意在有油泄出时立即关闭泄水阀。

（2）检查机器运转时油位是否在高油位 H 和低油位 L 之间，润滑油不足时应补充。禁止混用不同牌号的润滑油，补充润滑油时应确定压缩机已经停机且系统内已经没有压力时方可打开加油口盖。

（3）观察油位应在运转中进行，油位可能较停机时的油位会有所变化。

（4）检查电器接线是否牢固可靠。

（5）检查各系统工作是否正常，是否有漏油、漏气和漏水的现象，是否有不正常的声音等。

三、空压机试车、开机和停机操作

（1）接上电源线及接地线，测试主电压是否正确，三相电源相序是否正确，控制器上是否有故障提示等。

（2）检查视油镜油位。

（3）若交货后较长时间才试车运行，应从进气阀内加入 0.5 L 左右的专用润滑油，并用手顺着主机指示箭头方向转动空压机数转，以防止启动时压缩机内缺油抱死或损坏，请特别注意不可让异物掉入压缩机机体内，以免损坏压缩机机体。同时检查易锈、易腐部件是否可以继续使用。

（4）检查冷却系统。

（5）按下“启动”按钮，立即按“急停”按钮点动 1 ~ 2 s，检查主机转向是否正确（根据主机上标注的箭头指示方向），若转向不对请将电动机相序调换即可。

（6）再按下“启动”按钮空压机开始运转，在空载延时结束后，控制面板显示“加载”状态。

（7）观察显示面板指示是否正常，若有异常声音、振动、漏油，立即按“急停”停机检查。

（8）排气温度保持在 65 ~ 95 ℃之间。

（9）按下“停止”按钮，延时 10 ~ 35 s 后，电动机才会停转，这是为了避免空压机在重负状况下直接停机。

（10）当按下“停止”按钮后泄放阀会自动释放内部系统气体。

四、空压机运转中注意事项

（1）当运转中有异音及不正常振动时应立即停机。

（2）运转中管路及容器内均有压力，不可松开管路或栓塞，以及打开不必要的阀门。

（3）在长期运转中若发现油位计上的油位偏低，且排气温度过高时，应立即停机。待系统内部没压力时再补充专用的润滑油。

（4）后部冷却器及旋风分离器内会有凝结水，应每天定时排放或自行安装自动泄水器，否则水分会被带到系统内部。

（5）运转中每 2 h 应检查压缩机控制器并记录运行时的电压、电流、气压、排气温度、油位等，可供日后检修参考用。

五、空压机长期停机保养

长期停机时，应仔细依下列方法处理，特别是在高温高湿度的季节或地区。

1. 停机 3 周以上

（1）电动机控制盘等电气设备应密封好，以防潮湿空气侵入。

（2）将油冷却器、后冷却器内的水完全排放干净。

（3）若有任何故障，应先排除后再放置，以利将来再次使用。

（4）最后再将油气桶、油冷却器、后冷却器凝结水排出。

2. 停机 2 个月以上

除上述程序外，另需做下列处理：

（1）将所有开口封闭，以防湿气、灰尘进入。

（2）将安全阀、控制盘等密封好，以防锈蚀。

（3）停用前将润滑油换新，并运转 30 min，两三天后彻底排除油桶及油冷却器的凝结水。

（4）将冷凝水应完全排出。

（5）尽可能将机器迁移到灰尘少，通风良好，无日晒，且干燥处存放。

3. 重新开机程序

（1）除去机台上塑胶纸或油纸等密封材料。

（2）用兆欧表测量电动机的绝缘电阻，应在 1 MΩ 以上。

（3）其他程序如试车所述步骤。

复习思考题

1. 简述空压机运行过程中基本控制要求。
2. 矿井空压机如何实现自动控制？
3. 矿井空压机电控系统有哪些电气保护？
4. 简述矿井空压机运行中的注意事项。

项目七　矿用局部通风机电气控制技术

知识目标

1. 了解矿用局部通风机电气控制技术的发展概况。
2. 掌握基于 PLC 的矿用局部通风机电控系统工作原理。
3. 了解矿用局部通风机的操作与维护。

技能目标

1. 能够根据矿用局部通风机电气控制图分析其工作原理和电气保护系统功能。
2. 了解矿用局部通风机电控系统操作维护的方法。
3. 能够根据矿用局部通风机控制系统运行要求，结合工程实际，进行电控系统方案设计。

素养目标

1. 培养学生探求事物本质、探索钻研、严谨的科学精神。
2. 培养学生的逻辑思维能力、理解能力和系统分析能力。
3. 培养学生的集体意识、大局观念、团结协作精神。

任务一　矿用局部通风机

一、矿用局部通风机电气技术发展概况

矿井局部通风机是煤矿通风系统的主要设备之一，其运行状况直接影响着煤矿的安全生产。目前，许多煤矿的主通风机控制系统采用继电器控制，而局部通风机采用防爆开关直接控制供电。风机的启动、停止依然采用人工完成，不能做到根据故障情况自动开停风机，这不利于通风机机房管理水平的提高和煤矿的自动化安全生产。另外，为了控制掘进工作面上的风量，传统的方法多采用增阻法、减阻法和辅助通风机调节法。当掘进巷道开始掘进时，管网阻力比较小，风机的出气风量比较大，可减小局部通风机橡胶管道的直径，从而间接增加管网的阻力，减小风机的出气风量；当井下掘进巷道延伸时，通风管网的阻力不断增加，掘进巷道中的风量随之不断减少，可增加局部通风机橡胶管道的直径，从而间接减小管网的阻力，增加风机的出气风量。若橡胶管道的直径恢复到原始大小，仍不能满足掘进工作面上风量的要求时，需要串级局部通风机或更换大功率的局部通风机。无论使用何种传统的调节方法，风机依然处于工频恒速运行，使得大量的能量从节流中损失掉了，这不利于能源的节约利用，而且这种调节只适合较长阶段的风量调节，不能根据井下掘进工作面的状况进行风量的及时调节。

随着 PLC 和变频技术的快速发展，PLC 和变频器已经广泛应用于各种自动化控制领域。在煤炭行业中，利用 PLC 控制的变频器驱动局部通风机运行，不仅可以实现局部通风机的无级平滑调速，还可以根据管网阻力和瓦斯浓度的变化大小进行风量的及时调节，

降低风机的能耗，节省大量的电能。同时，该控制系统具有较高的可靠性和较完善的报警功能。若再使用组态监控技术和网络通信技术对局部通风机的运行进行监控，可使其达到高效、节能、安全运行的效果，大大提高煤矿自动化安全生产的水平。

PLC 在矿井通风机上的应用，主要使用的是 PLC 的逻辑控制、过程控制、模拟量控制、数据处理和通信联网的功能。使用 PLC 的逻辑控制可以实现井下多台通风机的顺序替换，风机变频和工频的切换以及风机有故障时的调换等；使用 PLC 的过程控制可以实现对风机风量、风压等的 PID 调节，使工作面上的瓦斯浓度稳定在《煤矿安全规程》规定的安全范围内；使用 PLC 的模拟量控制可以把风机运行时的压力、流量、温度以及瓦斯浓度等模拟量信号采集到 A/D 转换模块，然后转换成 PLC 可以处理的数字量。这些数字量可以在 PLC 内部进行逻辑比较或数据运算，也可以根据一定的控制算法或拟合关系，对数字量进行运算处理，并把处理的结果经过 D/A 转换成模拟量，输出控制外部智能设备；使用 PLC 的数据处理功能主要是在控制过程中，对一些设定参数进行转换、传送、比较、运算等处理，实现对矿井通风机某些参数的实时监控、修改以及与各种外部设备之间的通信等功能；使用 PLC 通信联网功能，可以使用不同的协议，如 PPI 协议、MPI 协议、Profibus 协议、自用通信协议及 USS 协议，实现 PLC 与计算机、PLC 与 PLC，以及 PLC 与各种外部智能设备如变频器、智能仪表等的通信连接。在矿井通风系统中，利用 PLC 和人工神经网络技术，或者把 PROFBUS - DP 现场总线和以太网技术结合使用，可以对矿井通风机的运行进行远程在线监控，形成“集中管理，分散控制”的功能布局，大大提高煤矿通风系统的人工智能化控制水平。

目前，PLC 控制技术在煤矿通风机上已经得到了大力推广和应用，如 2002 年 5 月投入运行的新河煤矿主通风机控制系统，利用 PLC 实现了风机风门的切换、风机的倒换，以及根据采集风压自动调整风机的运行频率。再如河南东联机械制造有限公司利用 PLC 结合 PROFIBUS - DP 现场总线技术，为某一煤矿设计了矿井通风机的远程在线监控系统，可以实现集风机的操作、监视、控制、管理于一体。实践证明，PLC 控制技术在国内许多煤矿的通风系统中投入运行以来，具有较高的可靠性、较好的控制功能、较强的数据处理和联网通信功能，大大提高了矿井通风系统的自动化水平。

二、矿井局部通风机 PLC 控制变频调速系统

该控制系统包括变频器接入的主电路和 PLC 接入的控制电路两部分。能实现手动和自动的切换，使风机处于工频或变频运行。在变频运行时，该系统能根据掘进巷道中管网阻力和瓦斯浓度的变化，自动调整风机的转速，满足安全生产所需的风量。当采集的瓦斯浓度低于规定的安全标准时，只根据管网阻力的变化，调节风机的转速；当采集的瓦斯浓度达到规定的报警标准时，根据一定的逻辑关系调整风机的转速，并发出声光报警；当瓦斯浓度突然增加，超过了规定的安全标准时，便自动切断系统电源。除此之外，还要实现变频器和风机运行的实时在线监控，以及出现故障及时报警、及时处理的功能。

三、局部通风机 PLC 控制变频器的方式

1. 频率输出控制端子的逻辑组合方式

大多数变频器都有几个不同的频率输出控制端子，可以通过变频器参数的设定，设置

控制端子不同的频率输出。通过对变频器控制端子逻辑输入口的逻辑组合，可以实现电机的启停控制和输出频率的改变。其逻辑组合控制是用 PLC 的输出去控制变频器控制端子的 ON/OFF 状态，使变频器输出不同频率的电源，进而控制异步电机的转速。由于变频器控制端子的输出频率是预先设定的，它的输出频率也只是一些固定的数值，不能实现异步电机的无级平滑调速。因此，这种控制方式只适合不需要电机连续调速就能满足生产要求的场合。

2. 通信的方式

目前一般的变频器都带有 RS485 接口，大多数的 PLC 也都支持 RS485 的通信。通过串行电缆把 PLC 和变频器的 RS485 通信接口连接起来，用通信的方式把频率由 PLC 传给变频器，这就是 PLC 控制变频器的通信方式。在这种控制方式中，要占用 PLC 的一个通信接口。如果 PLC 的通信接口为 RS232 接口，加一个转换器转换成 RS485 接口就可以了。如 PLC 通过通信的方式来监控变频器，可以传送大量的信息，连续地监控多台变频器，还可以通过通信修改变频器的参数，实现多台变频器的联动控制和同步控制。由于变频器的种类很多，不同厂家生产的变频器使用不同的通信协议（Modbus 从站协议，USS 协议和用户自定义协议等），必须用变频器支持的协议来完成 PLC 和变频器的通信。

3. 模拟量控制的方式

现在生产的 PLC 一般都具有模拟量信号处理的功能，模拟量信号通过 A/D 模块和 D/A 模块转换后，输出 0 ~ 10 V 的电压或 4 ~ 20 mA 的电流，把输出的信号输入到变频器相应的模拟量输入端子，可以控制变频器输出电源的频率，这种 PLC 控制变频器的方式称为模拟量的控制方式。它要求 PLC 和变频器的控制距离不是很远，且是一对一的控制场合，但这种控制方式使用起来比较简单，对 PLC 的要求也不是很高。该局部通风机 PLC 控制变频器采用模拟量控制方式。

四、局部通风机电控系统功能

该系统局部通风机为对旋式轴流通风机，在风机的进气口有集流器和整流罩，在风机管道的出气口有可以手动调节风压负载的锥形节流器，该通风机的功率比较小，作为井下的局部通风机使用，为矿井下的掘进工作面进行局部通风。用变频器控制局部通风机的变频调速控制系统，使该控制系统能够实现以下的功能要求：

（1）通风机可以实现软启动，能够进行自动和手动运行的切换，使通风机处于变频或工频的运行状态。

（2）通风机处于变频运行状态时，可以根据掘进巷道延伸管网阻力增大而导致风机风量随之减少的状况，自动调节局部通风机的转速以维持所需的风量不变。另外，可以根据掘进工作面上瓦斯浓度的大小，自动调整局部通风机的转速使其控制在规定的安全范围。

（3）当检测到掘进工作面和回风流中的瓦斯浓度突然增加，超过了《煤矿安全规程》所规定的安全标准时，系统发出声光报警，并立即切断系统电源。

（4）系统具有完善的报警及处理功能，当变频器出现故障时，发出声光报警，可手动切换风机工频运行；当瓦斯浓度达到规定的报警标准时，也发出声光报警，并自动调整风机转速。

（5）结合 PLC 与组态软件的应用，在上位机上设计的监控系统，可以实现该局部通风机运行的在线控制，以及对瓦斯浓度、风量、风压、风机转速等参量进行实时在线监控。

任务二　基于 PLC 的矿用局部通风机变频调速系统

矿用局部通用机电气技术

一、系统控制方案

为了实现上述风机的控制功能要求，该系统的控制方案选择使用 PLC 控制两台变频器，用两台变频器去控制风机的变频运行。除此之外，PLC 还控制风机的手动变频运行、自动变频运行和工频运行的切换，以及故障的声光报警和风机的停止运行等。由于 PLC 控制变频器的方式主要有频率输出控制端子的逻辑组合方式、通信的方式和模拟量的控制方式 3 种，该系统选用的是模拟量的控制方式。控制系统的方框图如图 7－1 所示。

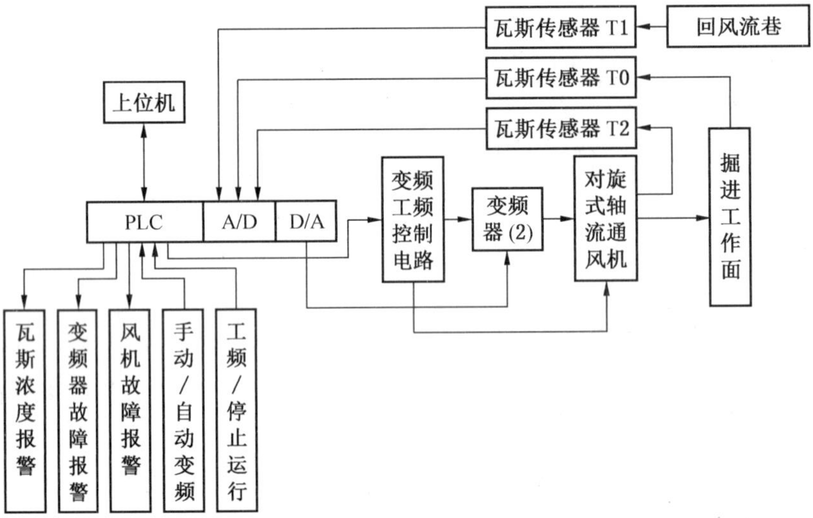

图 7－1　矿井局部通风机控制系统组成

通风机在自动变频运行时，瓦斯传感器 T0 采集掘进工作面上的瓦斯浓度信号 1，瓦斯传感器 T1 采集回风流中的瓦斯浓度信号 2，压力传感器 T2 采集风机管道的出气风压信号。采集的三路信号经过 PLC 的 A/D 模块，先转换成 PLC 可以处理的数字量。然后采集的瓦斯浓度信号 1 与设定的瓦斯浓度极限值进行逻辑比较、判断，以确定该浓度时需要给变频器的模拟输入电压值。同时，采集的瓦斯浓度信号 1 和 2 与安全规程中的断电瓦斯浓度值进行比较、判断，以确定通风机是否立即断电。压力传感器采集的模拟电压信号，要先根据采集压力与输出电压的线性关系，求出采集压力的真实值，再根据拟合的模拟电压－

风压（U－P）和风量－风压（$Q-P$）的函数关系，求出采集压力对应的变额器模拟输入电压值和压力转换到工频时对应的风量大小。其中，模拟电压为根据风机的比例定律，求得在不同风压下，风机风量达到 1.6 m^3/s 时，需要输出给变频器的模拟电压值；而风量是根据风机的比例定律，把采集的风压转换到工频风压所对应的风量大小。然后，将满足瓦斯浓度和风量要求的两个模拟电压值进行比较，其中大的电压值转换成 0～32000 之间的数字量。最后，该数字量由 D/A 模块转换成电压模拟量，输出给变频器的模拟量输入端子，去改变风机输入电源的频率，调节风机的转速。

二、系统的硬件电路

该风机控制系统的电路设计包括主电路、控制电路，该风机控制系统的硬件电路如图 7－2 所示。

1. 主电路

在风机控制系统硬件电路的主电路部分，M1、M2 为对旋风机的两台电机，交流接触器 KM2、KM4 分别控制 M1、M2 的工频运行；交流接触器 KM1、KM3 分别控制 M1、M2 的变频运行；QS1 为主电路电源的隔离开关；FU1 为主电路的熔断器；FR1、FR2 分别为电机 M1、M2 的热继电器；VVVF1、VVVF2 分别为风机、泵类专用变频器 EM235。

2. 控制电路

在风机控制系统硬件电路的控制电路部分，利用 PLC 进行控制，可以大大提高系统的可靠性，节省大量的继电器，实现较复杂的逻辑控制以及进行模拟量控制等功能 PLC 控制系统，可以实现风机手动工频、自动变频和手动变频运行的切换，其中手动变频指使用变频器控制面板手动控制风机的变频运行。在风机自动变频运行时，是利用采集到的风压信号和瓦斯浓度信号进行通风机的变频调速控制。电源隔离开关 QS2 控制 PLC 上电；按钮 SB1 控制风机的自动变频运行；按钮 SB2 控制风机的停止；按钮 SB3 控制风机的手动变频运行：按钮 SB4 控制变频器的故障复位；按钮 SB5 控制瓦斯浓度超限报警的解除：按钮 SB6 为报警灯铃的调试按钮；HL1、HL3 分别为 M1，M2 变频运行指示灯；HL2、HL4 分别为 M1、M2 工频运行的指示灯；HLS 为瓦斯浓度超限报警指示灯；HL6 为变频器故障报警指示灯；B1 为瓦斯浓度超限报警电铃；B2 为变频器故障报警电铃。

3. PLC 的接线

该控制系统选用的 PLC 为西门子 S7－200 系列中 CPU 为 224 的 PLC。本机带有 14 点数字量输入和 10 点数字量输出，为了实现对风压和瓦斯浓度的模拟量控制，外部扩展一个 EM235 的模拟量模块。在该控制系统中，设计的 PLC 的 I/O 点及地址分配见表 7－1。根据表 7－1 中 PLC 的 I/O 点及地址分配，对 PLC 的输入和输出端进行接线。

PLC 外部接线连接图如图 7－2 中的系统控制电路部分所示。图中为了节省 PLC 的数字量输出点数，把指示风机处于工频或变频运行状态的指示灯与交流接触器的线圈并联，并把报警指示灯与报警电铃并联，要求并联指示灯的额定电压应与并联线圈和电铃的额定电压相同。由于 PLC 与变频器采用的是模拟量控制的连接方式，并且变频器上控制端子的电源为 24 V，则 PLC 控制两变频器的后动输出信号 Q0.4 和 Q0.7、控制两变频器故障

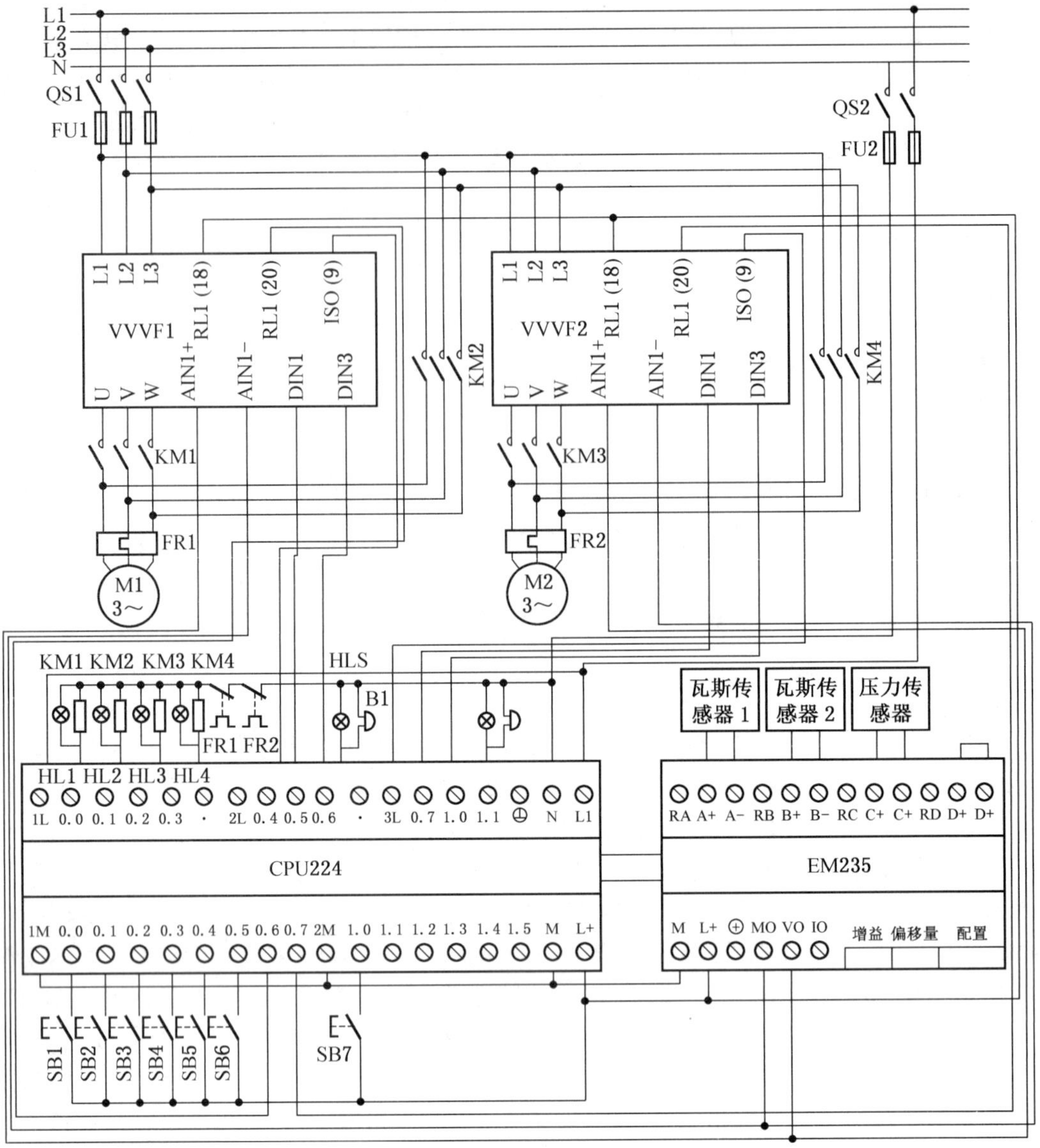

图 7-2　风机控制系统硬件电路图

复位的信号 Q0.5 和 Q1.0、瓦斯浓度超限报警信号 Q0.6 以及变频器故障报警信号 Q1.1 的外接电源应为变频器内部提供的 24 V 直流电源。

PLC 与上位机（PC）的通信，采用的是点对点的 PPI 协议，PLC 作为从站，PC 机作为主站。连接的方式是使用一根 PPI 电缆，把 PLC 的 RS485 通信接口与 PC 机的 RS232 通信接口连接起来。

模拟量模块 EM235 在接入电路工作前，需要完成配置及校准，配置是根据实际输入信号的类型和范围，对模块上 DIP 的 6 个开关 SW1 - SW6 进行组合设定。DIP 开关 SW1 - SW6 的功能见表 7-2。

表7-1 I/O点及地址分配表

	名 称	符号	地址		名 称	符号	地址
输入信号	自动变频运行按钮	SB1	I0.0	输出信号	M1 变频运行	KM1 HL1	Q0.0
	停止运行按钮	SB2	I0.1		M1 工频运行	KM2 HL2	Q0.1
	工频运行切换按钮	SB3	I0.2		M2 变频运行	KM3 HL3	Q0.2
	手动变频运行按钮	SB4	I0.3		M2 工频运行	KM4 HL4	Q0.3
	变频器1故障输入	1RL1	I0.4		变频器1启动	1DIN1	Q0.4
	变频器2故障输入	2RL1	I0.5		变频器1故障复位	1DIN3	Q0.5
	试验灯铃按钮	SB5	I1.0		瓦斯浓度声光报警	HL5 B1	Q0.6
	瓦斯浓度报警消除	SB6	I1.1		变频器2启动	2DIN1	Q0.7
	故障复位按钮	SB7	I1.2		变频器2故障复位	2DIN3	Q1.0
	瓦斯浓度信号1	T0	AIW0		变频器故障报警	HL6 B2	Q1.1
	瓦斯浓度信号2	T1	AIW2		模拟量信号输出	U3	AQW0
	风压信号输入	T2	AIW4		—	—	—

表7-2 DIP 开关的功能表

类别	SW1	SW2	SW3	SW4	SW5	SW6	满量程输入	分辨率
单极性	ON	OFF	OFF	ON	OFF	ON	0-50 mV	12.5 μV
	OFF	ON	OFF	ON	OFF	ON	0-100 mV	25 μV
	ON	OFF	OFF	OFF	ON	ON	0-500 mV	125 μV
	OFF	ON	OFF	OFF	ON	ON	0-1 V	250 μV
	ON	OFF	OFF	OFF	OFF	ON	0-5 V	1.25 mV
	ON	OFF	OFF	OFF	OFF	ON	0-20 mV	5 μV
	OFF	ON	OFF	OFF	OFF	ON	0-10 V	2.5 μV
双极性	ON	OFF	OFF	ON	OFF	OFF	±25 mV	12.5 μV
	OFF	ON	OFF	ON	OFF	OFF	±50 mV	25 μV
	OFF	OFF	ON	ON	OFF	OFF	±100 mV	50 μV
	ON	OFF	OFF	OFF	ON	OFF	±250 mV	125 μV
	OFF	ON	OFF	OFF	ON	OFF	±500 mV	250 μV
	OFF	OFF	ON	OFF	ON	OFF	±1 V	500 μV
	ON	OFF	OFF	OFF	OFF	OFF	±2.5 mV	1.25 mV
	OFF	ON	OFF	OFF	OFF	OFF	±5 mV	2.5 mV
	OFF	OFF	ON	OFF	OFF	OFF	±10 mV	5 mV

校准是对模块使用前的调零和调满度，校准输入时，其步骤如下：

（1）切断模块电源，选择需要输入的范围。

（2）接通 CPU 和模块电源，使电源稳定 15 min。

（3）用一个变送器、一个电压源或一个电流源，将零值信号加到一个输入端。

（4）读取适当的输入通道在 CPU 中的测量值。

（5）调节 OFFSET（偏置）电位计，直到读数为零，或所用的数字数据值。

（6）将一个满刻度值信号接到输入端子中的一个，读出送到 CPU 的数值。

（7）调节 GAIN（增益）电位计，直到读数为 32000，或所需要的数字数据值。

（8）必要时，重复偏置和增益校准过程。

4. 变频器及接线

风机、泵类负载在一定的速度范围内运转时，空气或液体所产生的阻力大致与转速 n 的平方成正比，转矩按照转速平方的变化而变化，这类负载称为平方转矩负载。为了达到节能的效果，一般使用 U/f 控制方式的变频器来控制该类机械的转速。根据变频器的选择原则，该系统中选用的是两台型号为 MM430（C 型）、功率为 7.5 kW 的风机，泵类专用变频器，控制功率为 2×4 kW 的通风机。变频器的接线涉及动力线、通信线、控制线等。由于系统中变频器的控制方式选用的是模拟量控制，只有变频器控制端子的接线，其两个变频器控制端子的接线如图 7－2 所示，所连接端子的功能和连接 PLC 上端子的位置见表 7－3。

表 7－3　变频器接线端子功能表

变频器 1				变频器 2			
端子	参数	功能	PLC	端子	参数	功能	PLC
3(AIN+)	P0707＝0	模拟量信号输入	V0	3(AIN+)	P0707＝0	模拟量信号输入	V0
4(AIN－)			M0	4(AIN－)			M0
5(DIN1)	P0707＝1	正向运行	Q0.4	5(DIN1)	P0707＝1	正向运行	Q0.7
7(DIN3)	P0703＝9	故障确认	Q0.5	7(DIN3)	P0703＝9	故障确认	Q1.0
9(ISO)		24 V 电源	2 L	9(ISO)		24 V 电源	3 L
18(RL1)	P0731＝52.3	变频器故障输出	L+	18(RL1)	P0731＝52.3	变频器故障输出	L+
20(RL1)			I0.6	20(RL1)			I0.7

5. 传感器的选择和接线

1）传感器的选型

《煤矿安全规程》规定，低瓦斯矿井的煤巷、半煤岩巷和有瓦斯涌出的岩巷掘进工作面，必须在工作面设置甲烷传感器。高瓦斯、煤（岩）与瓦斯突出矿井的煤巷、半煤岩巷和有瓦斯涌出的岩巷掘进工作面，必须在工作面及其回风流中设置甲烷传感器。掘进工作面串联通风时，必须在被串掘进工作面的局部通风机前设置甲烷传感器。掘进机必须设置机载式甲烷断电仪或便携式甲烷检测报警仪。该系统中使用的传感器有 3 个：一个是用来监测井下掘进工作面上瓦斯浓度的瓦斯传感器 T0，一个是用来监测回风流中瓦斯浓度的瓦斯传感器 T1，另一个是用来测量风机管网压力的压力传感器 T2。

（1）压力传感器。根据该实验通风机的最大风压以及测量精度的要求，压力传感器选用的是 CYB21 系列中量程为 0～3 Pa 的压力传感器。CYB21 系列微差压变送器采用进口精度、高稳定性微压力敏芯片，经严格精密的温度补偿、线性补偿、信号放大、V/I 转换、逆极性保护及压力过载限流等信号处理，将很微小的差压信号可靠地转换成工业标准的 4～20 mA 或 0～10 mA 信号输出。

CYB21 系列具有的特点：测量非腐蚀气体的微差压、流量、风压；可连续测量负压和正压；灵敏度高，可测小于 100 Pa 的压力；精度高，优于 0.1% FS；稳定性好；浪涌电压，极性反向保护；防干扰设计；过载能力强；体积小，安装方便；本安防爆。

（2）瓦斯浓度传感器。瓦斯浓度是引起矿井灾难的主要因素，是煤矿生产中需要重点检测的对象，因此对瓦斯浓度传感器的性能要求比较高。该系统的瓦斯浓度传感器选用型号为 KG9701 的智能低浓度沼气传感器，如图 7－3 所示。它可以连续自动地将井下沼气浓度转换成标准电信号输送给关联设备，并具有就地显示瓦斯浓度值、超限声光报警等功能。本产品采用具有高稳定性、长寿命的催化元件，并通过改变制作工艺及催化剂配方等，大大提高了催化元件的性能指标。利用人工智能技术，对采集的瓦斯浓度进行信息处理分析，大大增强了仪器抗高瓦斯冲击的能力。该产品传感器具有性能稳定、测量精确、响应速度快、结构坚固、易使用易维护等特点，增加了遥控调校、断电控制故障自校自检等新功能，大大节约了使用与维护费用。

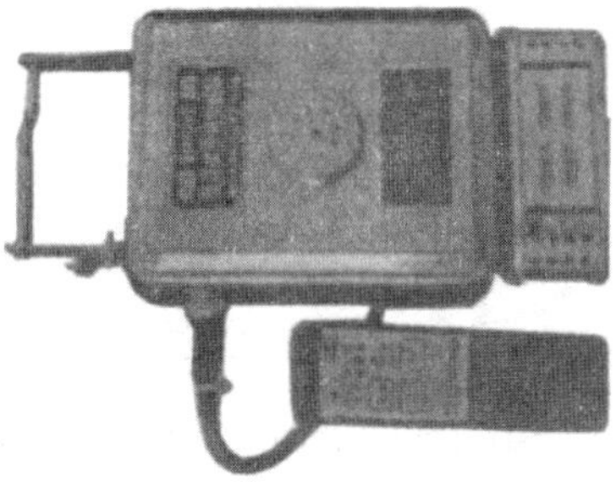

图 7－3　KG9701 型智能低浓度沼气传感器

2）传感器的安放位置

传感器测量结果的正确性，不仅与传感器的选择、本身的精度等级，接口电路的设计等有关，而且还与传感器的安装位置正确与否有关。由于该风机为局部通风机，掘进工作面采用的是非串级通风，应该在掘进工作面和回风流中安装瓦斯传感器。

（1）瓦斯传感器 T0 应装在掘进工作面附近（不超过 5 m），其瓦斯报警浓度为 1.0% CH_4，断电浓度为 1.5% CH_4，复电浓度为 1.0% CH_4。

（2）瓦斯传感器 T1 应装在瓦斯等有害气体与新鲜风流均匀且风流稳定处，该位置能正确反映回风流中的瓦斯浓度变化，其报警浓度为 1.0% CH_4，断电浓度为 1.1% CH_4，复电浓度为 1.0% CH_4。

（3）压力传感器 T2 的检测点应选在能准确及时地反映被测压力真实情况的位置。其取压点不能处于流场紊乱的地方，应该选在风机管道的直线部分，离通风机距离为 5 倍风筒直径的位置。该位置是国际标准规定的通风机进出气实验中出气压力的检测点，它能较真实地反映风机管网中压力的变化。除此之外，压力传感器的安装高度应与风压采集点相同或相近。

在井下掘进巷道中，两瓦斯浓度传感器和压力传感器的安装位置如图 7－4 所示。

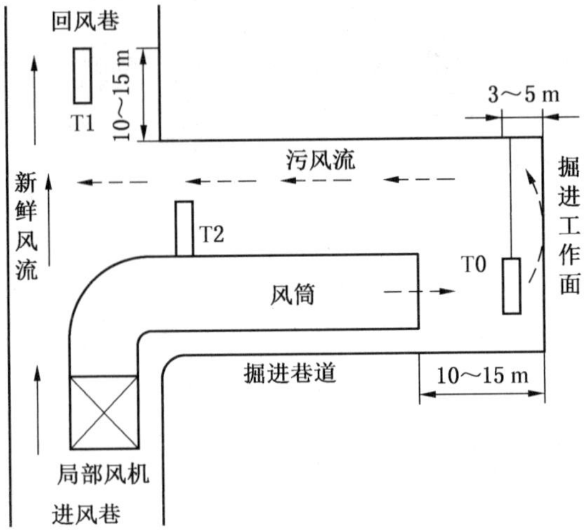

图7－4　矿井掘进巷道中传感器的布置

三、局部通风机变频调速系统的 PLC 程序设计

使用 STEP7－Micro/WIN4.0 编程软件编写该控制系统的 PLC 控制程序，其程序包括主控制程序、参数初始化子程序 0、模拟量模块检查子程序 1、掘进面瓦斯浓度采样求平均值子程序 2、回风流瓦斯浓度采样求平均值子程序 3、风压采样及模拟输入电压和风量计算子程序 4、变频器模拟输入电压中断程序 0 共 7 个部分。

1. 主控制程序流程

主控制程序用来控制风机的自动变频、手动变频和工频运行，子程序的调用和中断时间的设置，以及实现瓦斯浓度超限报警、变频器和风机故障报警、变频器故障复位等功能。主控制程序的程序流程如图 7－5 所示。PLC 主控制程序在执行时，先判断风机是否自动变频运行。若是，则调用参数初始化子程序 0 和模块连接检查子程序 1，如果 EM235 模块连接有错误，则程序结束；如果 EM235 模块连接无错误，则调用子程序 2、3、4 采集掘进面瓦斯浓度、回风流中瓦斯浓度和风机的管网压力大小。然后根据设置的定时中断时间，定时连接变频器的模拟输入电压中断程序 0，再判断变频器是否有故障，瓦斯浓度是否超限。若都不超限，则把根据采集风压计算的模拟电压值输出给变频器，进行风机的变频调速控制；若超限，则主控制程序立即结束。当风机不进行自动变频运行时，判断其是否手动变频运行。若是，则程序开始执行判断频器是否有故障；若不是，则主控制程序开始执行判断瓦斯浓度是否超限，若瓦斯浓度不超限，则风机进行工频运行；若瓦斯浓度超限，则主控制程序立即结束。

2. 子程序 0 和 1 程序流程

子程序 0 的作用是寄存器中有关参数的初始化，包括瓦斯浓度采样平均值初始化、风压采样平均值初始化、模拟电压及风量计算系数初始化、瓦斯浓度极限值的装载。当主控制程序在开始执行时，若风机处于自动变频运行状态该程序调用一次。其中，瓦斯浓度极限值是《煤矿安全规程》中所规定的掘进面和回风流中瓦斯浓度的上限值和报警值。在调用子程序进行瓦斯浓度和风压信号采集前，要调用子程序 1 检查扩展模块 EM235 是否

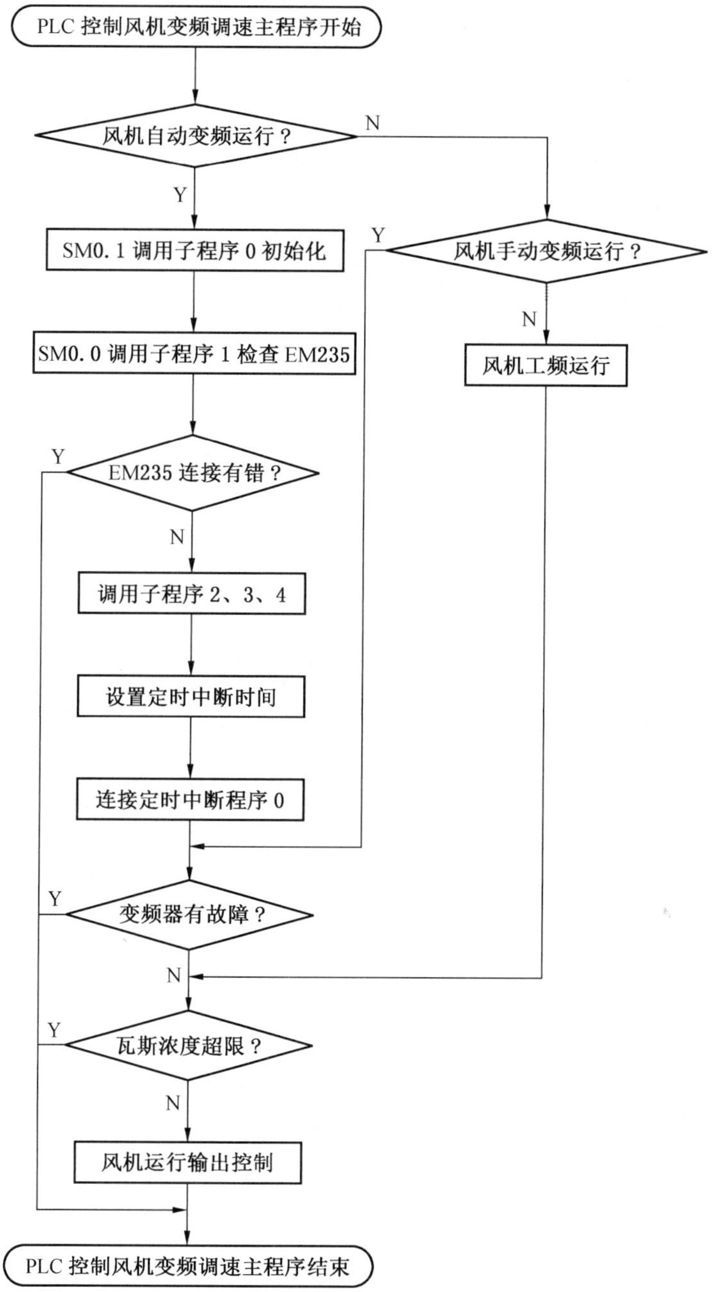

图 7-5　PLC 主控制程序流程图

存在，用户电源是否有错。若有错，则控制系统的主程序立即结束；若无错，则进行子程序 2、3 和 4 的调用。子程序 0 和子程序 1 的程序流程如图 7-6 和图 7-7 所示。

3. 子程序 2 和 3 程序流程

子程序 2 和 3 的程序流程如图 7-8 和图 7-9 所示。

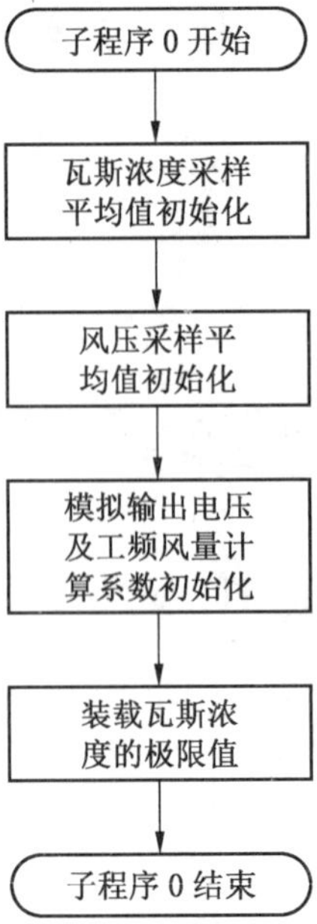

图 7-6 PLC 程序 0 流程图

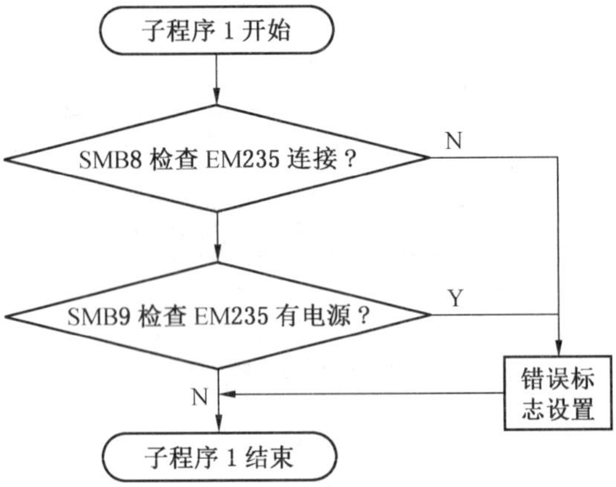

图 7-7 PLC 程序 1 流程图

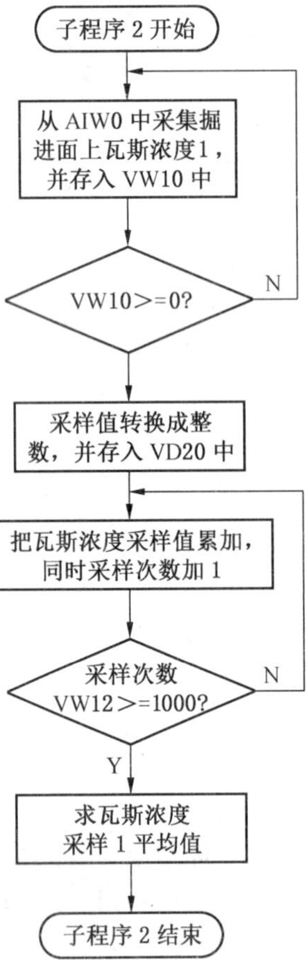

图 7-8 PLC 子程序 2 流程图

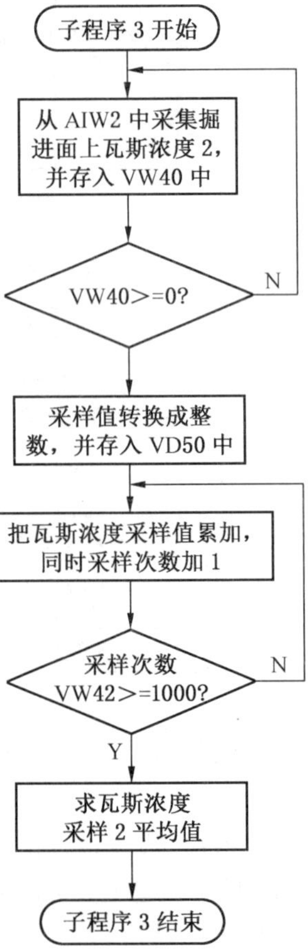

图 7-9 PLC 子程序 3 流程图

子程序 2 用于采集井下掘进工作面上的瓦斯浓度，然后把采集的数值进行累加求平均值，作为一次掘进工作面上的瓦斯浓度结束采集值。而子程序 3 则是用来采集回风流中的瓦斯浓度，然后把采集的数值累加求平均值，作为一次回风流中瓦斯浓度采集值。对瓦斯浓度值累加求平均，主要起到延时滤波的作用，防止由于噪声和电磁等干扰造成采集数据的异常变化。

4. 子程序 4 程序流程

子程序 4 用来从压力传感器中采集风压信号，并把每次采集的数值进行累加，次数达到 1000 次时，求其平均数值，作为一次采集的出气压力值。由于 PLC 采集的电压值为 0 ~ 32000 之间的数字量，需要根据传感器采集的压力值与输出电压的线性关系，把 PLC 采集的数值转换成实际的风压值。然后，根据风量达到 1.6 m^3/s 时变频器需要的模拟输入电压值与出气风压的拟合方程，求出此风压对应的模拟输入电压值。同时，根据采集风压转换到工频风压所对应的风量与采集风压的拟合方程，求出此风压对应的风量。其程序的流程如图 7 – 10 所示。

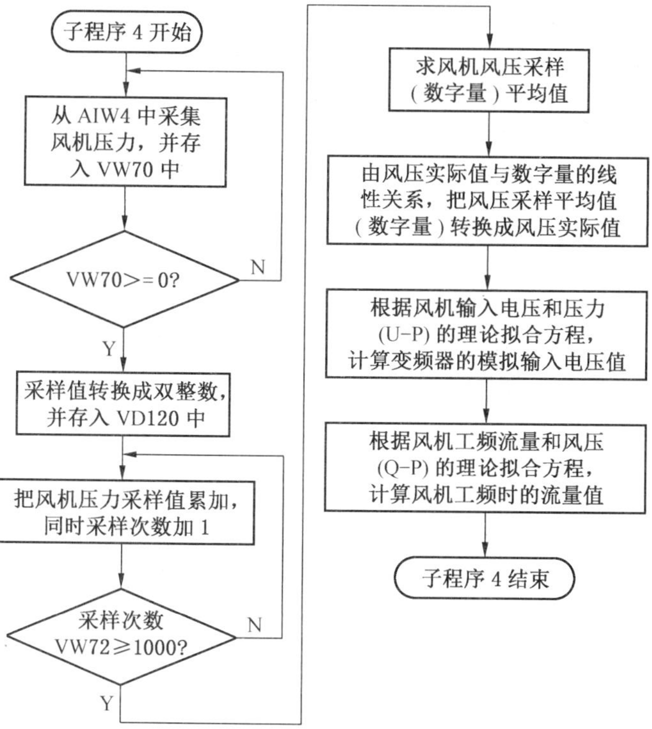

图 7 – 10 PLC 子程序 4 流程图

5. 中断程序 0 程序流程

中断程序 0 先把子程序 2 采集的掘进面上瓦斯浓度数值与其设定区间值进行逻辑比较和判断，把对应的变频器不同模拟输入电压值存入 VD200 中。然后，再判断子程序 2 采集的瓦斯浓度数值是否超过 1.1%，子程序 3 采集的瓦斯浓度数值是否超过 1.1%，若有一浓度超过，则设置控制系统断电标志；若都不超过，则比较满足瓦斯浓度和风量要求的模拟输入电压值大小，把较大的数值存入寄存器 VD208 中。其中，满足瓦斯浓度要求的模拟输入电压值为VD200中控制掘进面上瓦斯浓度的电压值，而满足风量要求的模拟输入电压值为子程序4中计算的模拟电压值。最后，再把VD208中的模拟电压值，转换成0～32000之间的数字量，送给PLC模拟量模块的输出端AIWO，输出给变频器的模拟量控制端子，对风机进行变频调速控制。由于在主程序中设定中断控制的时间为500 ms，则每500 ms进行一次中断程序0连接，输出给变频器模拟量控制端子一个模拟电压值，改变一次风机的转速。该中断程序流程如图7－11所示。

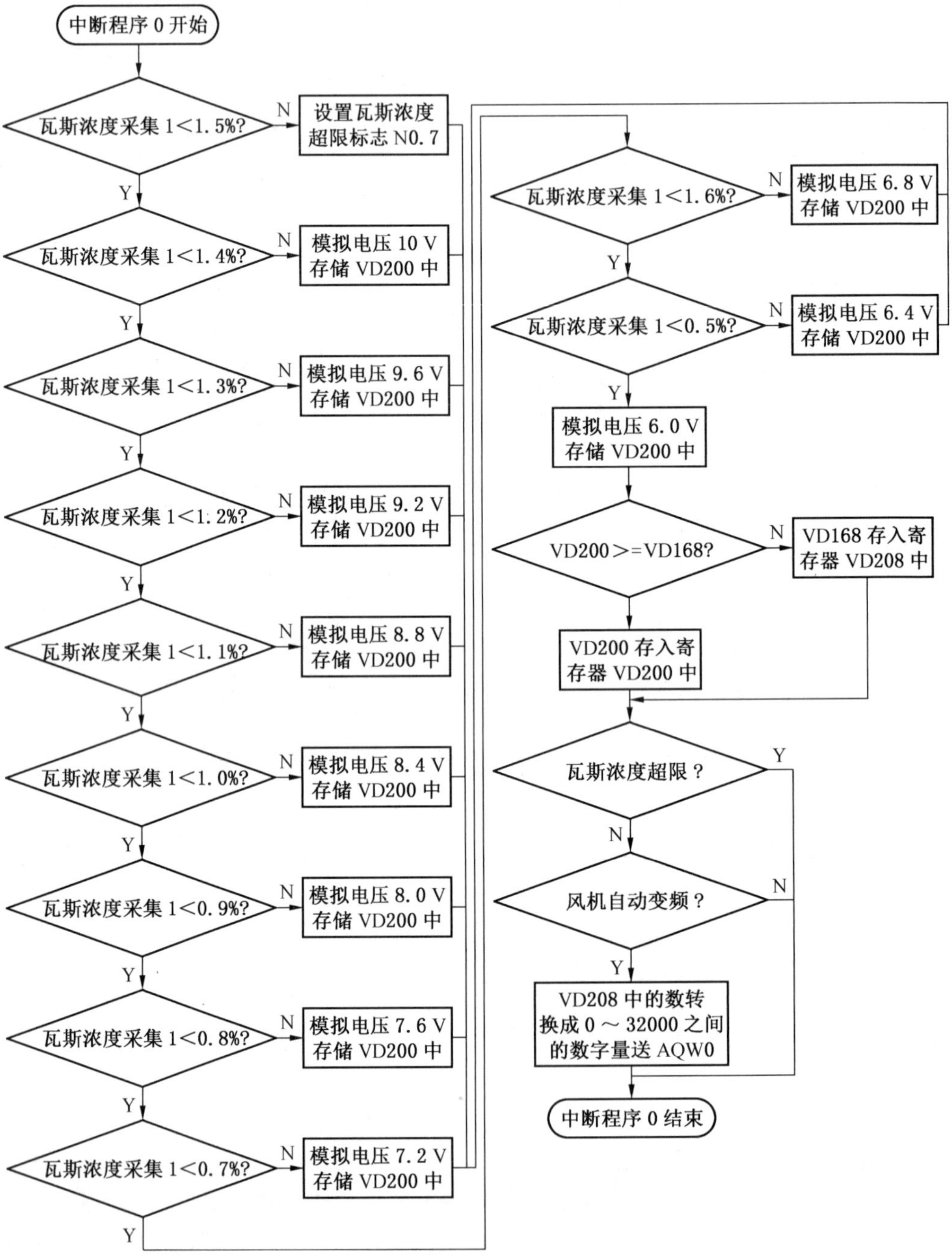

图7－11　PLC中断程序0流程图

6. 系统 PLC 控制程序

1） 主程序

主控制程序

网络 1
风机变频自动/手动运行控制

LD	I0.0
O	I0.3
O	M0.2
AN	I0.1
AN	M0.3
AN	M0.5
AN	M0.7
=	M0.2
=	Q0.0
=	Q0.2

网络 2
模拟量信号输入置位

LD	I0.0
AN	M0.3
AN	M0.5
AN	M0.7
EU	
S	Q0.4，1
S	Q0.7，1

网络 3
模拟量信号输入复位

LD	I0.3
O	I0.1
O	M0.5
O	M0.3
EU	
R	Q0.4，1
R	Q0.7，1

网络 4
风机工频运行切换

LD	I0. 2
O	M0. 3
AN	I0. 0
AN	I0. 1
AN	I0. 3
AN	M0. 7
=	M0. 3
=	Q0. 1
=	Q0. 3

网络 5
设置风机变频自动运行标志

LD	M0. 2
AN	M0. 3
=	M0. 6

网络 6
调用初始化子程序 0

LD	SM0. 1
A	M0. 6
CALL	SBR_ 0

网络 7
调用模块连接检查子程序

LD	SM0. 0
A	M0. 6
CALL	SBR_ 1

网络 8
调用模拟量采样子程序

LDN	M0. 0
AN	M0. 1
A	M0. 6
CALL	SBR_ 2
CALL	SBR_ 3
CALL	SBR_ 4

网络 9
设置定时中断时间

LD	SM0. 0
LPS	
AN	T34
TON	T32, 500
LPP	
A	T32
TON	T34, +10

网络 10
定时中断连接

LDN	M0. 0
AN	M0. 1
A	M0. 6
ATCH	INTO, 21
ENI	

网络 11
变频器故障输入

LD	I0. 6
O	I0. 7
EU	
S	M0. 5, 1
R	Q0. 5, 1
R	Q1. 0, 1

网络 12
瓦斯浓度超限报警指示灯及电铃

LDW >=	VW36, VW94
OW >=	VW44, VW94
O	I1. 0
EU	Q0. 6, 1

网络 13
变频器故障报警指示灯及电铃

LD	M0. 5
O	I1. 0
EU	
S	Q1. 1, 1

网络 14
变频器故障复位控制

LD	I0.4
EU	
S	Q0.5
S	Q1.0
R	Q1.1，1
R	M0.5，1

网络 15
瓦斯浓度超限报警解除

LD	I0.5
EU	
R	Q0.6

2）子程序 0

初始化子程序

网络 1
瓦斯浓度采样平均值初始化

LD	SM0.0
0MOVW	+0，VW10
MOVW	+0，VW12
MOVD	+0，VD20
FILL	0，VW28，9
MOVD	+0，VD50
MOVD	+0，VD58
MOVD	+0，VD62

网络 2
风压采样平均值初始化

LD	SM0.0
FILL	0，VW70，3
MOVD	+0，VD120
FILL	0，VW128，6

网络 3
模拟电压及风量计算系数初始化

LD	SM0.0
FILL	0，VW140，16
MOVR	0.0，AC0
MOVR	0.0，AC1
MOVR	0.0，AC2

网络 4
装载瓦斯浓度极限值

LD	SM0. 0
MOVW	0，VW80
MOVW	6400，VW82
MOVW	9600，VW84
MOVW	10240，VW86
MOVW	10880，VW88
MOVW	11520，VW90
MOVW	12160，VW92
MOVW	12800，VW94
MOVW	13440，VW96
MOVW	14080，Vw98
MOVW	14720. Vw100
MOVW	15360，VW102
MOVW	16000，VW104

3）子程序 1

检查模拟量模块子程序

网络 1
检查模块 0 是否存在

LDB =	SMB9，16#0
NOT	
AB =	SMB9，16#04
S	MO. 1

4）子程序 2

掘进工作面瓦斯浓度采样求平均值

网络 1
掘进工作面瓦斯浓度信号采样

LD	SM0. 0
MOVW	AIWO，VW10

网络 2
采样值转换成双整数

LDW >=	VW10， +0
ITD	VW10，VD20

网络 3
瓦斯浓度采样值累加

LD	SM0. 0
+ D	VD20，VD28
INCW	VW12

网络 4
瓦斯浓度采样值求平均

LDW >=	VW12, 1000
MOVD	VD28, VD32
/D	+1000, VD32
VD32, VW36	
MOVD	0, VD28
MOVW	0, VW12

5）子程序 3

回风流中瓦斯浓度采样求平均值

网络 1
回风流中瓦斯浓度信号采样

LD	SM0.0
MOVW	AIW2, VW40

网络 2
采样值转换成双整数

LDW >=	VW40, +0
ITD	VW40, VD50

网络 3
瓦斯浓度采样值累加

LD	SM0.0
+D	VD50, VD58
INCW	VW42

网络 4
瓦斯浓度采样值求平均

LDW >=	VW42, 1000
MOVD	VD58, VD62
/D	+1000, VD62
DTI	VD62, VW44
MOVD	0, VD58
MOVW	0, VW42

6）子程序 4

风压采样及模拟电压和风量计算

网络 1
风压信号采样

LD	SM0.0
MOVW	AIW4, VW70

网络 2
采样值转换成双整数

LDW >=	VW70, +0
ITD	VW70, VD120

网络 3
风压采样值累加求和

LD	SM0.0
+D	VD120, VD128
INCW	VW72

网络 4
风压采样值求平均

LDW≥	VW72, 1000
MOVD	VD128, VD132
/D	+1000, VD132
DTI	VD132, VW74
ITD	VW74, VD136
MOVD	0, VD128
MOVW	0, VW72

网络 5
由风压求模拟电压及工频风量

LD	SM0.0
DTR	VD136, VD140
MOVR	VD140, VD144
*R	15.0, VD144
MOVR	VD144, VD148
/R	128.0, VD148
MOVR	VD148, VD152
-R	750.0, VD152
MOVR	VD152, VD156
*R	0.00189, VD156
MOVR	VD156, VD160
+R	5.9669, VD160
MOVR	VD152, ACO
*R	VD152. ACO
*R	1.22622E-007, ACO
MOVR	VD152, AC1
*R	0.000757665, AC1
MOVR	ACO, AC2
-R	ACl, AC2
MOVR	AC2, VD164
+R	2.66957, VD164

网络 6
模拟输入电压滤波

LDR >=	VD160, 5.9669
AR <=	VD160, 10.0034
MOVR	VD160, VD168

7）中断程序 0

计算变频器的模拟输入电压值

网络 1
模拟电压输入 6.0 V

LDW >E	VW36, VW80
AW <	VW36, VW82
MOVR	6.0, VD200

网络 2
模拟电压输入 6.3 V

LDW >=	VW36, VW82
AW <	VW36, VW84
MOVR	6.3, VD200

网络 3
模拟电压输入 6.6 V

LDW >=	VW36, VW84
AW <	VW36, VW86
MOVR	6.6, VD200

网络 4
模拟电压输入 6.9 V

LDW >=	VW36, VW86
AW <	VW36, VW88
MOVR	6.9, VD200

网络 5
模拟电压输入 7.2 V

LDW >=	VW36, VW88
AW <	VW36, VW90
MOVR	7.2, VD200

网络 6
模拟电压输入 7.6 V

LDW >=	VW36, VW90
AW <	VW36, VW92
MOVR	7.6, VD200

网络 7
模拟电压输入 8. 0 V

LDW ＞＝	VW36，VW92
AW ＜	VW36，VW94
MOVR	8. 0，VD200

网络 8
模拟电压输入 8. 4 V

LDW ＞＝	VW36，VW94
AW ＜	VW36，VW96
MOVR	8. 4，VD200

网络 9
模拟电压输入 8. 8 V

LDW ＞＝	VW36，VW96
AW ＜	VW36，VW98
MOVR	8. 8，VD200

网络 10
模拟电压输入 9. 2 V

LDW ＞＝	VW36，VW98
AW ＜	VW36，VW100
MOVR	9. 2 V，D200

网络 11
模拟电压输入 9. 6 V

LDW ＞＝	VW36，VW100
AW ＜	VW36，VW102
MOVR	9. 6 V，D200

网络 12
模拟电压输入 10. 0 V

LDW ＞＝	VW36，VW102
AW ＜	VW36，VW104
MOVR	10. 0 V，D200

网络 13
变频器模拟输入电压的比较

LDR ＞＝	VD200，VD168
MOVR	VD200，VD208
NOT	
MOVR	VD168，VD208

网络 14
瓦斯浓度超限断电设置

LDW >=	VW36，VW104
OW >=	VW44，VW96
EU	
S	M0.7，1
ED	
R	M0.7，1

网络 15
变频器模拟输入电压的转换

LD	M0.6
AN	M0.7
MOVR	VD208，AC3
/R	10.0，AC3
*R	32000.0，AC3
ROUND	AC3，AC3
DTI	AC3，AC3
MOVW	AC3，VW106
MOVW	VW106，AQW0

任务三　矿用局部通风机的操作与维护

一、局部通风机操作规程

（1）司机必须经过培训，考试合格，方可上岗操作。

（2）司机应熟悉通风机一般构造、工作原理、技术特征、各部性能，供电系统和控制回路。

（3）局部通风机进风口前 5 m 内不应堆有杂物。

（4）每台局部通风机必须悬挂管理牌板，内容包括局部通风机编号、管理人姓名、风筒长度、周围瓦斯及二氧化碳浓度、有效风量等。

（5）局部通风机应断续启动，不要一次启动，以防止风筒脱节脱落。

（6）同一地点安装两台局部通风机和两台开关时，开关上要有明显标志，以防发生误操作。

（7）两台局部通风机串联时，应在第一台启动后再启动第 2 台，严禁同时启动。

（8）局部通风机启动后，发现机体有振动、颤动等异常情况时，应及时停机处理。

（9）检修人员每班至少要检查 2 次风筒，发现有脱节、挤压、扭折、破裂、脱挂及漏风等现象时，要及时处理。

（10）局部通风机在正常运转时，不准随意停机。

（11）当局部通风机发生故障停止运转时，要及时向当班领导、矿调度室汇报，等待处理。

（12）要求风筒之间接口严密。胶质风筒可用双反边接头。

（13）更换风筒时，不得随意停局部通风机。

（14）风筒拐弯处必须用硬质弧形弯头连接。

（15）风筒吊挂要靠顶靠帮，并要保证平、直、紧、稳，避免车刮。

（16）局部通风机必须指定专人进行管理。

（17）局部通风机必须每天做一次漏电试验，并做好试验记录。

二、局部通风机的维护

（1）局部通风机、风筒的安装和使用必须符合《煤矿安全规程》的有关规定，保证局部通风机正常运转。

（2）局部通风机的设备齐全，吸风口有风罩和整流器，高压部位（包括电缆接线盒）有衬垫（严密不漏风）；局部通风机必须吊挂或垫高，离地高度不小于 0.3 m。

（3）局部通风机有专人管理，严禁其他任何人随意开停，实行挂牌管理，如需要停风必须编制安全技术措施，经审批上报公司总调度室备份。

（4）跟班队干负责风筒管理，要经常延接、检查风筒，及时修补破口，风筒吊挂要靠帮、靠顶、平直、逢环必挂。

（5）风筒接口严密、无破口、无反接头，接头需双反边。

（6）风筒使用接口器压边，接头塑料螺杆朝巷道正帮，接好、调直后挂风筒编号管理牌。

（7）风筒末端距工作面迎头最大距离不超过 20 m。

（8）局部通风机和工作面电气设备必须有风电、甲烷电闭锁装置且灵敏可靠。

（9）工作面局部通风机要严格执行“三专两闭锁”。

（10）加强局部通风管理，坚决杜绝无计划停风的发生，并制定无计划停风的安全技术措施。

（11）严禁任何人员随意停风，因检修原因需要停风时，必须提前审批有计划停风措施，并撤出停风影响区域的人员，切断电源。恢复通风前必须检查瓦斯浓度，局部通风机及其开关附近 10 m 以内风流中的甲烷浓度不超过 0.5% 时，方可安排指定人员启动局部通风机。

（12）（抽出式局部通风机）除尘风机必须与压入式局部通风机闭锁联动，当压入式局部通风机停止运转时，（抽出式局部通风机）除尘风机自动停止运转；压入式局部通风机未启动时，（抽出式局部通风机）除尘风机被闭锁，不能启动。

（13）每 1000 m 倒一次局部通风机，保证满足工作面所需风量。

（14）主用局部通风机与备用局部通风机每天进行一次切换试验，并要做好切换记录。

（15）风筒过巷时必须采取保护措施，防止车辆刮破风筒，影响正常通风。

复习思考题

1. 简述局部通风机电控系统功能。
2. 简述局部通风机 PLC 控制变频调速系统工作过程。
3. 简述局部通风机 PLC 控制主程序功能。
4. 局部通风机 PLC 控制变频调速系统由哪几部分组成？

项目八　煤矿井下排水设备电气控制技术

知识目标

1. 了解煤矿井下排水系统电气控制技术的发展概况。
2. 掌握基于 PLC 的煤矿井下排水系统电控系统工作原理。
3. 了解煤矿井下排水系统操作与维护。

技能目标

1. 能够根据矿用局部通风机电气控制图分析其工作原理和电气保护系统功能。
2. 了解煤矿井下排水系统电控系统操作维护的方法。
3. 能够根据煤矿井下排水系统运行要求，结合工程实际，进行电控系统方案设计。

素养目标

1. 培养学生的理解能力、观察能力、知识应用能力，培养学生认真严谨的工作态度，团队协作的职业精神。

2. 大学生毕业后都要投身到国家建设的各行各业中去，需要具备良好的专业知识、职业技能和职业精神。激励学生积极学习和运用应用新技术、新工艺；激发学生积极进取，乐观向上，重技能重品德。

3. 生产安全是企业生产的命脉，必须遵循设备操作技术要求以保障生产设备安全。培养学生生产安全意识，增强职业道德，加强责任意识。

任务一　煤矿井下排水系统

一、煤矿井下排水系统发展概况

在煤矿生产过程当中，经常有各种来源的水涌入矿井，称之为矿水。大量的矿水威胁到矿井生产的正常进行，突发时轻则影响生产，重则导致重大生产安全事故，甚至会造成工作人员伤亡。在我国的矿井之中，只有很少一部分是干燥的，因此在煤矿开采过程中，为了保证安全生产，排水是必不可少的。排水控制系统是矿山作业不可缺少的设备，对保证矿井正常生产起到至关重要的作用。

由于矿井涌水的复杂性和危险性，以及矿井结构布置的不同，故对矿井排水及排水泵的要求比一般机电硐室的要求严格，对排水的可靠性要求较高，必须保证及时排除矿井涌水。因为矿井涌水在井下流动的过程中，混入和溶解了许多矿物质，含有一定数量的煤炭颗粒、流沙等杂质，所以要求排水泵要具有较强的抗腐蚀性和耐磨性。由于排水泵安装在硐室内，硐室空间比地面空间小，安装和维修都不方便，所以为保证矿井安全，矿井水泵房要求安装使用、备用、待检的水泵台数较多。矿井排水设备的耗电量很大，一般会占到全矿井总耗电量的25% ~35%，有的矿井占到40%，个别矿井会更多。

矿井排水系统在煤炭生产中占有重要地位，排水系统的核心设备——排水泵，其电耗在吨煤成本中占有很大的比例。传统的靠人工测水位、停开泵的控制方法，具有运转效率低、耗电大，对设备机械磨损、冲击大，污染电网，影响供电质量等弊端。利用现代电力电子、微电子、计算机技术建立安全、节能、先进的排水控制系统，对于安全生产和降低吨煤成本具有重要的意义。按照系统实现的目标，矿井排水自动控制系统应由数据采集系统、变频系统、通信及数据处理系统三部分组成。

井下自动控制排水系统在开采的过程和水资源的利用方面具有重要的意义，PLC 可编程控制系统技术在自动控制中具有广泛的应用，本章以煤矿井下主排水泵为例，通过对影响井下排水自动控制系统稳定性的主要因素进行分析，提出抗干扰的措施，利用 PLC 技术实现井下排水泵的自动控制。

二、煤矿排水设备的分类及要求

1. 矿井排水设备的分类

1）固定排水设备

设备固定在专门的硐室里，一般这样设置：主排水设备负责将全矿的涌水或大部分涌水排至地面；辅助排水设备负责把下一开采水平的水排至主排水设备所在水平；区域排水设备负责把区域的涌水直接排至地面；转载排水设备负责把由于反向坡度不能自流集中到主排水设备的水转载到主排水设备；中央排水设备负责把几个涌水量不大的矿井涌水汇集起来排出矿井。

2）移动式排水设备

为了把掘进工作面或淹没坑道中的水排除，要求水泵随工作面前进或水位下降而移动，所用水泵和电动机，配套装在整体的底架上，而底架被绞车用钢绳牵引移动，这种便称为移动式排水设备。

2. 固定排水设备的要求

（1）工作水泵应能在 20 h 内接出 24 h 的正常涌水量；备用水泵的能力应不小于工作水泵能力的 70%；工作和备用水泵的总能力，应在 20 h 内排除矿井 24 h 的最大涌水量；检修水泵的能力应不小于工作水泵能力的 25%。水文地质条件复杂的矿井，可根据具体情况，在主要泵房内预留安装一定数量水泵的位置，或另外增设水泵。

（2）工作水管的能力应能配合工作水泵在 20 h 内排出 24 h 的正常涌水量；工作和各用水管的总能力应能配合工作和备用水泵，在 20 h 内排出 24 h 的最大涌水量。

（3）配电设备应同水泵相适应，并能够同时开动工作和备用的水泵。主排水泵房的供电线路不得少于两回路，当一回路停止供电时，另一回路应能担负全部负荷的供电。

（4）主排水设备应有预防涌水突然增加致使设备被淹没的措施。

（5）需采取防爆措施地区安装的排水系统其电气设备应是防爆的。

3. 移动式排水设备要求

（1）有较好吸水性能，可排除泥水。

（2）水利特性适合流量变化不大而扬程有较大变化的需要。

（3）外形尺寸较小，方便迅速转移。

（4）轴线倾斜仍能正常工作。

三、煤矿排水设备电控系统控制要求

1. 传统控制方法存在的问题

在传统的矿井排水系统中，时刻需要有人值守。传统的靠人工测水位、停开泵的控制方法很难让值班人员保持长时间注意力集中，遇到突发事件可能会出现混乱，不能及时做出处理，导致可以避免的生产事故发生，所以靠人工检测的方法已不适应煤炭发展的需要，取而代之的是自动排水系统。

2. 基于 PLC 的矿井排水自动控制系统

将可编程序逻辑控制器用于矿井排水的自动控制系统中，井下排水控制系统对水泵房排水系统中各个设施进行统一操作和控制，实现排水系统的自动控制，提高系统的自动化程度，其设计需达到以下要求：

（1）防爆性能。自动排水系统属于电控系统，在井下特殊环境中，要符合煤矿安全标准，控制系统以及选择的执行元件都要具备防爆能力，才能安全运行。

（2）水位实时检测显示。水井水位信号是系统工作的主要控制信号，PLC 要根据水位变化情况来控制水泵的运行情况。而矿井的涌水量是随机的。所以，正常情况下，检测系统要不间断地监视水位情况，将水位检测信号输送到 PLC 进行处理，同时输出至显示或报警装置，便于管理人员及时了解水位情况，在危险情况下还要发出报警信号。

（3）水泵轮班工作制。水泵房多台水泵并联工作，但并不是一起使用，而是有用有备。所以控制系统还要合理安排水泵的备用情况，避免有的水泵长期闲置。水泵长期闲置易生锈，导致不能正常工作。

（4）大量涌水情况下启用备用水泵，并报警。在出现大量涌水，正常工作的水泵已经无法完成排水量的情况下，启用备用水泵，必要时启用所有水泵，确保排水顺畅，并且发出报警信号，警告涌水量已经处于危险状态。

（5）泵站运行状况监控。排水系统要实现自动控制，无人值守，就要对水泵的各个参数进行监控。这些需要监控的参数包括电动机工作电流、电动机振动、水泵出口压力、闸阀的开度（全开还是全关）、水流量总和。

（6）故障检测与报警。系统应对自身运行情况检测并对泵站的整体工作状态进行判断。不仅在各个单一参数（压力、流量、电压、电流等）超出正常范围时，发出报警信号。启动过程中，如果各种运行参数（真空度、压力等）达不到要求，就不要使系统进入运行状态。水泵运行时，还要能够自动切换，停止故障泵，启动其他泵。

任务二　基于 PLC 的煤矿井下排水系统

一、排水控制系统的组成

根据对井下排水控制系统的要求可知，井下排水控制系统大致由检测、控制、执行、显示、通信五部分组成。

检测部分为中央处理单元提供现场传感器和仪表所反馈回来的各种开关量、模拟量信号。

控制部分由 PLC 的显示终端、中间继电器、控制按钮等组成。PLC 为系统控制核心，除具有一般的逻辑处理功能外，还具有较强的数据运算与处理能力，由各种模块构成，可以灵活地扩展。

执行器件为电磁阀、电动阀和电动机。

显示和报警分为现场就地显示和报警，以及远程监控室显示和报警。现场就地显示处于井下水泵房内，各个设备的工作状态（如开、停等状态）可以直接观察到，而报警采用 LED 显示或铃声报警，远程可通过上位机的界面设计进行显示和报警。

通信部分用于 PLC 向地面监控站上位机发送信息和接收上位机的查询、参数修改等命令。现在的 PLC 有较为强大的通信功能，易于实现远程监测和控制。

基于 PLC 的煤矿井下排水系统

二、排水控制系统的功能

排水控制系统为适应煤矿的使用要求，主要应具备以下几大功能：

1. 自动轮换工作

为了防止工作水泵及管路磨损过于严重，备用泵及其电气设备或备用管路长期不用而导致电动机和电气设备受潮或其他故障不能及时发现，当工作泵或管路出现紧急故障需投入备用泵或管路时，而不能及时投入以至于影响矿井安全，有必要设计水泵的自动轮换工作制。通过所编写的控制程序自动记录并累计水泵启停次数及运行时间，根据这些运行参数，系统按一定顺序自动启停水泵，使各水泵的使用率分布均匀。当某台泵或所属阀门故障、某路漏水时，系统自动发出声光报警，记录事故，同时将故障泵自动退出轮换工作，其余各泵可继续按一定顺序自动轮换工作，以达到有故障早发现、早处理，以免影响矿井的安全。

2. 系统三种工作方式

系统控制应具有自动、半自动和手动检修 3 种工作方式。自动时，由 PLC 检测水位、压力及有关信号，自动完成各泵组运行，不需人工参与；半自动工作方式时，由人工选择开哪台水泵和开几台泵，PLC 自动完成已选泵组的启停和监控工作；手动检修方式为故障和检修状态下的工作方式。PLC 故障时，全部设备均为手动运行，由操作人员控制相应按钮完成；当某台水泵及其附属设备发生故障时，该泵组将自动退出运行，不影响其他泵组正常运行。PLC 柜上设有泵的禁止启动按钮，设备检修时，可防其他人员误操作，以保证系统安全可靠。故障排除或检修完成后，手动试车，确认无故障后，才可参与整个自动轮换工作。系统可随时转换为自动或半自动工作方式运行。

3. 保护功能

系统应具有以下几种保护功能：

（1）漏水保护。每台水泵均安装真空度变送器，如在规定的注水时间内系统仍未收到真空度达到规定值的信号，则停止启动本台水泵，转为启动下台水泵，并发出故障报警信号。

（2）流量、压力保护。水泵启动后或正常运行中，如流量或压力达不到正常值，通过流量、压力保护装置使本台水泵停车，转为启动下台水泵。

（3）超温保护。水泵长期运行，当水泵轴温或电动机温度超出允许值时，通过温度保护装置使水泵停车。

（4）过流保护。接在主回路里的电流互感器把电流信号送入 PLC，由 PLC 计算、判断电动机工况。当出现过流时，启动相应的保护装置动作。

4. 动态监控

在上位机上动态监控水泵及其附属设备的运行状况，实时显示水位、流量、压力、温度、电流，电压等参数，提供各种运行及故障信息，超限报警，还可以打印各类运行报表、事故记录、历史数据、统计报表等。

三、基于 PLC 的煤矿排水系统总体方案设计

系统总体框图如图 8－1 所示。

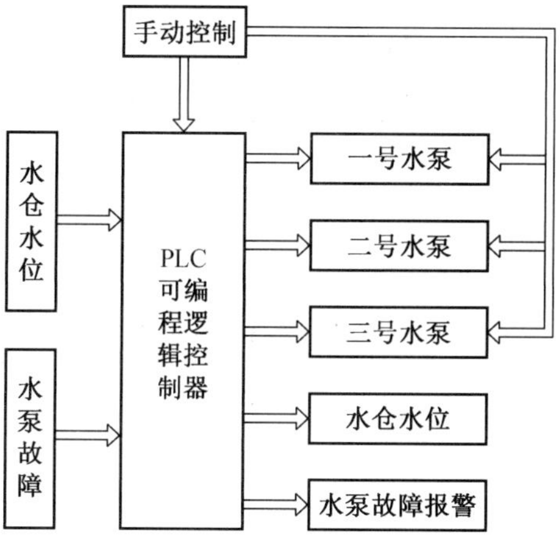

图 8－1　基于 PLC 控制的矿井排水控制系统框图

1. PLC 外部接线

图 8－2 所示为 PLC 外部接线。

2. PLC 输入/输出分配表

输入输出符号对照表见表 8－1。

3. 部分元器件介绍

1）电动阀

在大型排水泵站中，电动闸阀是近年来兴起的一种新型的闸阀，广泛地使用于自动化控制的场合。其工作原理是在原有的闸阀机构上增加电动机驱动装置和相应的减速传动装置，应用电动机的转动替代传统的人工手动转动轮盘。

使用传统气动阀时，要有配管、电磁阀及空压机等才能匹配，而电动阀是以电动机驱动，安装简便，配合工厂原有的自控线路即可，节省了其他成本支出。由于电动阀具备装配容易、故障率低，以及符合业界自动化需求的优点，因此很适合应用于大型矿井排水系统。

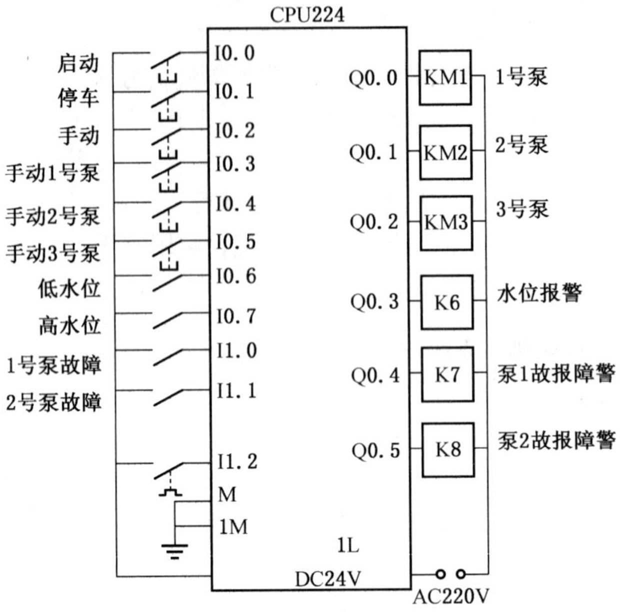

图 8-2　PLC 外部接线

表 8-1　矿井排水系统 I/O 分配表

	符　　号	地　　址
输入	I0.0	开机
	I0.1	停车
	I0.2	手动
	I0.3	手动 1 号泵
	I0.4	手动 2 号泵
	I0.5	手动 3 号泵
	I0.6	低水位
	I0.7	高水位
	I1.0	1 号泵故障
	I1.1	2 号泵故障
输出	Q0.0	1 号泵
	Q0.1	2 号泵
	Q0.2	3 号泵
	Q0.3	水位报警
	Q0.4	1 号泵故障报警
	Q0.5	2 号泵故障报警

2）电磁阀

电磁阀从原理上可分为三大类，即直动式、分布直动式、先导式。

（1）直动式电磁阀。直动式电磁阀有常闭型和常开型两种。常闭型断电时呈关闭状态，当线圈通电时产生电磁力，把关闭件从阀座上提起，使动铁心克服弹簧力，同静铁心吸合直接开启阀口，介质呈通路；当线圈断电时电磁力消失，动铁心在弹簧力的作用下复位，直接关闭阀口，介质不通。

直动式电磁阀特点：结构简单，动作可靠，在零压差和微真空下正常工作，但通径一般不超过 25 mm。常开型正好相反。

（2）分布直动式电磁阀。分布直动式电磁阀采用一次开阀和二次开阀连在一体，主阀和先导阀分步使电磁力和压差直接开启主阀口。通电后，电磁力直接把先导小阀和主阀关闭件依次向上提起，阀门打开。当入口与出口达到启动压差时，通电后，电磁力先导小阀，主阀下腔压力上升，上腔压力下降，从而利用压差把主阀向上推开；断电时，先导阀利用弹簧力或介质压力推动关闭件，向下移动，使阀门关闭。

分布直动式电磁阀特点：在零压差或真空、高压时亦能可靠动作，但功率较大，必须水平安装。结构合理，动作可靠，在零压差时也能可靠工作。

（3）先导式电磁阀。先导式电磁阀由先导阀和主阀芯联系着形成通道组合而成。常闭型在未通电时，呈关闭状态。当线圈通电时，产生的磁力使动铁心和静铁心吸合，先导阀口打开，介质流向出口，此时主阀芯上腔压力减少，低于进口侧的压力，形成压差克服弹簧阻力而随之向上运动，达到开启主阀口的目的，介质流通。当线圈断电时，磁力消失，动铁心在弹簧力作用下向下运动，关闭主阀口。常开型原理正好相反。

先导式电磁阀特点：流体压力范围上限较高，可任意安装（需定制）但必须满足流体压差条件。

根据上述 3 种电磁阀特点可比较选出需要的电磁阀。

3）浸水变送器

浸水变送器通过多点检测来实现对液位的监测。

目前常用的浸水变送器有电极检测式和光电探测式两种。

（1）电极检测式。根据电极浸水阻值变化原理，由专用集成芯片进行信号放大、整形、比较，输出高低电平或继电器报警信号的专用模块。产品中线路设计采用光隔离、线圈隔离、继电器隔离等多种安全措施。电极检测式的主要特点是成本低、可靠性高。

（2）光电探测式。传感器采用红外光电原理，当外界被测液体接触到传感器表面时，改变了光线路径，红外接收管处于截止状态，从而触发反向器翻转，输出呈低电平吸收电流状态。结构采用全密封设计，保证了产品的高精度及可靠性。产品具有灵敏度高，响应时间快，无误报，使用方便，便于安装等特点。

由于煤矿井下水池中的水为混浊水，所以可选用电极检测式浸水变送器。

4）电磁流量计

电磁流量计是根据法拉第电磁感应定律制成的一种测量导电性液体的仪表。

电磁流量计的测量原理是法拉第电磁感应原理，即导电液体在磁场中作切割磁力线运动时，导体中产生感应电势，其感应电势 E 为

$$E = KBVD$$

式中　K——仪表常数；

B——磁感应强度；

V——测量管道截面内的平均流速；

D——测量管道截面的内径；

测量流量时，导电性的液体以速度 V 流过垂直于流动方向的磁场，导电性液体的流动感应出一个与平均流速成正比的电压，其感应电压信号通过两个或两个以上与液体直接接触的电极检出，并通过电缆送至转换器，通过智能处理，转换成标准信号输出。

电磁流量计具有一系列优良特性，如对脏污水流、腐蚀水流的测量，不会阻塞。适用于测量含固体颗粒的液体，不产生流量检测所造成的压力损失，所测得体积流量不受流体密度、黏度、温度，压力和电导率变化的明显影响，流量范围大，口径范围宽，可以解决其他流量计不宜应用的问题。

4. 排水系统梯形图

排水系统梯形图如图 8－3 所示。由外部接线图可以看出，PLC 外部电路没有自锁和互锁功能，因此必要的自锁和互锁均在梯形图中实现。低水位时，一号泵和二号泵若没有故障，轮流工作，并在程序中实现互锁和自锁，保证一组水泵可靠工作的同时另一组水泵不工作。当一组水泵出现故障时，备用泵和故障水泵实现自锁和互锁，保证备用泵可靠工作的同时保证故障水泵不工作。高水位时，对低水位时自动定时切换的控制部分进行锁定，使其可靠断开，保证两台水泵同时工作，当其中一台出现故障时，备用泵工作的同时对故障水泵进行锁定，使其可靠断开。手动控制信号输入时，将自动部分锁定，系统退出自动，进入手动控制程序，由外部人员实现手动控制。

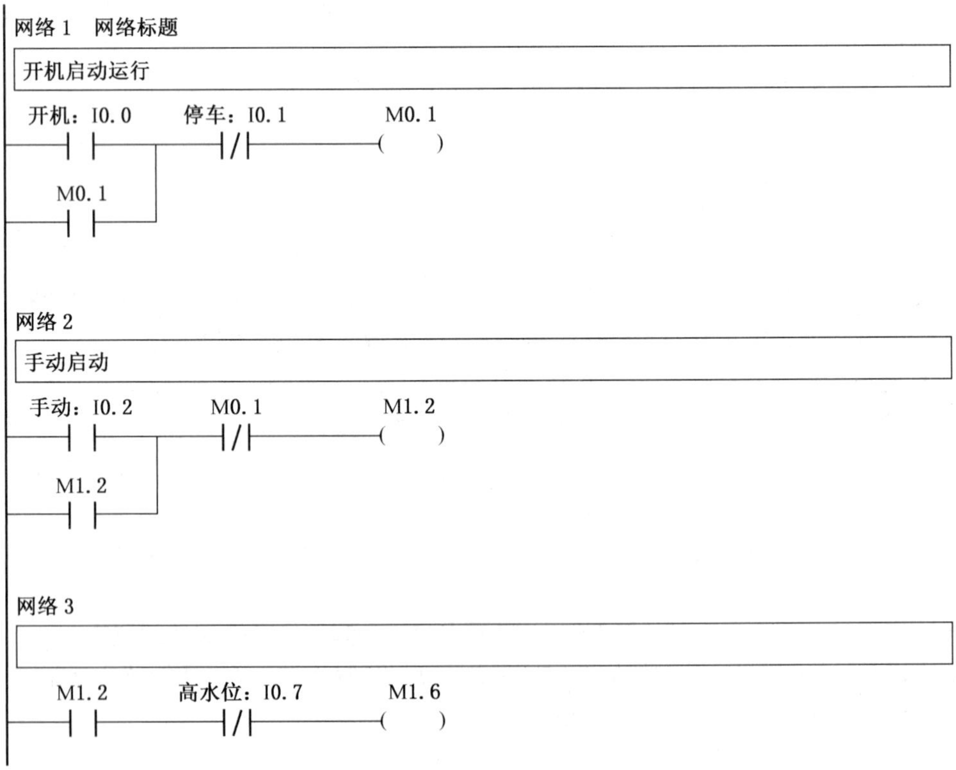

网络 4

低水位时一号泵和二号泵没有故障时轮流工作，每个泵工作 3 s

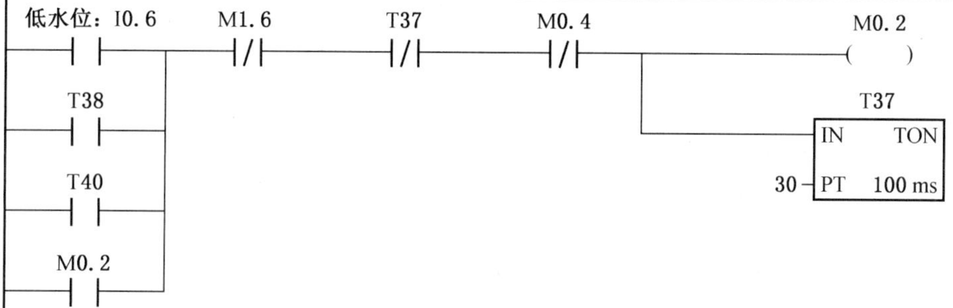

网络 5

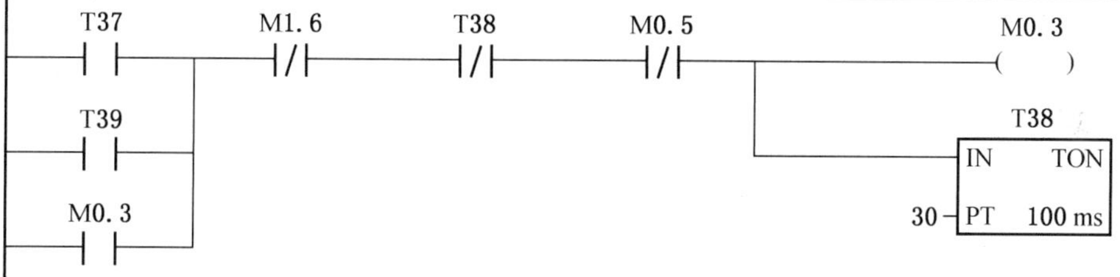

网络 6

一号泵故障时，启动三号泵，与二号泵轮流工作

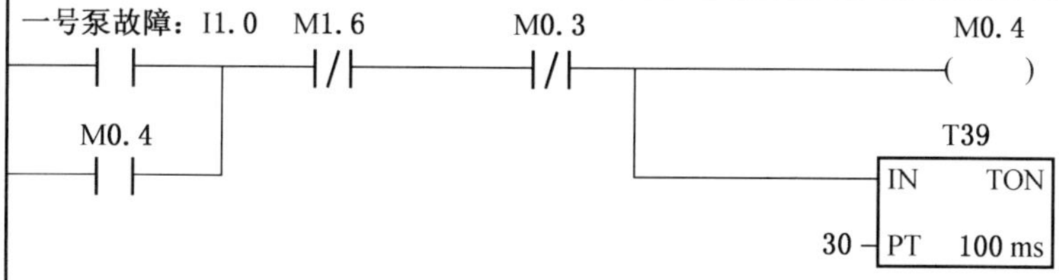

网络 7

二号泵故障时，启动三号泵，与一号泵轮流工作

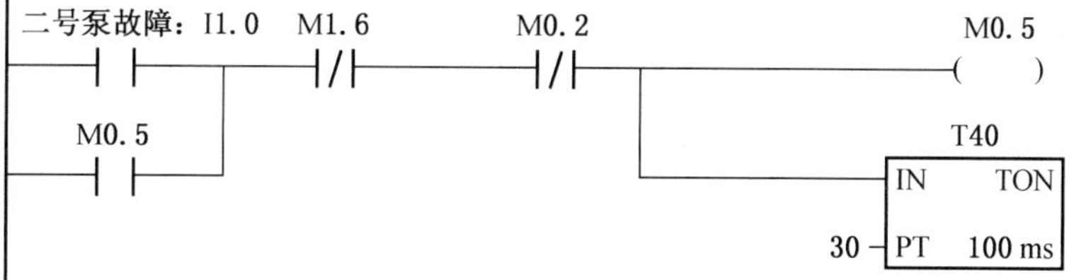

网络 8

高水位且一号、二号泵均无故障时，两者同时工作

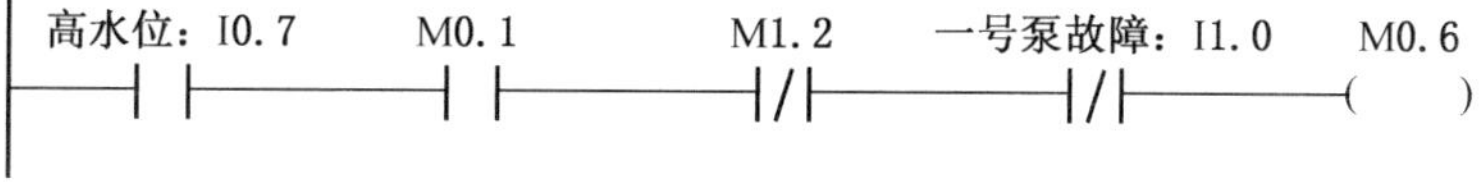

网络 9

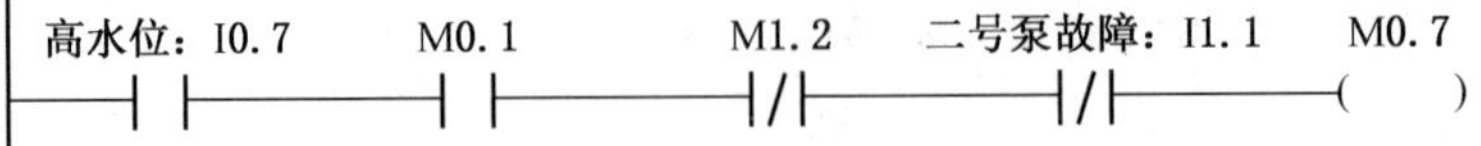

网络 10

高水位且一号泵出现故障时，二号泵、三号泵同时工作

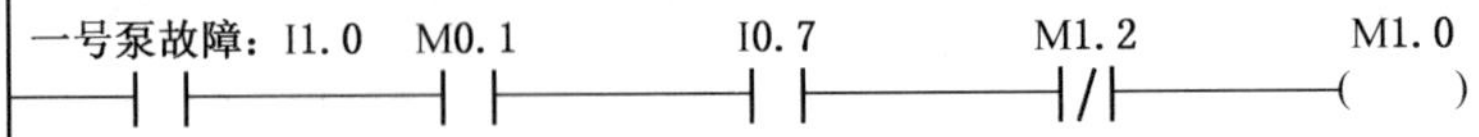

网络 11

高水位且二号泵出现故障时，一号泵、三号泵同时工作

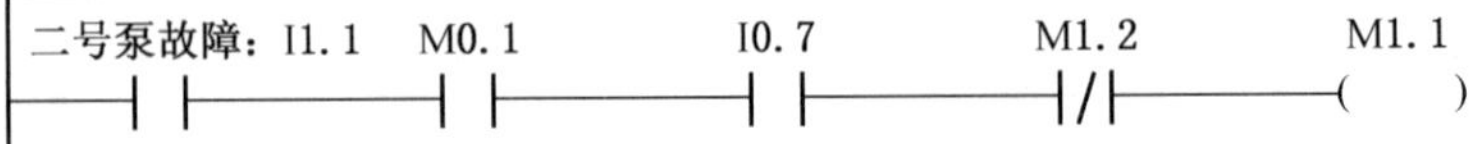

网络 12

手动启动一号泵

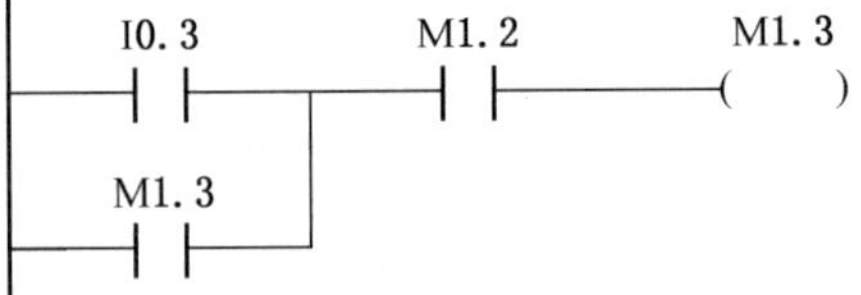

网络 13

手动启动二号泵

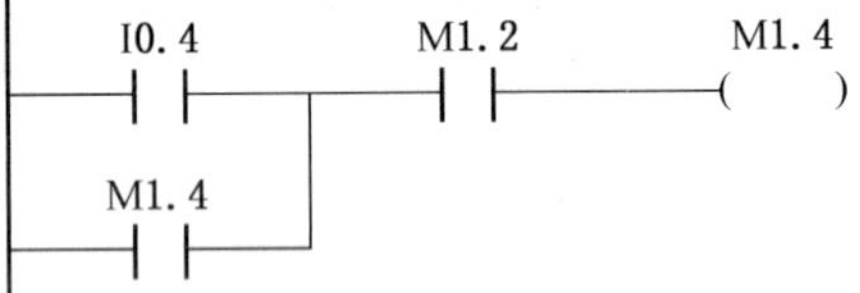

网络 14

手动启动三号泵

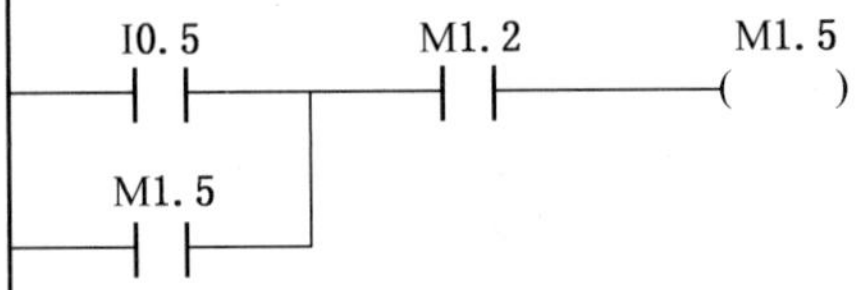

网络 15

一号泵运行

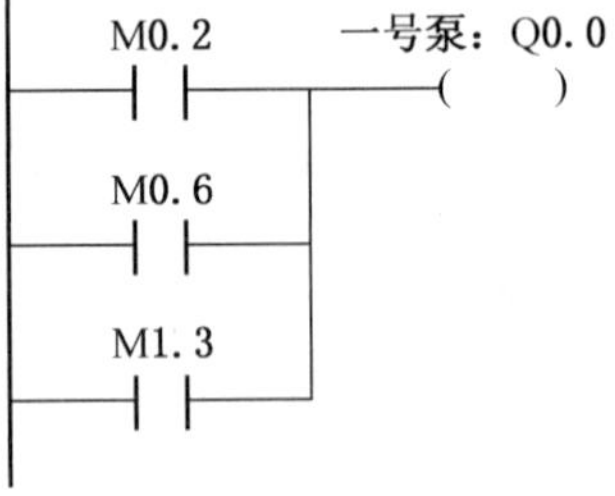

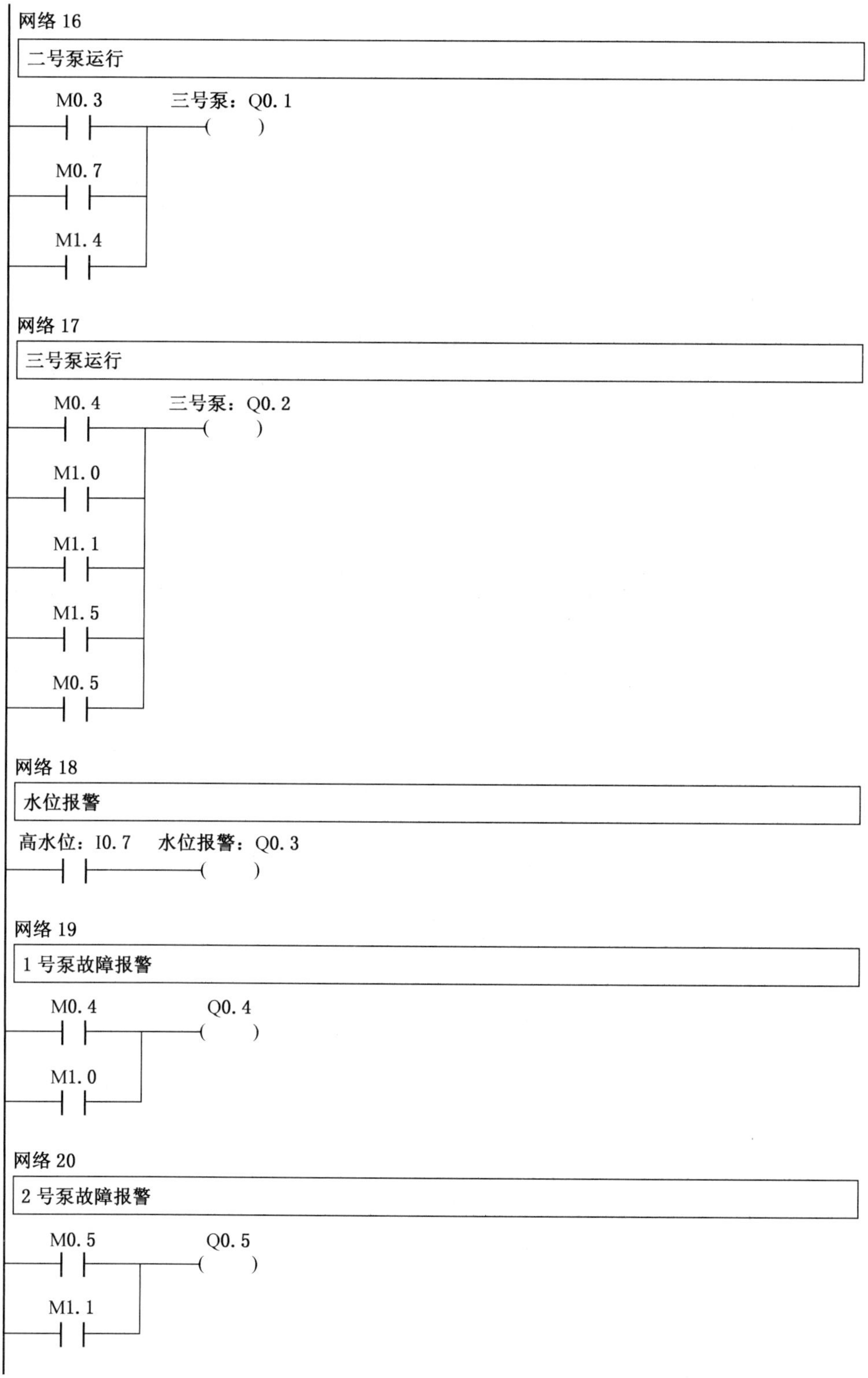
网络 16
二号泵运行
M0.3
三号泵：Q0.1
M0.7
M1.4
网络 17
三号泵运行
M0.4
三号泵：Q0.2
M1.0
M1.1
M1.5
M0.5
网络 18
水位报警
高水位：I0.7
水位报警：Q0.3
网络 19
1 号泵故障报警
M0.4
Q0.4
M1.0
网络 20
2 号泵故障报警
M0.5
Q0.5
M1.1

图 8-3　排水系统梯形图

任务三　煤矿井下排水系统操作与维护

一、煤矿井下排水系统操作一般规定

（1）未经岗前培训，或考试不合格未取得操作证者，不得擅自操作水泵房主排水泵设备。

（2）水泵房主排水泵运行工必须熟记水泵房操作规程。

（3）非专职电钳工检修人员严禁检修水泵房机电设备。

（4）主排水泵运行工在水泵运行中，必须严格执行巡回检查制度，并严格遵守劳动纪律。

（5）主排水泵运行工做好本班的运行记录，严格执行交接班制度。

二、煤矿井下排水系统操作程序

1. 开泵前的准备工作

（1）检查阀门是否处于关闭位置，压力表是否处于零位，轴承油量是否充足，油质良好，盘根松紧适度，各部螺丝是否牢固，搬动灵活，开关动作灵活可靠，接地良好，吸水井水口无杂物。

（2）检查闸阀是否灵活，检查进水管路是否供水正常，检查吸水管没入水的深度，清除设备周围的杂物。

（3）检查确认真空泵的手动球阀是否完全打开，检查选择真空泵、电动阀和电动球阀的电源组合控制开关的控制方式。检查确认电动阀和电动球阀的电源确已给上。

2. 启动

控制方式有两种，单机运行方式和联机运行方式。

（1）若选择单机运行方式，则依次操作真空泵、电动球阀，待吸水口真空度达到0.02 MPa以上时，启动主排水泵电动机，待出水口压力达到1.4 MPa时，开启电动阀，成功完成启泵过程。

（2）若选择联机运行方式，在现场操作箱中的控制按钮或是在调度室操控界面启动按钮均可实现一键启动，由设定的PLC程序，依次完成启泵过程。注意电动球阀及电动阀都应打至远方位置,启泵过程可设定选择1号或者2号真空泵,当真空度达不到0.02 MPa时,须手动启动另一台真空泵。

3. 停泵

（1）若选择单机运行方式，则按停止按钮，切断主排水泵电动机电源，停止水泵运转，关闭电动球阀，最后关闭管道闸阀，成功完成停泵过程。

（2）若选择联机运行方式，在现场操作箱中的控制按钮或是在调度室操控界面停止按钮均可实现一键停止，由设定的PLC程序依次完成停泵过程。

三、煤矿井下排水系统操作注意事项

（1）检查电机及轴承温度，不超过65 ℃。填料箱与泵壳不烫手，滴水程度以每分钟

10～20 滴为准，否则应调整填料压盖。

（2）随时观察水仓水位，水泵不能在无水的情况下运行，不得在气蚀和闸阀关闭的情况下运行。

（3）经常注意电压、电流的变化，当电流超过额定电流时，电压超过 5% 时，应停机并及时检查原因并进行处理。运行过程中如发生故障，应立即停泵，检查处理。

（4）观察各种仪表显示是否正常、稳定。检查泵体开关、闸阀、管路、电机和各防爆设备是否完好，严禁带故障运行。

（5）水泵机组不得有异常的噪声或震动；设备运转时，不得用手触摸回转机件，小心把衣物、身体部位卷入而受伤。

（6）操作人员应保持泵站的清洁卫生，各种器具应摆放整齐。应及时清除叶轮、闸阀、管道的堵塞物。

（7）严禁带电检修和搬迁设备，否则会造成设备短路、误启动设备或人身触电。

复习思考题

1. 矿井排水设备分为哪几类？
2. 传统矿井排水电控系统存在哪些问题？
3. 基于 PLC 的煤矿井下排水系统设计应达到什么要求？
4. 基于 PLC 的煤矿井下排水系统应具备哪些功能？
5. 基于 PLC 的煤矿井下排水系统应具备哪些保护功能？
6. 基于 PLC 的煤矿井下排水系统有哪几种控制方式？

项目九 实 训

任务一 MKSY－CMJ 电牵引双滚筒采煤机仿真模型操作

一、MKSY－CMJ 电牵引双滚筒采煤机仿真模型概述

MKSY－CMJ 电牵引双滚筒采煤机由四大部分（七大件）、两大系统组成。四大部分分别为牵引部、截割部、电动机电气控制部和附属装置（七大件分别为左、右牵引部，左、右切割部，左、右行走部，电控部），两大系统分别为液压传动系统和模拟喷雾系统。采煤机的主要特点是总体结构为多电机横向布置，牵引方式为机载式交流变频无级调速销轨式无链牵引，主机架为分体框架式焊接结构，牵引采用销排式无链牵引系统，电控系统采用 PLC 控制。

二、MKSY－CMJ 电牵引双滚筒采煤机仿真模型的主要特点

（1）主机架为分体框架式焊接结构，其强度大、刚性好，各部件的安装均可单独进行，部件间设有动力传递和连接，该机上所有切割反力、牵引力、采煤机的限位、导向作用力均由主机架承受。

（2）摇臂为悬挂铰接，与主机架相连接，无回转轴承及齿轮啮合环节，摇臂功率大，输出轴转速低。

（3）牵引采用销排式无链牵引系统，牵引力大，工作平稳可靠，使采煤机能适应底板起伏较大的工作面。

（4）采用镐型截齿强力滚筒，减少了截齿的消耗，提高了滚筒的使用寿命，并且提高块煤率。

（5）采用机载式交流变频无级调速系统，提高了牵引速度和牵引力。

（6）液压系统主要元件都是集中在集成块上，因此管路连接点少，维护简单。

三、MKSY－CMJ 电牵引双滚筒采煤机仿真模型操作说明

1. 面板控制

（1）打开设备列车上采煤机馈电开关。

（2）打开采煤机面板上的【隔离】开关，给采煤机供电。

（3）按下【主启】开关，模拟采煤机主启打开。

（4）按下【主停】开关，模拟采煤机主启关闭。

（5）按下【牵启】开关，模拟采煤机牵引启动。

（6）按下【牵停】开关，模拟采煤机牵引关闭。

（7）按下【向左，向右】开关，采煤机向左或向右行走。

（8）按下【加速，减速】开关，改变采煤机行走速度。

（9）按下【水阀，喷雾】开关，模拟采煤机喷雾。

（10）按下【采煤机油泵】开关，采煤机机身内油泵工作，可演示一下动作。

（11）按下【左臂升、降】开关，调整采煤机左摇臂的高低。为防止操作失误，离手即停。

（12）按下【右臂升、降】开关，调整采煤机右摇臂的高低。为防止操作失误，离手即停。

（13）按下【左、右割煤】开关，左、右割煤轮旋转，表示割煤轮割煤。

（14）如遇到紧急情况，按下【急停】按钮，设备停止工作。

2. 端头站控制

（1）打开设备列车上采煤机馈电开关。

（2）打开采煤机面板上的【隔离】开关，给采煤机供电。

（3）按下面板【主启】开关，模拟采煤机主启打开。

（4）按下面板【主停】开关，模拟采煤机主启关闭。

（5）按下面板【采煤机油泵】开关，采煤机机身内油泵工作，可演示一下动作。

（6）按下面板【水阀，喷雾】开关，模拟采煤机喷雾。

（7）按下面板【左、右割煤】开关，左、右割煤轮旋转，表示割煤轮割煤。

（8）按下端头站【牵启】开关，模拟采煤机牵引启动。

（9）按下端头站【牵停】开关，模拟采煤机牵引关闭。

（10）按下端头站【向左，向右】开关，采煤机向左或向右行走。

（11）按下端头站【加速，减速】开关，改变采煤机行走速度。

（12）按下端头站【左臂升、降】开关，调整采煤机左摇臂的高低。为防止操作失误，离手即停。

（13）按下端头站【右臂升、降】开关，调整采煤机右摇臂的高低。为防止操作失误，离手即停。

（14）如遇到紧急情况，按下【急停】按钮，设备停止工作。

3. 无线遥控控制

（1）打开设备列车上采煤机馈电开关。

（2）打开采煤机面板上的【隔离】开关，给采煤机供电。

（3）按下无线遥控【主启】开关，模拟采煤机主启打开。

（4）按下无线遥控【主停】开关，模拟采煤机主启关闭。

（5）按下面板【采煤机油泵】开关，采煤机机身内油泵工作，可演示一下动作。

（6）按下面板【水阀，喷雾】开关，模拟采煤机喷雾。

（7）按下面板【左、右割煤】开关，左、右割煤轮旋转，表示割煤轮割煤。

（8）按下无线遥控【牵启】开关，模拟采煤机牵引启动。

（9）按下无线遥控【牵停】开关，模拟采煤机牵引关闭。

（10）按下无线遥控【向左，向右】开关，采煤机向左或向右行走。

（11）按下无线遥控【加速，减速】开关，改变采煤机行走速度。

（12）按下无线遥控【左臂升、降】开关，调整采煤机左摇臂的高低。为防止操作失误，离手即停。

（13）按下无线遥控【右臂升、降】开关，调整采煤机右摇臂的高低。为防止操作失误，离手即停。

任务二　MKSY－DZJ 单控液压支架仿真模型操作

一、MKSY－DZJ 单控液压支架仿真模型概述

为适应采煤综合机械化的发展需要，液压支架获得了迅速的发展，出现了很多类型，据统计，它的结构形式已达数百种，在缓斜薄及中厚煤层中，液压支架获得广泛应用。为配合学员学习和掌握综采机械化自动化采煤工作面的重要设备——液压支架操作，以及学习和掌握液压支架基本知识，单独制作三台不同架型的液压支架。选择支撑掩护式液压支架、低位放顶煤液压支架和掩护式液压支架三种架型，是以现场实际使用的液压支架缩小仿真制作的，它既保持了实际设备的特色又有仿真设备的特点，非常适用于实验教学。

二、MKSY－DZJ 单控液压支架仿真模型组成

该仿真支架包括升、降立柱液压油缸，前探梁液压油缸，侧护板液压油缸，连杆，前探梁，侧护板，顶梁，掩护梁，底座，操作阀。

（1）侧护板。侧护板采用厚度为 6 mm 的冷轧钢板压制而成。推移采用双作用液压油缸实现，液压油缸规格为外径 80 mm，伸缩度为 100 mm。侧护板的作用是消除相邻支架的架间间隙，防止冒落矸石进入支护空间，作为支架移架过程中的导向板，防止支架落后倾倒；调整支架的间距。

（2）顶梁。顶梁采用箱体结构，用厚度为 6 mm 的冷轧钢板焊接而成。由于该自动化综采工作面支架上部设计有模拟顶板压力实验，所以在液压支架顶梁的制作中在箱体内布置了多道加强筋，以确保顶梁受力后的稳定性。液压支架顶梁是用于支护、控制、管理工作面上方的顶板，顶板的压力通过顶梁传递到两根立柱上。

（3）掩护梁。掩护梁采用箱体结构，用厚度为 6 mm 的冷轧钢板焊接而成。由于顶板来压后，经顶梁和掩护梁连接销轴，把来压传递到掩护梁上，再通过掩护梁传递到连杆以及底座上。在传递过程中，掩护梁承受扭矩、弯矩的作用，因而在掩护梁的制作中需保证了一定的稳定性。

（4）底座。底座采用厚度为 10 mm 的钢板焊接而成。底座除有足够的强度外，还应有对底板良好的适应能力，保证支架的推移灵活。

（5）升、降立柱液压油缸。液压油缸外径为 180 mm，内径为 160 mm，活塞杆直径为 120 mm，伸缩高度为 800 mm。

三、MKSY－DZJ 单控液压支架仿真模型操作步骤

1. 支撑掩护式液压支架操作步骤

（1）向上或向下搬动立柱控制阀，模拟演示液压支架立柱升降。

（2）向上或向下搬动调平控制阀，模拟演示液压支架调平油缸伸缩。
（3）向上或向下搬动侧护控制阀，模拟演示液压支架侧护油缸伸缩。
2. 掩护式液压支架操作步骤
（1）向上或向下搬动前立柱控制阀，模拟演示液压支架前立柱升降。
（2）向上或向下搬动后立柱控制阀，模拟演示液压支架后立柱升降。
（3）向上或向下搬动护帮控制阀，模拟演示液压支架护帮油缸伸缩。
（4）向上或向下搬动侧护控制阀，模拟演示液压支架侧护油缸伸缩。
3. 放顶煤液压支架操作步骤
（1）向上或向下搬动前立柱控制阀，模拟演示液压支架前立柱升降。
（2）向上或向下搬动后立柱控制阀，模拟演示液压支架后立柱升降。
（3）向上或向下搬动护帮控制阀，模拟演示液压支架护帮油缸伸缩。
（4）向上或向下搬动侧护控制阀，模拟演示液压支架侧护油缸伸缩。
（5）向上或向下搬动前梁控制阀，模拟演示液压支架前梁油缸伸缩。
（6）向上或向下搬动后插板控制阀，模拟演示液压支架后插板油缸伸缩。
（7）向上或向下搬动后梁控制阀，模拟演示液压支架后梁油缸伸缩。

参 考 文 献

[1] 王栋．煤矿机械设备电气控制与 PLC 应用技术（三菱 FX 系列、西门子 S7 - 200 系列）[M]．北京：机械工业出版社，2014.
[2] 郭海．高产高效矿井综连采电气技术 [M]．北京：煤炭工业出版社，2005.
[3] 王娟，温玉春．煤矿机电设备电气自动控制 [M]．北京：煤炭工业出版社，2014.

图书在版编目（CIP）数据

智能煤矿机械设备电气控制技术 / 董青青，解丹婷主编. -- 北京 ：应急管理出版社，2025. --（高等职业教育“十四五”规划教材）（陕西省“十四五”职业教育规划教材）. -- ISBN 978-7-5237-1137-8

Ⅰ. TD63

中国国家版本馆 CIP 数据核字第 2025UB1865 号

智能煤矿机械设备电气控制技术

（高等职业教育“十四五”规划教材）

（陕西省“十四五”职业教育规划教材）

主　　编　董青青　解丹婷
责任编辑　籍　磊
责任校对　邢蕾严
封面设计　之　舟

出版发行　应急管理出版社（北京市朝阳区芍药居 35 号　100029）
电　　话　010 - 84657898（总编室）　010 - 84657880（读者服务部）
网　　址　www. cciph. com. cn
印　　刷　河北鹏远艺兴科技有限公司
经　　销　全国新华书店

开　　本　787mm × 1092mm $^{1}/_{16}$　**印张**　$13^{1}/_{2}$　**插页**　3　**字数**　316 千字
版　　次　2025 年 1 月第 1 版　2025 年 1 月第 1 次印刷
社内编号　20241378　　　　**定价**　59. 00 元
